JN312351

UV・EB 硬化技術 V
Technology of UV/EB Curing V

監修：上田　充
編集：ラドテック研究会

シーエムシー出版

刊行にあたって

　わが国はバブル崩壊，失われた10年という経済的に厳しい状況を経て，各企業のスリム化，選択と集中の懸命な努力で，ここ数年，実質国内総生産(GDP)が毎年数%の成長をとげ，景気回復が続いている。このなかで化学産業の平成15年度の総出荷額は36兆円と，製造業全体で自動車産業について2位，また，付加価値額は表1に示したように17兆円で，製造業中個別業者の中でトップの地位を占めている。特に半導体製造用部材は世界市場のシェアが70%を占め，付加価値創造の原動力になっている。このようなデータから，いかに化学産業が日本の経済を支えているかが分かる。更に，平成14年度の化学産業のライセンス収支は1,300億円の黒字で，他の産業を大きく引き離している。これは研究開発の基礎的な力の表れであり，国土が狭く，資源の少ない日本の今後の進むべき方向を示している。上記のようにわが国の競争力の源泉が化学を中心とする高度部材にある。この高度部材供給の一躍を担っているのがUV・EB硬化技術であり，今後この分野の重要性は益々増してくると期待されている。

　シーエムシー出版からのUV・EB硬化技術に関する本書は，1989年の初版以来，急速に進むこの分野の現状を的確に伝えるために数年ごとに改定を繰り返し，今回が5回目の改定である。本改定版では2002年版の章立てを基本にそれ以後のUV・EB硬化技術の主な進歩を紹介すると共に，材料開発部門では主に大学などで研究が進んでいるカリックスアレーン，ハイパーブランチポリマー・デンドリマーなどの新規材料を新たに加え，また，応用技術の動向編では光ナノインプリンテイングやMEMSなど今後重要となる技術の紹介も行っている。本書がこれからのUV・EB硬化技術の新しい展開，更に付加価値の高い製品を生み出す糸口になれば幸いである。

　本書は最新のUV・EB硬化技術に詳しいラドテック研究会の幹事の方々を中心として編集，企画され，執筆者も第一線で活躍されている方々である。

　最後に，本出版にご尽力頂いた関係者の皆様に深く感謝致します。

表1　各産業の付加価値額

順位	製造業	(兆円)
1	化学工業	16.7
2	輸送用機械器具製造業	14.3
3	一般機械器具製造業	10.4
4	食料品製造業	8.7
5	電気機械器具製造業	6.3
6	鉄鋼業	4.3

(平成15年度工業統計)

2006年3月

東京工業大学
上田　充

普及版の刊行にあたって

　本書は2006年に『UV・EB硬化技術の最新動向』として刊行されました。普及版の刊行にあたり，内容は当時のままであり加筆・訂正などの手は加えておりませんので，ご了承ください。

　2011年7月

シーエムシー出版　編集部

編集委員

西久保 忠臣	神奈川大学　工学部　応用化学科　教授；ラドテック研究会会長	
上田　充	(現) 東京工業大学　大学院理工学研究科　有機・高分子物質専攻　教授	
富永 幸溢	(現) ㈲トミナガコーポレーション　代表取締役社長	
山寺　隆	日立化成工業㈱　感光性材料事業部　感光性材料開発部　部長	
木下　忍	岩崎電気㈱　光応用事業部　光応用営業部　技術グループ　次長 兼 技術グループ長 (現) 岩崎電気㈱　技術研究所　所長	
五十嵐 一郎	(現) 東亞合成㈱　アクリル事業部　課長	
古濱　亮	チバ・スペシャルティ・ケミカルズ㈱　コーティング機能剤セグメント　BL イメージング＆インキ担当マネージャー	
桜井 美弥	大日本インキ化学工業㈱　R&D 本部　材料開発センター　有機合成研究室　研究主任	
福島　洋	三菱レイヨン㈱　機能化学品事業部　機能化学品第二部長	
斉藤 則彦	JSR㈱　光学材料事業部　光機能材料部　第三チームリーダー	

執筆者一覧（執筆順）

西久保 忠臣	神奈川大学　工学部　応用化学科　教授；ラドテック研究会会長	
竹中 直巳	共栄社化学㈱　機能性化学品事業部　研究部　部長	
岡崎 栄一	(現) 東亞合成㈱　高分子材料研究所　所長	
小池 信明	東亞合成㈱　機能材料研究所　光硬化 G	
岡 英隆	(現) BASF ジャパン㈱　特殊化学品本部　パフォーマンスケミカルズリサーチ　研究員	
倉 久稔	チバ・スペシャルティ・ケミカルズ㈱　コーティング機能材セグメント　R&D　主任研究員	
山戸　斉	チバ・スペシャルティ・ケミカルズ㈱　コーティング機能材セグメント　R&D　マクロエレクトロニクス Gr マネージャー (現) BASF ジャパン㈱　特殊化学品本部　主席研究員	
大和 真樹	チバ・スペシャルティ・ケミカルズ㈱　コーティング機能材セグメント　R&D　統括マネージャー (現) BASF ジャパン㈱　高機能製品統括本部　尼崎研究開発センター　センター長	

(つづく)

工藤　宏人	（現）神奈川大学　工学部　応用化学科　准教授	
芝崎　祐二	東京工業大学　大学院理工学研究科　有機・高分子物質専攻　助手	
白井　正充	（現）大阪府立大学　大学院工学研究科　教授	
宮下　徳治	（現）東北大学　多元物質科学研究所　高分子・ハイブリッド材料研究センター　センター長	
上田　　充	（現）東京工業大学　大学院理工学研究科　有機・高分子物質専攻　教授	
鷲尾　方一	（現）早稲田大学　理工学術院　総合研究所　教授	
木下　　忍	岩崎電気㈱　光応用事業部　光応用営業部　技術グループ　次長　兼　技術グループ長 （現）岩崎電気㈱　技術研究所　所長	
新納　弘之	（独）産業技術総合研究所　光技術研究部門　レーザー精密プロセスグループ　リーダー	
光宗　真司	（現）BASFコーティングスジャパン㈱　塗料研究所　次長	
河添　正雄	中国塗料㈱　インダストリアル　ディビジョン　バイスプレジデント　兼　工業用塗料技術センター　所長	
阿久津幹夫	（現）カシュー㈱　技術開発部　技術顧問	
宮下　治雄	大日本印刷㈱　建材事業部　建材研究所　所長	
古川　浩二	（現）三菱レイヨン㈱　豊橋技術研究所　機能化学品開発センター　主席研究員	
折笠　輝雄	（現）フュージョンUVシステムズ・ジャパン㈱　代表取締役社長	
松井　真二	（現）兵庫県立大学　高度産業科学技術研究所　教授	
奥田　竜志	（現）DICグラフィックス㈱　ペーストインキ技術G　主任研究員	
内河喜代司	東京応化工業㈱　開発本部　先端材料開発2部　副部長	
高瀬　英明	JSR㈱　筑波研究所　主任研究員	
藤村　保夫	日東電工㈱　基幹技術センター　部長	
江利山祐一	JSR㈱　筑波研究所　主任研究員	
上野　　巧	（現）日立化成工業㈱　筑波総合研究所　主管研究員	
山寺　　隆	日立化成工業㈱　感光性材料事業部　感光性材料開発部　部長	
有馬　聖夫	（現）太陽インキ製造㈱　技術本部　開発2部　部長	
羽根　一博	（現）東北大学　大学院工学研究科　ナノメカニクス専攻　教授	
峯浦　芳久	（現）リンテック㈱　知的財産部　部長	

執筆者の所属表記は，注記以外は2006年当時のものを使用しております．

目 次

＜材料開発・装置技術の最新動向編＞

第1章　総論―UV・EB硬化性樹脂の最近の開発動向　　西久保忠臣

1　はじめに……………………………3
2　新しい高性能・高機能光硬化材料の開発
　の動向………………………………5
3　オキセタン樹脂を基盤とした光硬化性
　樹脂の開発…………………………8
4　光硬化性ポリマー類の新たな展開……12

第2章　材料開発の動向

1　アクリルモノマー・オリゴマー
　………………………竹中直巳……14
　1.1　はじめに………………………14
　1.2　モノマー・オリゴマーの役割……14
　1.3　（メタ）アクリル酸誘導体の反応
　　………………………………………15
　1.4　アクリレートモノマー……………16
　　1.4.1　モノマーの種類と役割………16
　　1.4.2　耐熱性と設計…………………16
　　1.4.3　屈折率と設計…………………18
　1.5　エポキシアクリレートオリゴマー
　　………………………………………20
　　1.5.1　エポキシアクリレートオリゴ
　　　マーの特徴………………………20
　　1.5.2　2官能エポキシアクリレート
　　　オリゴマー………………………21
　　1.5.3　多官能エポキシアクリレート
　　　オリゴマー………………………22
　　1.5.4　耐熱性と設計…………………22
　1.6　ウレタンアクリレートオリゴマー
　　………………………………………24
　　1.6.1　ウレタンアクリレートオリゴ
　　　マーの特徴………………………24
　　1.6.2　2官能ウレタンアクリレート
　　　オリゴマー………………………25
　　1.6.3　多官能ウレタンアクリレート
　　　オリゴマー………………………26
　1.7　おわりに………………………27
2　非アクリル系モノマー・オリゴマーおよび
　ポリマー………岡崎栄一,小池信明…29
　2.1　はじめに………………………29
　2.2　光ラジカル重合系材料…………29
　　2.2.1　マレイミド……………………29
　　2.2.2　ポリエン・チオール……………33
　　2.2.3　その他…………………………33
　2.3　光カチオン重合系材料…………35
　　2.3.1　光カチオン開始剤………………36
　　2.3.2　光カチオン重合性モノマー……36
　2.4　光架橋性ポリマー………………42
　　2.4.1　光二量化タイプ………………42

I

2.4.2 その他 ……………… 43
3 光重合開始剤
　　岡　英隆，倉　久稔，山戸　斉，大和真樹
　　…………………………… 45
　3.1 ラジカル型光重合開始剤 ……… 45
　　3.1.1 ベンジルケタール型光重合
　　　　　開始剤 ………………… 46
　　3.1.2 α-ヒドロキシアセトフェノン
　　　　　型光重合開始剤 ………… 47
　　3.1.3 α-アミノアセトフェノン型
　　　　　光重合開始剤 …………… 48
　　3.1.4 アシルフォスフィンオキサイド
　　　　　………………………… 49
　3.2 低揮発性，低マイグレーション性
　　　ラジカル型光重合開始剤 ……… 50
　3.3 水系処方用光重合開始剤 ……… 55
　3.4 電子材料用光ラジカル重合開始剤
　　　………………………………… 56
　　3.4.1 O-アシルオキシム型光重合
　　　　　開始剤 ………………… 56
　3.5 光カチオン重合開始剤 ………… 59
　　3.5.1 新しい光カチオン重合剤 …… 60
　　3.5.2 種々の光ラジカル重合開始剤
　　　　　との組み合わせ ………… 61
　3.6 光酸発生剤(PAG) …………… 63
　　3.6.1 化学増幅型レジスト ……… 65
　　3.6.2 PAGの光反応機構 ………… 66
　　3.6.3 新規PAGの開発 …………… 71
　　3.6.4 ArF液浸 …………………… 73
　　3.6.5 i線用光酸発生剤 ………… 74
　3.7 光塩基発生剤 ………………… 75
　　3.7.1 報告されている光塩基発生剤
　　　………………………………… 76
　　3.7.2 新規光塩基発生剤 ………… 77
4 カリックスアレーン ……… 工藤宏人…82
　4.1 はじめに ……………………… 82
　4.2 カリックスアレーンを基盤とした
　　　光重合性基を有する機能性材料の
　　　合成とその光反応 …………… 83
　　4.2.1 ラジカル重合性基(メタクリ
　　　　　ロイル基，アクリロイル基)
　　　　　を有するカリックスアレーン
　　　　　誘導体類の合成と性質および
　　　　　その光反応性 …………… 83
　　4.2.2 カチオン重合性基(プロパルギ
　　　　　ルエーテル基，アリルエーテル
　　　　　基)を有するカリックスアレー
　　　　　ン誘導体類の合成と性質および
　　　　　その光反応性 …………… 85
　4.3 環状エーテル基(オキセタニル基，
　　　オキシラニル基，スピロオルト
　　　エーテル基)を有するカリックス
　　　アレーン誘導体類の合成と性質
　　　およびその光反応性 ………… 86
　4.4 カリックスアレーン類を用いたUV
　　　・EB-レジスト材料への展開 …… 88
　4.5 その他 ………………………… 89
　4.6 まとめ ………………………… 89
5 ハイパーブランチポリマー・デン
　　ドリマー ……………… 芝崎祐二…91
　5.1 はじめに ……………………… 91
　5.2 UV硬化材料 …………………… 91
　5.3 エレクトロニクス用硬化材料 …… 92
　　5.3.1 カリックスアレンレジスト … 92

	5.3.2 感光性トリフェニルベンゼン,
	トリアリルアミン …………94
	5.3.3 その他の低分子アモルファス
	レジスト ………………94
5.4	おわりに ………………………95
6 リワーク型光架橋・硬化樹脂
…………………………白井正充…97
6.1	はじめに ………………………97
6.2	溶解除去が可能な熱硬化樹脂 …97
6.3	再溶解型光架橋・硬化樹脂 ……99
	6.3.1 架橋剤と高分子のブレンド型
	…………………………………99
	6.3.2 側鎖官能基型 …………100
	6.3.3 多官能モノマー型 ……102
6.4	おわりに ……………………103
7 ナノ構造硬化材料としての分子累積膜
…………………………宮下徳治…105
7.1	はじめに ……………………105
7.2	LB膜形成能を有するモノマーの重合
	反応を利用したナノ構造形成 …105
	7.2.1 ビニル系化合物 ………106
	7.2.2 ジエン化合物 …………107
	7.2.3 ジアセチレン系化合物 …107

7.3	高分子ナノシートの3次元架橋,
	および分解反応を利用したナノ
	構造形成 ……………………108
	7.3.1 高分子ナノシートの光架橋による
	3次元ナノ構造の形成 ……108
	7.3.2 高分子ナノシートの光分解反応
	を利用したナノ構造形成 …109
	7.3.3 固体基板上への固定化 …109
7.4	高分子ナノシートの多段階フォト
	パターニングによる3次元構造体
	の作製 ………………………112
8 感光性ポリイミド・ポリベンズオキサ
ゾール ……………………上田 充…115
8.1	はじめに ……………………115
8.2	感光性ポリイミド ……………115
	8.2.1 ポジ型PSPI ……………115
	8.2.2 ネガ型PSPI ……………116
8.3	感光性ポリベンズオキサゾール
	…………………………………119
	8.3.1 簡便なPSPBO調整法 …119
	8.3.2 化学増幅系 ……………120
	8.3.3 化学増幅系／低温環化 …120
8.4	おわりに ……………………122

第3章 硬化装置および加工技術の動向

1 EB硬化装置の現状 ………鷲尾方一…123
1.1	はじめに ……………………123
1.2	EB照射装置の概要 …………124
	1.2.1 低エネルギーEB装置 …124
	1.2.2 中エネルギーEB装置 …125
	1.2.3 高エネルギーEB装置 …125

1.3	低エネルギーEB装置とは？ …126
	1.3.1 低エネルギーEB装置の機能と
	構成 …………………………126
	1.3.2 EB装置開発の新しい潮流 …127
	1.3.3 各社の装置の状況 ……127
1.4	EB照射の物理化学的理解 ……129

1.4.1　EBエネルギーの吸収 ······129
　　1.4.2　EBの物質中での吸収
　　　　　線量分布 ················129
　　1.4.3　EB反応の基礎 ···········129
　1.5　EB照射の産業応用の概要 ········131
　1.6　今後の展望 ···················131
　1.7　おわりに ····················132
2　UV装置の現状 ·············**木下　忍**···134
　2.1　はじめに ···················134
　2.2　UVの基礎 ·················134
　　2.2.1　光の分類 ···············134
　　2.2.2　光のエネルギー ··········134
　　2.2.3　UV硬化反応を考えるのに重要
　　　　　な法則 ··················135
　　2.2.4　光量 ··················135
　2.3　UV硬化装置 ················136
　　2.3.1　光源 ··················136
　　2.3.2　照射器 ················142
　　2.3.3　電源装置 ···············143

　2.4　UV硬化装置の変動要因 ········143
　　2.4.1　ランプの経時変化 ········144
　　2.4.2　反射板，ランプ，フィルタの
　　　　　汚れ（UV硬化樹脂の揮発成分
　　　　　付着） ················144
　　2.4.3　1次側供給電源・電圧変動
　　　　　······················144
　2.5　UV硬化装置・仕様検討のポイント
　　　　·······················144
　2.6　UV照射装置例 ··············145
　　2.6.1　コンベア付UV硬化装置
　　　　　＜4KW標準コンベア＞ ····145
　　2.6.2　木工用UV装置 ··········145
　　2.6.3　液晶滴下工法・シール材硬化
　　　　　装置 ··················145
　　2.6.4　スポット型UV照射器 ······147
　2.7　おわりに ···················148
3　レーザー装置の現状 ·······**新納弘之**···149

＜応用技術の動向編＞

第1章　塗料

1　自動車向けUV硬化型塗料
　　··················**光宗真司**···157
　1.1　はじめに ···················157
　1.2　UV硬化型クリヤーの長所と短所
　　　　·······················157
　1.3　2輪車UV硬化型クリヤーの硬化
　　　システム ···················159
　1.4　2輪車UV硬化型クリヤーの塗装
　　　レイアウト例 ················161

　1.5　自動車ボディ用クリヤーへの展開
　　　　·······················162
2　建材用UV塗料 ···········**河添正雄**···165
　2.1　はじめに ···················165
　2.2　建材用UV塗料 ··············165
　　2.2.1　業界の概要 ·············165
　　2.2.2　UV塗料について ·········166
　　2.2.3　建材塗装システム ·········168
　2.3　建材への機能性付与 ··········169

2.3.1	スリ傷防止 …………………169
2.3.2	ノンスリップ仕様 ……………170
2.3.3	低汚染性付与 …………………170
2.4	建材のVOC対策 …………………170
2.5	今後の動向と課題 ………………171
3	プラスチック部品用コーティング剤
	……………………阿久津幹夫…173
3.1	はじめに …………………………173
3.2	各種ハードコートとUV硬化型
	ハードコートの特徴 ……………173
3.2.1	ハードコートの種類と簡単な
	特徴 ……………………………173
3.2.2	UV硬化型ハードコートが
	使用されている主な分野
	（プラスチック素材）…………174
3.3	携帯電話，弱電部品，コンパクト
	へのUV塗装 ……………………174
3.3.1	一般的な塗装工程とライン
	構成 ……………………………174
3.3.2	具体的な2コート系の塗装工程
	について ………………………174
3.3.3	素材について …………………175
3.3.4	UV硬化型ハードコートに要求
	される物性（携帯電話向けを中
	心に）…………………………175
3.3.5	従来のUVハードコート剤の
	設計思想と問題点 ……………176
3.3.6	UV硬化型ハードコート剤の
	種類と特徴 ……………………177
3.4	PETボトル（化粧品容器向け）への
	UV塗装 …………………………178
3.4.1	1コート塗装仕様 ……………178
3.4.2	2コート塗装仕様 ……………179
3.5	キーボード印字部分へのUV保護
	コート ……………………………180
3.5.1	キーボード印字保護技術の歴史
	…………………………………180
3.5.2	UVハードコート部分印刷法
	（No.300TA-10）の工程 ……180
3.6	CD，DVDディスク用へのUV硬化
	型ハードコート …………………180
3.6.1	コーティングの目的 …………180
3.6.2	一般的な塗装工程 ……………181
4	電子線硬化技術の応用と展開
	～建材分野への応用……宮下治雄…182
4.1	はじめに …………………………182
4.2	EBコーティング技術 …………182
4.2.1	従来の塗膜形成方法（熱硬化型，
	紫外線硬化型）との比較 ……182
4.2.2	EB硬化塗膜の性能 …………183
4.2.3	EBコーティングに用いる装置
	…………………………………183
4.3	スーパーイーゴスの開発 ………184
4.4	クリーンイーゴス，パワーイーゴス
	の開発 ……………………………184
4.5	HTフロアシートの開発 ………185
4.6	今後の展望 ………………………187
5	自動車用ヘッドランプレンズ用ハード
	コート ……………………古川浩二…188
5.1	はじめに …………………………188
5.2	ハードコート材料の分類と構成
	……………………………………188
5.3	ハードコートへの要求性能 ……189
5.4	UV硬化ハードコートの材料構成と

物性 ……………………190
　5.5　ハードコート処理工程 ………192
　5.6　おわりに ………………………193

第2章　印刷

1　UVインクジェット ……**折笠輝雄**…194
　1.1　はじめに …………………………194
　1.2　UVIJ技術への期待 ……………194
　1.3　UVIJシステムの主な構成要素と
　　　機能 ………………………………195
　　1.3.1　IJヘッド ……………………195
　　1.3.2　UVインク ………………196
　　1.3.3　UVランプ …………………197
　　1.3.4　UVIJプリンター装置デザイン
　　　　　………………………………200
　1.4　UVIJの応用マーケット ………201
　1.5　まとめ …………………………203
2　光ナノインプリント ……**松井真二**…204
　2.1　はじめに …………………………204
　2.2　光ナノインプリント技術 ………205
　2.3　まとめ …………………………208
3　UV／EBインキ ……………**奥田竜志**…210
　3.1　UV／EBインキ …………………210
　3.2　UV／EBインキ市場 ……………210
　3.3　UV／EBインキの長所・短所 …210
　　3.3.1　長所 …………………………210
　　3.3.2　短所 …………………………212
　3.4　応用技術の動向 …………………212
　　3.4.1　ハイブリッド型平版UVインキ
　　　　　………………………………212
　　3.4.2　環境対応 ……………………214

第3章　ディスプレイ材料

1　カラーフィルター(CF)
　　　………………………**内河喜代司**…216
　1.1　カラーフィルター用顔料レジスト
　　　………………………………………216
　1.2　カラーレジスト(RGB) ………217
　1.3　ブラックレジスト ………………219
　1.4　顔料レジストの分散安定化 ……221
　1.5　今後の顔料分散レジスト ………222
2　反射防止膜 ……………**高瀬英明**…224
　2.1　はじめに …………………………224
　2.2　反射防止とは ……………………225
　2.3　反射防止膜への要求性能 ………226
　2.4　塗工方法 …………………………228
　2.5　ウェットコーティング用反射防止
　　　膜材料 ……………………………229
　2.6　おわりに …………………………231
3　偏光フィルム …………**藤村保夫**…233
　3.1　はじめに …………………………233
　3.2　偏光フィルムの概要 ……………233
　　3.2.1　コントラスト・色相 ………234
　　3.2.2　偏光フィルムの視野角特性
　　　　　改良 …………………………236

3.3 おわりに ……………………238
4 光導波路 ……………江利山祐一…239
  4.1 はじめに ……………………239
  4.2 基本原理 ……………………239
  4.3 応用分野 ……………………240
  4.4 要求特性 ……………………240
  4.5 ポリマー導波路材料 …………241
    4.5.1 直接露光 ………………242
    4.5.2 型転写 …………………242
    4.5.3 直接描画 ………………243
    4.5.4 自己形成導波路 ………244
  4.6 まとめ ………………………244

第4章　レジスト

1 半導体レジスト …………上野 巧…246
  1.1 はじめに ……………………246
  1.2 リソグラフィの動向とレジスト ‥247
  1.3 KrF（248nm）リソグラフィ用レジスト ……………………………248
  1.4 ArF（193nm）リソグラフィ用レジスト ……………………………250
  1.5 液浸ArFレーザ（193nm）リソグラフィ用レジスト材料 ……………252
  1.6 EUV（ExtremeUV：13nm）用レジスト ……………………………253
  1.7 電子線レジスト ………………253
  1.8 まとめ ………………………254
2 ドライフィルムレジスト …山寺 隆…257
  2.1 プリント配線板とドライフィルム …………………………………257
  2.2 ドライフィルム全般 …………258
    2.2.1 製造について ……………258
    2.2.2 ドライフィルムの分類 ……258
  2.3 ドライフィルムの設計上のポイント ………………………………260
  2.4 ドライフィルムの最近の技術動向 …………………………………260
    2.4.1 パッケージ用ドライフィルム ………………………………260
    2.4.2 直描用ドライフィルム ……262
  2.5 おわりに ……………………268
3 ソルダーレジスト ………有馬聖夫…270
  3.1 はじめに ……………………270
  3.2 ソルダーレジストの形成工程と組成 …………………………………270
    3.2.1 アルカリ現像可能な感光性樹脂 ………………………………271
    3.2.2 光重合開始剤 ……………272
    3.2.3 熱硬化性樹脂 ……………272
  3.3 ソルダーレジストの高性能化 ‥273
    3.3.1 プレッシャークッカー耐性 …………………………………273
    3.3.2 耐マイグレーション性 ……273
    3.3.3 冷熱サイクルのクラック低減 ………………………………274
  3.4 これからのソルダーレジスト　レーザーダイレクトイメージング対応 ……………………………………275
  3.5 おわりに ……………………276
4 MEMS ……………………羽根一博…278

4.1 はじめに……………………278
4.2 バルクマイクロマシニング……278
4.3 デバイスの例………………281
4.4 まとめ………………………283
5 半導体製造プロセス用ダイシングテープ
　………………………**峯浦芳久**…284
5.1 はじめに……………………284
5.2 ICパッケージの生産プロセスと粘着テープ…………………284
5.3 ダイシングテープ……………285
　5.3.1 紫外線硬化型ダイシングテープ
　　………………………………285
　5.3.2 ダイシングテープに要求される性能………………………285
　5.3.3 薄型ウェハ用ダイシングテープ
　　………………………………287
　5.3.4 パッケージ用ダイシングテープ
　　………………………………288
　5.3.5 DBG（Dicing Before Grinding）プロセス……………………288
5.4 半導体製造プロセス用粘接着テープ
　………………………………289
　5.4.1 ダイシング・ダイボンディングテープ……………………289
　5.4.2 LEテープの特徴……………290
5.5 おわりに……………………291

ラドテック研究会のご案内……294

材料開発・装置技術の最新動向編

第1章 総論—UV・EB硬化性樹脂の最近の開発動向

西久保忠臣*

1 はじめに

　筆者が，光反応性基としてオリゴマー分子の末端やポリマー側鎖にアクリロイル基やメタクリロイル基（以下アクリロイル基）を導入した光硬化性樹脂の研究開発に従事してから約35年が経過した。当時の光架橋型の感光性樹脂[1]の中心的な材料は，プリント基板やPS版への応用を目的とした光2量化反応型のケイ皮酸エステル系レジスト，シリコンウェハーの微細加工への応用を目的とした環化ゴム系（環化ゴム＋ビスアジド化合物）レジスト，木工加工への応用を中心とした光硬化型の不飽和ポリエステル（不飽和ポリエステル＋スチレンモノマー＋光重合開始剤）等であった。

　上記のような感光性樹脂類では，省資源・省エネルギー，低環境負荷化，生産性の向上，省スペース化などに端を発して，高速硬化性あるいは速乾性の光硬化性樹脂が強く求められ，これらの要望に対応することは困難であった。そこで，連鎖的に光重合反応が進行するモノマー類や反応性基が注目された。中でも成長速度定数の大きなアクリロイル基が注目され，分子内に反応性基を持ったアクリル酸（AA），メタクリル酸（MAA），2-ヒドロキシエチルメタクリレート（HEMA），2-ヒドロキシエチルアクリレート（HEA），グリシジル（メタ）クリレート（GMA）等がアクリル型の光硬化性オリゴマーやポリマーの合成原料として選択されることとなった。これら光硬化性樹脂の研究開発では，種々の有機反応や重合反応を用いて様々な分子構造を持った材料が合成され，中でも，①エポキシアクリレート[2]，②ポリウレタンアクリレート[3]，③ポリエステルアクリレート[4]が主要な光硬化性材料として注目され，現在に至っている。その理由は，それぞれの樹脂は共通して，①いずれの光硬化性樹脂も生産性がよく，安定した品質と価格での供給が可能なこと，②合成原料となるエポキシ樹脂，ジイソシアネート，ジオール，およびジカルボン酸類が多種多様で工業的に入手可能であり，ユーザーニーズに合致する多様な光硬化性材料を提供できること，③また，エポキシアクリレート，ポリウレタンアクリレート，およびポリエステルアクリレートは，いずれも優れた光硬化性と塗膜性を備えているが，それぞれの樹脂が他の樹脂では達成できない固有の優れた性能も持っていることである。

---

*　Tadatomi Nishikubo　神奈川大学　工学部　応用化学科　教授；ラドテック研究会　会長

すなわち，多官能性のアクリル系オリゴマー類は分子構造によりそれぞれの特徴が異なり，エポキシアクリレートは基本的にはエポキシ樹脂とAA（またはMAA）との付加反応により得られる光硬化性樹脂で，ガラス転移温度（T_g）が高く，耐熱性，耐薬品性，金属への接着性に優れた硬化物が得られる。特に，ノボラック型のエポキシアクリレートは耐熱性に優れ，これをさらにカルボン酸無水物で変性[5]した分子内にカルボキシル基を有するノボラック型のエポキシアクリレートはアルカリ現像型のソルダーマスクの中心的な原料である。ポリウレタンアクリレートは，基本的にはジイソシアネートとジオール類およびHEA（またはHEMA）の重付加反応により得られる光硬化性樹脂で，原料に用いるジイソシアネートとジオールの種類や組成比を変えることにより様々な特徴を発現できるが，共通の特徴は機械的強度と耐摩耗性に優れた硬化物が得られることである。ポリエステルアクリレートはエポキシアクリレートやポリウレタンアクリレートと比較すると粘度が低いために加工性が良好であり，また機械的強度と伸びのバランスの取れた硬化物が得られる。

また，メチルメタクリレート（MMA）等のメタクリル酸エステル類やアクリル酸エステル類とGMAとの共重合体，HEMAとの共重合体，MAAとの共重合体と，それぞれAA，2-メタクリロイルオキシエチルイソシアネート誘導体，およびGMAとの付加反応では，側鎖にアクリロイル基を持った光反応性のアクリル樹脂が得られる。GMAとカルボン酸無水物とのアニオン開環交互共重合では側鎖にアクリロイル基を持った光反応性ポリエステル樹脂が得られ，スチレン-無水マレイン酸交互共重合体にHEMAやHEAを付加反応させると光反応性スチレン-マレイン酸（SMA）樹脂が得られる。これらの光硬化性樹脂類はいずれも約30年前に研究されている。また，上記のような主剤となる光硬化性樹脂の希釈剤（あるいは添加剤）として，種々のポリエーテル型の多官能性アクリレート類（エチレングリコールジアクリレート，ジエチレングリコールジアクリレート，トリメチロールプロパントリアクリレート，ペンタエリスリトールテトラアクリレート，ジメンタエリスルトールヘキサアクリレートなど）やメタクリレート類は同じ頃に開発された材料である。その後，今日に至るまで膨大な数のアクリル型の光硬化性樹脂に関する特許が企業各社より出願され，また様々な改良型の樹脂が開発[6]されているが，樹脂の基本概念は，約30年前とあまり変わっていないように思われる。

その後，感光性基である光ラジカル重合型のアクリロイル基の酸素による重合阻害の改善，作業工程での皮膚刺激の低減，重合による体積収縮の改善などのため，新たな光硬化性樹脂として，光カチオン重合型のビニルエーテル樹脂，エポキシ樹脂，オキセタン樹脂などが提案され，UV・EB硬化技術の新たな応用分野を開拓しつつあるが，今でも，既存の産業分野で占める，前述の①〜③の樹脂の比重は極めて大きい。

現在，UV・EB硬化技術は高性能，高付加価値の製品開発の観点から各種表面加工，電子・情

第1章 総論—UV・EB硬化性樹脂の最近の開発動向

報産業分野で幅広く利用され，ハイテク産業における中心技術の一つとなっているが，今後のナノテク産業を構築するための重要な基盤技術の一つとして位置付けられているものと思われる。しかし，UV・EB硬化技術の目覚ましい発展の中で，約30年前に開発された材料が今日まで基盤技術として継続され，これに変わる革新的な材料が工業規模で開発・提供されていないのも現状である。よって今後，UV・EB硬化技術が一層発展し，様々な先端科学技術分野でさらに広く利用されるためには，従来技術とは，一線を画すことのできる，高性能の光硬化性樹脂や光硬化性に加え，新たな機能を持った硬化性樹脂の開発，これらの光硬化性樹脂類と共に使用する高性能・高機能の添加剤（光重合開始剤，増感剤，フィラーなど）の開発，および高精度・高性能の照射露光装置などの開発が重要な課題となる。これらの課題の詳細については，第2章以下の各論で詳細に紹介されるが，本論では，特に筆者が最近注目している，いくつかの研究開発例について紹介する。

2 新しい高性能・高機能光硬化材料の開発の動向

光硬化性樹脂の研究・開発はその時代の基礎科学と密接に関連しており，30年前のエポキシアクリレート，ポリウレタンアクリレート，およびポリエステルアクリレートの開発は高分子合成化学が汎用高分子材料の開発から，機能性高分子材料の開発に向かいはじめた時期であり，筆者もその一人として，最も早い時代から光硬化性樹脂の研究開発に取り組んできた。この間，高分子合成においては鎖状高分子の合成研究が中心であり，以前より塗料や印刷インキ分野で使用されてきた高級脂肪酸変性のアルキット樹脂などの分岐高分子の研究は，ほとんど注目されていなかった。しかし，これらの古いタイプの分岐高分子が今日のデンドリテック高分子の原点であると思われる。

最近，基礎科学の研究の中で，デンドリマー，ハイパーブランチポリマー，スターポリマーな

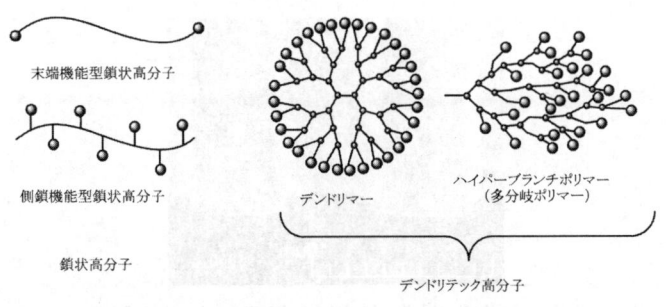

スキーム1 鎖状高分子とデンドリテック高分子

どの多分岐高分子や,ロタキサン,カテナンなどの非共有結合からなる特殊構造を有する高分子の合成や物性,機能に関する研究が盛んに行われ,それぞれの分子構造と関連して優れた物性や機能が見出され,報告されている。

この中で,デンドリマーやハイパーブランチポリマーなどのデンドリテック高分子はスキーム1に示すように,鎖状高分子とは異なった形態である。そのため,①同じ分子量の鎖状高分子と比較すると慣性半径が小さいために低粘度となり,流動特性や加工性が向上する,②分子鎖間の立体障害により結晶化し難く溶媒類や他の添加材との混和性がよい,③多数の反応性末端を持つため多くの光反応性基の導入に適している,等の優れた特徴[7]が明らかにされている。これらの中で,ハイパーブランチポリマーは,デンドリマーや他の特殊構造を有する高分子と比較すると,①比較的合成が容易である,②多くの合成原料が市場より容易に入手ができる,等の特徴があり,新しい高性能,高機能光硬化性樹脂としての工業化が期待[8〜10]されている。さらに,その分子構造からしてハイパーブランチポリマーの光架橋は分子間架橋と分子内架橋の進行がパラレル進行とは言い難く,さらに分子内架橋では傾斜架橋構造なども考えられる。よって,ハイパーブランチポリマーの光硬化物は,これまでの鎖状の光硬化性オリゴマーと異なった物性や性能が発現することが期待できる。

例えば,ハイパーブランチ型エポキシアクリレート(A)を主成分とした感光性樹脂[11]は同じ分子量の鎖状エポキシアクリレートと比較すると,高い光反応性を示し,感度と解像度が良好となる。また,分岐構造からも明らかなように,光硬化後の架橋構造は分子の内部と外部で架橋構造が異なるために,架橋硬化物は強靱な物性を発現する。また,興味ある成果として,多分岐高分子は分子鎖の配向が規制されるために,複屈折率が低下することが見出されている。ハイパーブランチ型のポリウレタンアクリレート[12](B)は,鎖状のポリウレタンアクリレートと比較すると,高い光反応性を示すとともに,アルカリ現像型のレジストとして優れた解像度(写真1)を示すこ

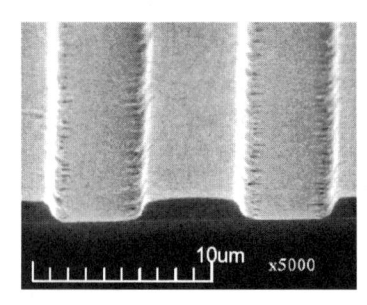

写真1　ハイパーブランチ型ポリウレタンアクリレートの解像度

第1章 総論—UV・EB硬化性樹脂の最近の開発動向

とも確認されている(スキーム2)。さらに，アクリロイル基を有するハイパーブランチ型の感光性ポリイミド[8](C)類，およびポリベンゾオキサゾール[13](D～E)類を合成(スキーム3)し，優れた耐熱性と高い光反応性を確認している。また，これらのポリイミドやポリベンゾオキサゾール前駆体は対応する構造を有する鎖状のポリマーと比較して，溶媒への溶解性が良好であることも確認している。

スキーム2 ハイパーブランチ型エポキシアクリレートおよびポリウレタンアクリレート

スキーム3 アクリル型ハイパーブランチポリイミドおよびポリベンゾオキサゾール前駆体

7

3 オキセタン樹脂を基盤とした光硬化性樹脂の開発

最近，筆者らはオキセタン樹脂を基盤とした，様々なオキセタンアクリレートを合成し，いくつかの優れた特徴を明らかにしている。この中で，いくつか紹介すると，2官能性オキセタン(1,4-ビス-(3-エチル-3-オキセタニルメトキシメチル)ベンゼン)(BEOB)と3官能性カルボン酸(トリメシン酸)(TMA)および，MAAとの反応を適切な反応条件下で行うと，末端に多くのメタアクリロイル基を持ったハイパーブランチポリマー(F)が得られる。さらに，この化合物に2官能性カルボン酸無水物を反応させると側鎖に多くのカルボキシル基を持つハイパーブランチポリマー(GおよびH)(スキーム4)[11]となる。また，ハイパーブランチポリマー(G)の$T_d^{5\%}$は258℃と，ハイパーブランチエポキシアクリレート(A)を同じカルボン酸無水物で修飾したアルカリ現像型のエポキシアクリレート$T_d^{5\%}$(225℃)と比較して，約30℃高くなった(図1)。その理由は，カルボン酸無水物と反応する際の前者の水酸基が1級であるのに対して，後者は2級であることに起因していると思われる。さらに，ハイパーブランチポリマー(GおよびH)を主剤としてソルダーレジスト(表1)を調整し，市販のエポキシアクリレート型樹脂を主剤としたものを参考として，それぞれ光硬化物の物性評価(表2)を行った。その結果，ハイパーブランチポリマー(G)および(H)を主剤として調整した光硬化性組成物はいずれも優れた特性を示すことが判明した。ま

スキーム4　ハイパーブランチ型オキセタンアクリレート

第1章 総論―UV・EB硬化性樹脂の最近の開発動向

た，ここでは，光硬化物のT_gはオキセタン樹脂の分子構造に大きく依存していることも判明した。

次に，ノボラック型のオキセタン樹脂とエポキシ樹脂を原料として合成したアルカリ現像型のオキセタンアクリレート（スキーム5）とエポキシアクリレート（代表的なソルダーレジストの主

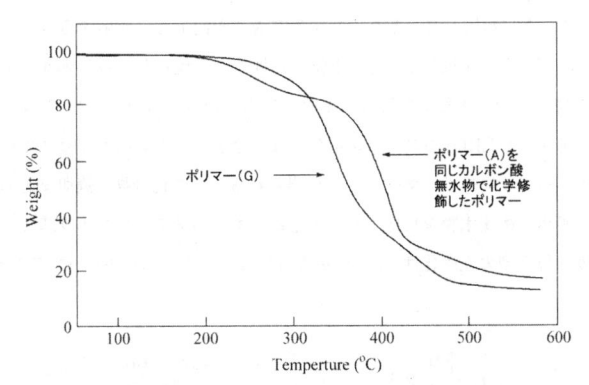

図1 ハイパーブランチ型オキセタンアクリレート（G）とエポキシアクリレート（A）を同じカルボン酸無水物で修飾したポリマーの熱安定性の比較

表1 ハイパーブランチ型オキセタンアクリレートを主剤としたソルダーレジスト[*1, *2]

組　成		サンプル1	サンプル2	参考組成
樹　脂	58wt%	ポリマー（G）	ポリマー（H）	SP-3500（市販品）
希釈剤モノマー	12wt%	DPEHA[*2]	DPEHA[*2]	DPEHA[*2]
光重合開始剤	5wt%	Irgacure 907	Irgacure 907	Irgacure 907
熱硬化性樹脂	24wt%	エポキシ樹脂	エポキシ樹脂	エポキシ樹脂
硬化剤	1wt%	多官能性アミン	多官能性アミン	多官能性アミン

*1 ポリマーに対して40wt%の酢酸ジエチレングリコールモノメチルエーテルを溶媒として使用し，スピンコート法により塗膜を調整した。
*2 ジペンタエリスリトールヘキサアクリレート

表2 ハイパーブランチ型オキセタンアクリレート（G, H）を主剤とした光硬化樹脂の物性

物　性		サンプル1	サンプル2	比較例
弾性率	（MPa）	2228	1728	2024
引っ張り強さ	（MPa）	51.6	41.6	17.4
伸び率	（%）	3.78	3.48	0.91
180度曲げ試験		○	○	×
Tg（DMS）	（℃）	88	120	133
誘電率（初期値）：ε	（1 MHz）	4.05	3.67	3.11
誘電正接（初期値）：$\tan \delta$	（1 MHz）	0.017	0.019	0.020

要樹脂)を主剤として，それぞれ光硬化性組成物を調整[15]し，光硬化後の物性評価を行った。その結果，いずれにおいてもノボラック型オキセタンアクリレートが，エポキシアクリレートと比較して優れた諸物性を示すことが判明した。その理由は，ノボラック型オキセタンアクリレートを主剤としたソルダーレジストは，オキセタンアクリレートの水酸基が結合している側鎖メチレン鎖（-CH$_2$-)のゆらぎに起因して，基材に対する密着性が向上し，対応するエポキシアクリレート型のソルダーレジストと比較して，様々な優れた性能を発現したものと判断される（表3）。

適切な触媒を使用した，水酸基を持つオキセタン化合物（例えば市販の，3-エチル-3-ヒドロキシメチルオキセタン）(EHO)のアニオン重合では，分子内に1個のオキセタニル基と多数の水酸基を持つハイパーブランチポリマー(I)[16〜18]が得られる。この化合物に適切な比率で無水(メタ)アクリル酸とカルボン酸無水物を反応させると末端に多くのメタクリロイル基とカルボキシル基を持ったアルカリ現像型の光硬化性材料(J)が得られる。さらに，ハイパーブランチポリマー(I)

スキーム5　ノボラック型のオキセタンアクリレートとエポキシアクリレートの構造

表3　ノボラック型オキセタンアクリレートを主剤とした光硬化物の特性[*1]

特性	A (オキセタンアクリレート)	B (エポキシアクリレート)
Tg(℃)	101	107
半田耐熱性	良好（＞10 sec at 260℃)	良好（＞10 sec at 260℃)
絶縁性(Ω)(135℃/85% RH/DC 5V/500 hrs)	初期値：7.60 × 10^{13} 加湿試験後：4.75 × 10^{12}	初期値：1.52 × 10^{13} 加湿試験後：3.30 × 10^{11}
誘電率：ε (1 MHz)(25⟷65℃ cycle/90% RH/ 7 days)	初期値：3.52 加湿試験後：3.59	初期値：4.17 加湿試験後：4.27
誘電正接：tanδ(1 MHz)(25⟷65℃ cycle/90% RH/ 7 days)	初期値：0.024 加湿試験後：0.028	初期値：0.030 加湿試験後：0.031
プレッシャークッカーテスト(121℃/100% RH Full)	＞120h	72h
耐無電解金メッキ性	○	×

*1　光硬化性組成物の配合：主用樹脂100部，希釈剤モノマー30部，光重合開始剤15部，無機フィラー90部，エポキシ樹脂80部，硬化剤15部

第1章 総論─UV・EB硬化性樹脂の最近の開発動向

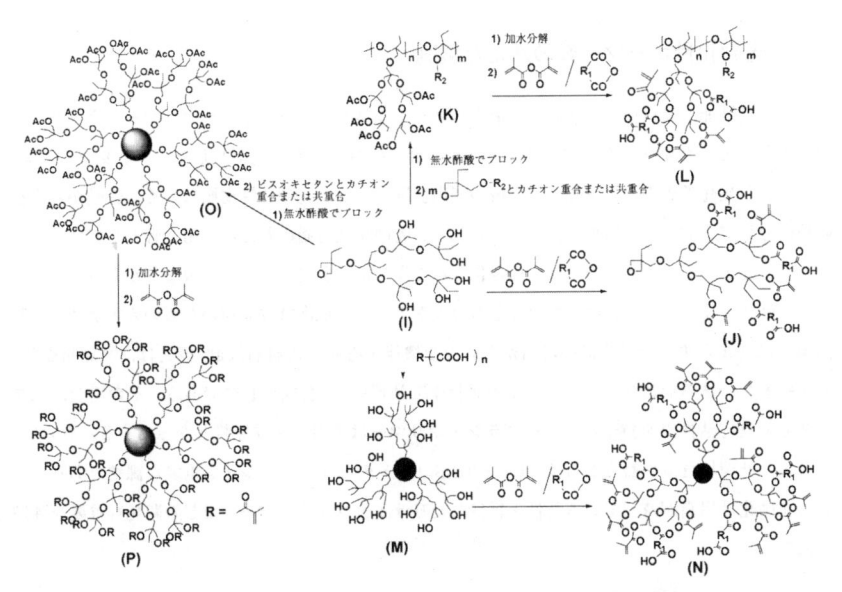

スキーム6 オキセタンを基盤としたデンドリテック型光硬化性樹脂

を多分岐化する場合には,(I)の水酸基を無水酢酸でブロックして,これをカチオン重合するか,1官能性のオキセタンモノマー類との共重合により,疑似ポリデンドロン(K)[19)]が得られる。得られた疑似ポリデンドロン(K)を加水分解して水酸基を導入し,これに適切な比率で無水(メタ)アクリル酸と2官能性カルボン酸無水物を反応させると末端に多くのメタクリロイル基とカルボキシル基を持ったアルカリ現像型の光硬化性材料(L)が得られる。また,ハイパーブランチポリマー(I)を,適切な条件下で多官能性カルボン酸類と反応させると,疑似デンドリマー(M)[20)]が得られ,これに適切な比率で無水(メタ)アクリル酸と2官能性カルボン酸無水物を反応させると末端に多くのメタクリロイル基とカルボキシル基を持ったアルカリ現像型の光硬化性材料(N)が得られる。さらに,(I)の水酸基を無水酢酸でブロックし,少量のビスオキセタン化合物とカチオン共重合させると,分岐度の大きい疑似デンドリマー(O)[21)]が得られ,これを加水分解し,その後無水メタクリル酸を反応させると光硬化性材料(P)が得られる。ここで得られた,デンドリテック型の光硬化性材料(スキーム6)はいずれも高い光反応性を持つことが確認されている。

上記の例に示したように,筆者らが開発したオキセタン化合物の新しい有機反応と,種々の反応を有効に組み合わせ,オキセタン樹脂を基盤とした多分岐構造を持った新しいタイプの光硬化性樹脂の開発が可能となる。

4 光硬化性ポリマー類の新たな展開

今後の高性能・高機能を目指した，最近のアクリル型ハイパーブランチポリマーとオキセタン樹脂を基盤としたオキセタンアクリレート類の合成について簡単に紹介したが，重要なことは，これらの光硬化性樹脂の工業化と，今後の応用展開である。光硬化性樹脂は，その特徴から現在の技術分野での需要は一層拡大すると思われる。光硬化性樹脂の新たな応用分野としては，光スイッチ，光デバイス，光メモリー，複合化された光・電子多層プリント基板などがある。そのため，光硬化に使用する樹脂は光重合性基の導入やアルカリ現像特性発現のためのカルボキシル基の導入に留まらず，分子設計の段階から新たな機能を考慮した材料設計（例えば，高屈折率化，低屈折率化，あるいはスイッチとしての屈折率変換機能）と合成が必要である。その場合，末端に多くの反応活性点を持つハイパーブランチポリマーは重要な合成原料となってくる。さらに，省資源，低環境負荷の観点からは，UV・EBポリマーのリサイカブル化も重要な課題であり，既存の光硬化性樹脂が持っている特性を維持したリサイカブルポリマー[22]などの開発も重要な課題である。

文　献

1) 例えば，西久保忠臣編著，感光性樹脂の合成と応用，シーエムシー出版(1976)；西久保忠臣編著，感光性樹脂の合成と応用(続)，シーエムシー出版(1977)
2) T. Nishikubo, M. Imaura, T. Mizuko, and T. Takaoka, *J. Appl. Polym. Sci.*, **18**, 3445 (1974)；西久保忠臣，高分子論文集，**35**，673 (1978)
3) S. S. Labana, *J. Polym. Sci.*, A-1, **6**, 3283 (1968)
4) 立道秀麿ほか，高分子論文集，**35**，657 (1978)
5) NOK㈱（発明者；西久保忠臣ほか3名），特許公報，昭56-40329 (1981)；太陽インキ㈱（発明者；釜萢裕一ほか1名），特許公報，平1-54390 (1989)
6) 例えば，ラドテック研究会編，UV・EB硬化技術の応用と市場，シーエムシー出版(1989)；ラドテック研究会編，UV・EB硬化技術，シーエムシー出版(1992)；ラドテック研究会編，新UV・EB硬化技術と応用展開，シーエムシー出版(1997)
7) W. Shi and B. Ranby, *J. Appl. Polym. Sci.*, **59**, 1937, 1945, 1951 (1996)
8) S. Makita, H. Kudo, and T. Nishikubo, *J. Polym. Sci. Part A. Polym. Chem.*, **42**, 3697 (2004)
9) H. Chen and J. Yin, *J. Polym. Sci. Part A. Polym. Chem.*, **42**, 1735 (2004)
10) L. Tang, Y. Fang, and J. Feng, *Polymer J.*, **37**, 255 (2005)
11) K. Maruyama, H. Kudo, T. Ikehara, N. Ito, and T. Nishikubo, *J. Polym. Sci. Part A. Polym.*

Chem., **43**, 4642(2005)
12) 丸山研,工藤宏人,池原飛之,西久保忠臣,日本化学会第85春季年会,講演予稿集CD-ROM, 3H7-12(2005年3月)
13) 丸山研,新藤紫陽子,工藤宏人,西久保忠臣,第54回高分子学会年次大会,高分子学会予稿集,**54**(1), 1636(2005年5月)
14) T. Nishikubo, H. Kudo, K. Maruyama, and T. Nakagami, *Polymer J.,* in press.
15) M. Sasaki, M. Kusama, S. Ushiki, M. Kakinuma, and T. Nishikubo, Proceedings of RadTech Asia '03, No. 600, December 9-12, 2003, Yokohama (2003)
16) H. Kudo, A. Morita, and T. Nishikubo, *Polym. J.*, **35**(1), 88-91 (2003)
17) A. Morita, H. Kudo, and T. Nishikubo, *Polym. J.*, **36**(5), 413-421 (2004)
18) A. Morita, H. Kudo, and T. Nishikubo, *J. Polym. Sci. Part A. Polym. Chem.*, **42**, 3739-3750 (2004)
19) 森田亜也子,工藤宏人,西久保忠臣,第52回高分子学討論会,高分子学会予稿集,**52**(8), 1632-1633(2003年9月)
20) 森田亜也子,杉井慶太,工藤宏人,西久保忠臣,第53回高分子学会年次大会,高分子学会予稿集,**53**(1), 340(2004年5月)
21) 青木英行,工藤宏人,西久保忠臣,第55回ネットワークポリマー講演討論会,講演要旨集,13-16(2005)
22) M. Shirai, A. Kawaue, H. Okamura, and M. Tsunooka, *Chem. Mater.*, **15**(21), 4075(2003)

第2章　材料開発の動向

1　アクリルモノマー・オリゴマー

竹中直巳*

1.1　はじめに

　プラスチックは，ガラスや金属製品に比較して軽量または強靭性などの特性に優れているばかりでなく，安価で加工が容易であるなどの利点があり，何より優れた絶縁材料であることから，プリント基板周辺材料をはじめとして，近年は自動車部品，光学部品，光ディスク，プラスチックガラス等，無機材料にかわって幅広い分野で多岐に渡って使用されてきている。従って，これらプラスチック材料に求められる性能は用途や加工方法によって異なり，厳しくなってきている。

　プラスチック材料の生産性や加工性を向上させる一手段としては，瞬時に硬化が行えるラジカル反応性付与が挙げられる。生産性が高いため，加工時のプロセスコストが低減できることは，環境やエネルギー面からも重要なポイントとなる。

　当社は材料メーカーとして，おおよそ35年前から，ラジカル反応性基として(メタ)アクリロイル基を有する種々の誘導体を上市してきた。これらの誘導体として市場ニーズに合わせて開発してきた結果，アルコールと(メタ)アクリル酸から誘導される単官能(メタ)アクリル酸エステル，2官能および多官能(メタ)アクリル酸エステル，オキシラン環含有化合物と(メタ)アクリル酸から誘導される単官能および多官能エポキシエステル，ヒドロキシル基含有(メタ)アクリル酸エステル，有機イソシアネートおよびポリオールから誘導されるウレタン(メタ)アクリレート等が挙げられる。

　ここでは，各種ラジカル反応性モノマー・オリゴマーの特徴と，これらの構造と各物性の関係について述べる。

1.2　モノマー・オリゴマーの役割

　プラスチックの化学構造と物理的な特性から，屈折率，耐熱性，絶縁性，誘電特性，硬度，収縮率，線膨張特性，各種波長の光線透過率等が挙げられ，要求性能に合わせた材料設計が行われることになる。材料の生産性を考えた場合，単一の材料系で設計できることが望ましいが，全ての要求性能を満たすことは困難である。特に，これらプラスチック材料の生産性や加工性を向上

---

*　Naomi Takenaka　共栄社化学㈱　機能性化学品事業部　研究部　部長

第2章 材料開発の動向

させる一手段としては,瞬時に硬化が行えるラジカル反応性付与が挙げられ,これらの方法での材料設計を行う場合一般には,ベースレジン,モノマー(架橋剤),希釈剤,重合開始剤,その他添加剤という組合せに分けて設計される。ベースレジンは,目的の用途に求められる特性を発現するために必須となるもので,オリゴマーやポリマー,その他非反応性樹脂材料等の設計を行うことになる。モノマーや希釈剤は,加工する際の条件に応じた設計に必要となるもので,例えば溶剤が使用できない場合,モノマーでベースレジンを希釈して加工条件に合わせることになる。このとき,極力ベースレジン設計時の特性を損なわないよう,むしろ向上させることができるような設計や組合せが必要となってくる。また,加工時の生産設備に合わせて乾燥性や硬化速度をUPする必要がある場合は,架橋剤として多官能モノマーや溶剤の選定等の検討を行うことになる。更に塗膜のレベリング性や硬化時の条件(ランプ種類や熱硬化),付帯機能等により,重合開始剤の種類や量,添加剤等の検討も必要となってくる。

このように,目的とする特性の違い,加工時の設備や条件の違いにより,ベースレジンとモノマーのみならず重合開始剤や各種添加剤は,それぞれ密接で微妙な設計のバランスを要するため,各材料の設計の重要性はもとより,組成物としての配合物設計に関しては膨大な実験データの蓄積が必要となってき,これらは材料メーカーにはないノウハウの一つとなる。

1.3 (メタ)アクリル酸誘導体の反応[1]

(メタ)アクリロイル基の架橋反応は一般にはラジカル反応であり,重合開始剤として過酸化物やオニウム塩等の熱や光によるもの,ベンゾフェノン,ベンジルケタール系等の光によるもの等が挙げられ,一般に数%添加して用いられる。

光開始剤　　　$I-I \xrightarrow{h\nu} I-I^*$　　(光照射により励起)

ラジカル生成　$I-I^* + R-H \longrightarrow I-I-H\cdot + R\cdot \; (I-I^* \longrightarrow I\cdot + I\cdot)$

$$n\;CH_2=\overset{R_1}{\underset{\underset{O}{\|}}{C}}-C-O-\bigcirc \;+\; I\cdot \;\longrightarrow\; CH_2-\overset{R_1}{\underset{\underset{O}{\|}}{C}}-C-O-\bigcirc$$

重合開始剤の選定にあたっては,加工時の条件に左右され,また制約等も発生する。例えば有機過酸化物での熱硬化や一般の光ラジカル発生剤でのUV硬化は,酸素の硬化阻害を受けやすい。オニウム塩の場合は酸素の硬化阻害を受けないが,窒素原子等の存在下で硬化が阻害される場合がある。更に,光硬化の場合は硬化に使用する光源ランプの種類,顔料や紫外線吸収能を有する

添加剤併用等において光重合開始剤の選定は，非常に重要となってくる。これらの中で最も一般的な光ラジカル発生剤を用いたアクリル酸エステル誘導体系の反応は，瞬時（数秒以内）に起こるため，生産面での圧倒的な利点を利用して幅広い分野に普及している。

1.4 アクリレートモノマー

一般にアクリレートモノマーは，水酸基を有する化合物とアクリル酸またはアクリロイル基含有カルボン酸との脱水縮合，またはアクリル酸エステルとのエステル交換反応によって得られる。

1.4.1 モノマーの種類と役割

モノマーは，1分子中に含有する官能基数や主鎖構造，活性水素基の有無等によって分類できる。

単官能アクリレートは，水酸基含有，カルボキシル基含有，脂肪族基含有及び芳香族基含有タイプに分類され，低粘度であることから活性水素含有タイプは希釈剤や中間体として，その他のモノマーは，主として反応性希釈剤やラジカル重合性ポリマー原料等に使用される。物性においてはアルコール成分が目的とする特性を大きく左右するが，構造内にアクリロイル基を1つ有することから，一般には三次元架橋構造をとらないため柔らかい硬化物となる。

2官能アクリレートは，脂肪族系（ポリエーテルを含む），脂環式系および芳香族系に分類され，主として反応性希釈剤として使用されるほか，硬化塗膜強度を上げるために使用される。直鎖構造をとるものは一般に低粘度のものが多いが，同じ炭素数で直鎖構造と分岐構造を比較した場合，分岐鎖の立体障害により分岐構造をとるほうが粘度は高くなる。その反面，アクリロイル間距離が短い分岐構造は硬化速度が速く，分岐鎖増大に伴い熱物性が向上する傾向を示す。更に脂環式系や芳香族系のような剛直な構造を有するものはガラス転移点（以下Tg）が高く耐熱性に優れており，また硬い硬化塗膜を得ることができる。一方，耐熱性は多少犠牲になるが，エチレンオキシドユニット等を導入することで，硬化収縮率や皮膚刺激性が低減できる。

多官能アクリレートは，硬化速度が速く硬化塗膜の強度向上が目的に使用されるが，表面硬度は高くなるものの，一般には未反応のアクリロイル基が残存する。比較的粘度の高いものが多く，硬化収縮率も大きいことから2官能アクリレートや他の反応性希釈剤を併用することが多い。多官能になると，単官能の場合が直鎖状の重合物となるのに対して，3次元架橋構造を形成するため，主鎖構造影響もあるものの，共有結合，つまり架橋密度が硬化物物性の大きな支配要因となる。

1.4.2 耐熱性と設計

単官能脂肪族系アクリレートのアルコール成分の炭素数やその形態と，これらポリマーのガラス転移温度との関係を図1に示した。直鎖状のアルコール成分を有するポリマーは，炭素数の増加に伴い架橋密度の低下，メチレン鎖の運動の自由度の上昇等により，Tgが減少する。更に炭

第2章　材料開発の動向

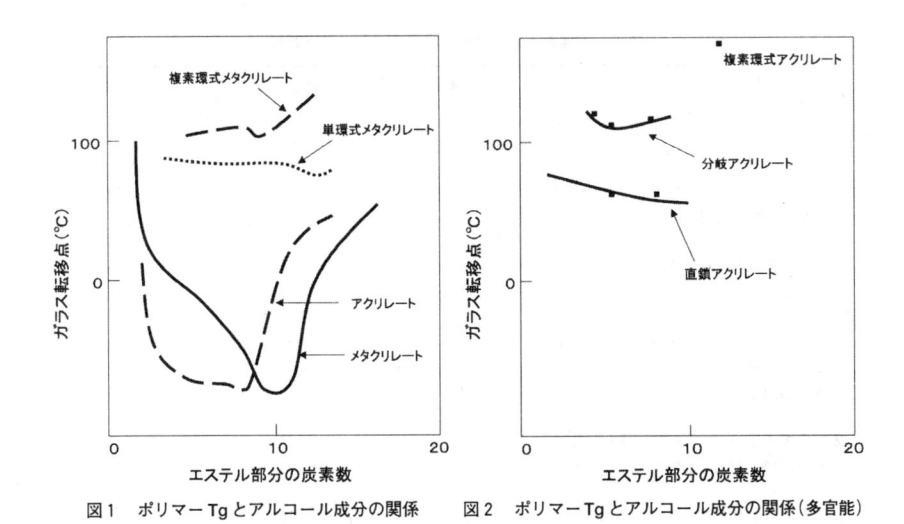

図1　ポリマーTgとアルコール成分の関係

図2　ポリマーTgとアルコール成分の関係（多官能）

素数が増加すると，メチレン鎖の運動の自由度が分子間の絡まりと疎水結合性（分子間の非結合性相互作用）の発現により抑制され，逆にTgは増大する傾向を示す。アルコール成分の骨格が分岐したり環構造を有すると，直鎖の同一炭素数のモノマーと比較して嵩高いこれらの構造が分子間相互作用と立体的な分子運動の自由度が抑制され，Tgは顕著に高い値を示す。このように，単官能アクリレートの硬化物は，共有結合性以外にアルコール成分の分子構造に由来する分子間の非共有結合性相互作用により，熱的な物性が大きく左右されることになる。

　2官能アクリレートの場合，図2に示すように，アルコール成分の骨格が分岐したり環構造を有すると，直鎖の同一炭素数のモノマーと比較して官能基の架橋点間距離が短くなり架橋密度が高くなること，また嵩高い分岐鎖や環構造が立体障害となって分子内環化を防ぐとともに，立体的にリジッドとなって分子運動の自由度が抑制され，分子間相互作用の働きも増大し，複合的な作用により結果的にTgが上昇する。また，これらのアクリレートが活性水素を有する場合，疎水結合性より強い水素結合性（分子間の非結合性相互作用）により分子運動の自由度がより抑制され，Tgは，更に上昇する。逆に，直鎖状のメチレン結合間にエーテル結合が存在すると，疎水結合性が抑制され，Tgは低下する傾向を示す。更には主鎖中に芳香環が存在すると，これら環の共役結合のπ電子雲の影響による配向性（分子間の非結合性相互作用）により，Tgは相対的に増大する傾向を示す。ここではTgは，アルコール成分の分子構造に大きく依存している。

　表1に，2官能脂肪族系モノマーの粘度，Tgおよび硬化収縮率データ一覧を示した。

　表から，分岐構造をとることにより，Tgや収縮率が優位な値をとる反面，粘度が上昇するこ

表1 直鎖および分岐型2官能モノマーの諸特性

化合物		構造式	粘度(25℃mPa·s)	Tg(℃)	硬化収縮率(%)
ネオペンチルグリコール2A 略称：NP	Branched		5	117	17
3-メチル-1,5-ペンタジオール2A 略称：MPD	Branched		8	105	14
1,6-ヘキサンジオール2A 略称：HD	Linear		5	63	18
2-ブチル-2-エチル-1,3-プロパンジオール2A 略称：BEPG	Branched		20	106	11
2,4-ジエチル-1,5-ペンタンジオール2A 略称：DEPD	Branched		11	99	9
2-メチル-1,8-オクタンジオール2A 略称：MOD	Branched		10	78	11
1,9-ノナンジオール2A 略称：ND	Linear		20	71	12

A：アクリレート

とがわかり、これは上述したことと一致している。すなわち、耐熱性の指標として用いたTgは、分子力学的にはミクロブラウン運動の開始点と言えるため、耐熱性を上げるための分子設計は、これが起こりにくい構造にすれば良いと言える。分子量増大も一つの方法であるが、希釈性というファクターを考慮すると、低分子量であるいはコンパクトな構造で、分岐や脂環構造、芳香環を導入したり、先に述べたとおり分子構造に水素結合を導入するといった設計が好ましい。

多官能アクリレートの場合は硬化物が脆いため、正確なTgのデータが得難いが、主鎖アルコールの構造よりも架橋密度(官能基あたりの分子量)が主たる支配要因となる。

1.4.3 屈折率と設計

近年、UV硬化技術とともに精密形成技術が進展し、UV硬化性樹脂材料においても日々進歩しており、光学材料として多くの開発や応用展開を生み出している。光学材料の重要な特性として屈折率、透明性、低分散性、低複屈折率などが挙げられ、UV硬化性樹脂としてアクリレートモノマーの担う役割は大きく、光学材料における高・低屈折率化の需要は今後も高まることが予想される。

屈折率(n_D)と物質の化学構造の関係はLorentz-Lorenzの式で表される。

$$(n_D^2 - 1)/(n_D^2 + 2) = [M]/V \equiv \phi \quad (1)$$

第2章　材料開発の動向

[M]は分子屈折で高分子の場合は繰り返し単位の原子屈折の和である。Vは分子容積で，密度，体積膨張率と関連しており，構成原子のファンデルワールス半径と結合距離から計算される。また，屈折率は一般に真空中の光速との比で表されることとスネルの法則から，媒質中を進む光は，速度や波長，進行方向が変化することになる。つまり光は媒質中を進む際に，抵抗を受け，それが屈折率として現れることになる。

屈折率が1.4以下の材料は超低屈折率，1.4～1.5の材料は低屈折率，1.5～1.6の材料を中屈折率，1.6～1.65を高屈折率，1.65以上を超高屈折率と仮称する。超低屈折率の材料は，非常に限られていて数少ない。一般にはフッ素系材料が挙げられる。低屈折率の材料は，フッ素系，シリカ系，脂肪族系の順に屈折率が高く，比較的材料が少ない。中屈折率の材料が最も多いが，1.57を超えると少し特殊な材料設計が必要となってくる。高屈折率材料は数少なく，一般にはイオウ系での設計が必要となる。また，超高屈折率の材料においては1.75を超えると，もはや有機系ではほとんど無く，金属やその酸化物等が挙げられる。

ここで，高屈折率化の設計を行う際には，式（1）より分子屈折が大きく，分子量が小さい分子構造をとれば良く，また可視光領域で光が透過する際の抵抗を大きくすることを考慮する必要がある。

具体的なモノマーの構造としては，上述のとおり芳香族系，イオウ化合物系，更には金属酸化物併用等が挙げられ，この順に高屈折率化が図れる。イオウ化合物は耐光性が極端に悪いこととTg低下による耐熱性低下の懸念がある。また金属酸化物の併用は，透明性の高い被膜を得るためにナノオーダーの超微粒子が安定して分散していることが必須であり，厚膜塗工では樹脂成分との相溶性が崩れやすく，見た目には透明でも光散乱が起こる場合もあり，液としての貯蔵安定

表2　各種アクリレートの屈折率

分　類		当社製品	硬化前屈折率(25℃)
超高屈折率	1.65 以上		
高屈折率	1.60 ～ 1.65	EX-1	**1.6000**
中屈折率	1.50 ～ 1.60	HIC-G	**1.5845**
		エポキシエステル 3000A	1.5578
		ライトエステル BP-2EM	1.5425
		ライトアクリレート PO-A	1.5160
低屈折率	1.40 ～ 1.50	ライトアクリレート DCP-A	1.4999
		ライトアクリレート IB-XA	1.4720
		ライトエステル THF	1.4500
超低屈折率	1.40 以下	ライトエステル M-3F	1.3594
		ライトアクリレート FA-108	1.3339

性にも考慮する必要がある。

一方，低屈折率化の要求も強く，光ファイバーや反射防止膜といった用途には低屈折率材料が用いられている。低屈折率化には上述の反対の考え方で分子の設計を考えることになる。

具体的なモノマーの構造としては，上述のとおり非共役系（脂肪族系），シリカ系，更にはフッ素系が挙げられる。脂肪族系の場合は，比較的設計が容易で他成分との相溶性も良好なものが多いが，屈折率はさほど小さくない。屈折率はシリカ系，フッ素系の順に発現できるが，何れも材料に制限があり数が少なく，脂肪族系と比較して高価である。更に，他成分との相溶性も組合せが少ないため，考慮する必要がある。

表2に，当社のモノマー（一部オリゴマー，組成物）の屈折率一覧を示した。

上述のとおり，高屈折率や低屈折率アクリレートの設計は難しい。表1に示した材料は，比較的他成分や汎用溶剤との相溶性が良く，高い透過率の硬化膜が得られる。

1.5　エポキシアクリレートオリゴマー

エポキシアクリレートは，比較的多方面で使用されている。これは，比較的合成が容易で他のモノマーや樹脂との相溶性も比較的良好なこと，更に材料が豊富で安価なものから高機能なものまで多様であり，幅広い設計が可能であることに起因している。

1.5.1　エポキシアクリレートオリゴマーの特徴

ここでいうエポキシアクリレートは図3に示すとおり，オキシラン環含有化合物と，アクリル酸またはカルボキシル基含有アクリレートとを付加反応させて得られる誘導体のことを指しており，必ず付加した部分に水酸基が発生し，構造上の特徴といえる。この水酸基は，基材密着性や他の樹脂やモノマーとの相溶性，硬化後の膜特性等，更には硬化性に影響を与えている。

この硬化性は，ラジカル重合の酸素硬化阻害に起因するものであると言われている。紫外線や熱により発生したラジカルが酸素に補足されラジカルが安定となり，大気との接触面で硬化が阻害されるというもので，エポキシアクリレートの場合，アクリロイル基のある一定距離の位置に必ず水酸基が存在し，これが紫外線硬化時に酸素の阻害を幾分防止する役割を担うと言われている。

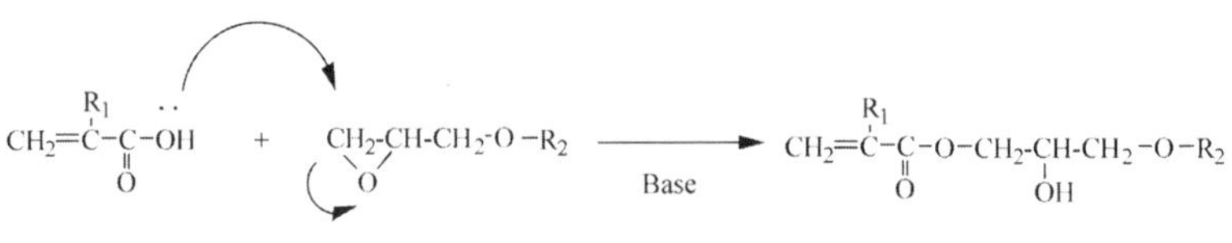

$$CH_2=\overset{R_1}{\underset{O}{C}}-C-OH + CH_2-CH-CH_2-O-R_2 \xrightarrow{Base} CH_2=\overset{R_1}{\underset{O}{C}}-C-O-CH_2-CH-CH_2-O-R_2$$

図3　エポキシアクリレートの合成

第 2 章　材料開発の動向

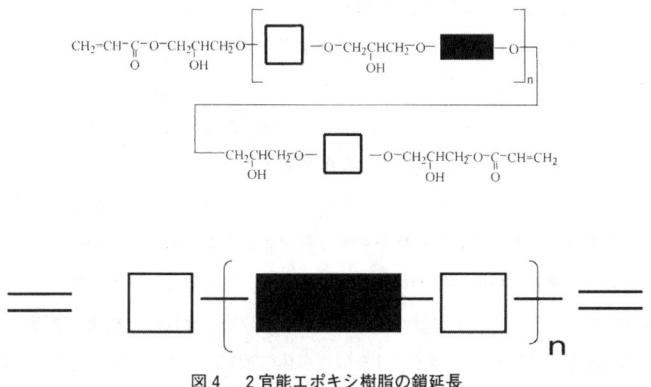

図 4　2 官能エポキシ樹脂の鎖延長

　また，この水酸基を更に合成に利用することが可能で，例えば有機酸無水物と付加反応させることにより，カルボキシル基を導入したり，有機イソシアネートと反応させることができ，更なる設計の原料ともなりうる。

1.5.2　2 官能エポキシアクリレートオリゴマー

　2 官能エポキシアクリレートは，2 官能エポキシを原材料として使用しており，ビスフェノールA系，ビスフェノールF系，脂肪族アルコール系の各エポキシ樹脂（グリシジルエーテル系，脂環式オキシラン環系）が挙げられる。2 官能エポキシアクリレートの特徴は，2 官能エポキシへの直接アクリル酸（またはアクリロイル基含有カルボン酸）付加体に加え，2 塩基酸とエポキシ樹脂を用いて鎖延長が可能なため，更に設計の幅が広がる。

　図 4 に示したように，先ず[　]内の 2 塩基酸と 2 官能エポキシ樹脂をエポキシリッチで反応させ，次いでアクリル酸（またはアクリロイル基含有カルボン酸）を付加反応させることにより，末端にアクリロイル基を含有した鎖延長エポキシアクリレートが得られる。この際，2 塩基酸とエポキシ樹脂のモル比を任意に変えること（図 4 の下段模式図　2 塩基酸（■）；n，2 官能エポキシ樹脂（□）；n+1）により，分子量を増減できる。このため，ベースレジンとして，また樹脂改質剤として広範囲の設計の可能性を有している。

　先にも記したように，エポキシアクリレートオリゴマーには必ず水酸基があるため，この水酸基を利用した機能付加が考えられる。一般的には酸無水物を付加反応させることにより，カルボキシル基を導入し，アルカリに可溶化することができる。これは，パターニングを必要とする用途において，現像時にアルカリ溶液を用いることができる。また，エポキシやメラミン，イソシアネートによる後硬化が可能で，様々な使い方が考えられる。

1.5.3 多官能エポキシアクリレートオリゴマー

多官能エポキシアクリレートは，原料となる多官能エポキシ樹脂にアクリル酸（またはアクリロイル基含有カルボン酸）を付加反応させることによって得られるが，2官能のように鎖延長といった2次変性はゲル化を引き起こすため一般には困難である。従ってエポキシ樹脂の特性がエポキシアクリレートオリゴマーの性能に大きな影響を与える。

多官能エポキシ樹脂としては，フェノールノボラック系，クレゾールノボラック系が最も一般的で，更には脂環構造やナフタレン骨格を有する多官能エポキシ樹脂，オキシラン環構造含有単官能（メタ）アクリル酸誘導体の共重合物等が挙げられる。多官能エポキシ樹脂のなかでは，オキシラン環構造含有単官能（メタ）アクリル酸誘導体の共重合物が比較的広範囲な樹脂設計が可能となる。これは，共重合成分の（メタ）アクリル酸誘導体の選択，2次，3次変性といった樹脂設計が可能なためである。

何れにしても，多官能エポキシ（メタ）アクリレートオリゴマーには高い反応性を要求される場合が多い。

1.5.4 耐熱性と設計[2～4]

エポキシアクリレートは，熱分解温度が350℃以上あり，またメッキ耐性やはんだ耐熱性も付与することが可能なことから，特許文献5）～9）に見られるようにベースの素材として不可欠となっている。ここではTgを，架橋密度および主鎖構造との関係について述べる。

エポキシアクリレートの耐熱性は；使用する原材料の主鎖構造と官能基数（1分子中の官能基）で概ね決定される。図5にエポキシアクリレートの分子量とTgの関係を示した。

■は図4で示したように，ビスフェノール系エポキシ樹脂と2塩基酸で鎖延長したエポキシアクリレート樹脂で2官能タイプであり，●は，■の分子量500のものと同架橋密度の多官能エポキシ樹脂で，それぞれ主鎖の構造が異なっている。

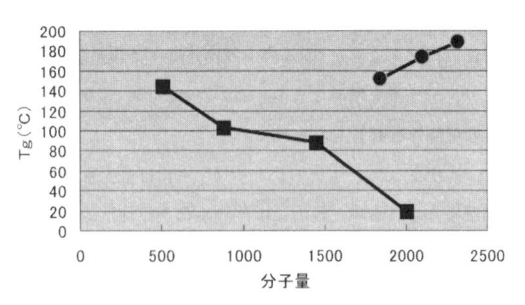

図5 エポキシアクリレートの分子量とTg

第 2 章　材料開発の動向

表3　各種エポキシアクリレートのTgと吸水率

主鎖骨格	官能基数	Tg(℃)	E'(Pa)	吸水率(%)
ビスフェノール	2	145	1.76 E 8	1.53
ビフェニル	2	*170		
テトラメチルビフェニル	2	170	1.71 E 8	0.88
ナフタレン	2	138	8.00 E 7	1.50
クレゾールノボラック	4＜	185	2.00 E 8	0.70
ナフタレン系ノボラック	4＜	163	3.94 E 7	0.38
ナフタレン系ノボラック（架橋密度大）	4＜	*192	4.83 E 8	0.54
ジシクロペンタジエン系ノボラック	4＜	197		

動的粘弾性温度依存カーブ

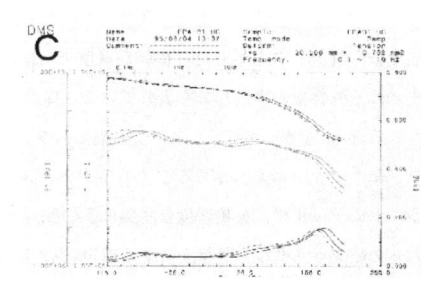

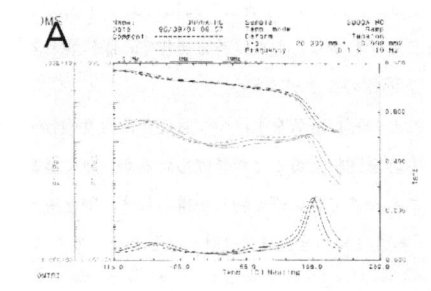

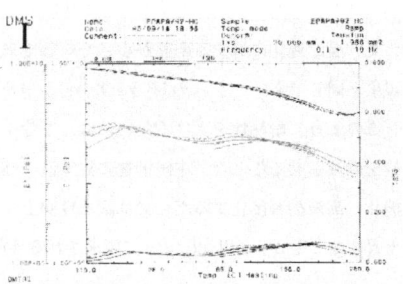

図6　粘弾性の温度依存性

　一般に硬化物の耐熱性は，官能基あたりの分子量が増大（架橋密度低減）するにつれてTgが低くなって低減し，逆に架橋密度がUPするとTgが高くなって増大する。これはネットワーク構造がより強固になることによる。逆に架橋密度の上昇に伴い，吸水率が上昇という現象が起こる。吸水率の増大は，電子部品はもとより環境試験に対する耐久性が低下する原因となり，致命的な問題となる。吸水率のこのような現象は，ネットワーク分子中の架橋点である共有結合間の距離が長いほど架橋点間の空間の分子運動が大きくなり，また架橋点間距離が短いほど架橋点間の空間の分子運動が抑制されることにより，結果として見かけの自由体積が架橋密度の増加に伴い増

23

大することに起因すると言われている。

表3に各種エポキシアクリレートのTgと吸水率データを示した。ビスフェノールとテトラメチルビフェニル系は何れも分子量も架橋密度も近いが、Tgと吸水率に大きな差がある。架橋点間距離がほぼ同じであるにもかかわらずこのように差が生じるのは、主鎖構造がビフェニルの場合において分子配向性が強くなり、共有結合以外の分子間相互作用により、Tgと見かけの自由体積が低減することに起因する。同様に多官能エポキシアクリレートにおいても、クレゾールノボラックと比較してナフタレン系、ノボラック系は相対的に吸水率が低い。

更に、このような配向性の強い構造はTg以外の耐熱性も増大させる。このTg以外の耐熱性とは、温度による弾性率の変化の度合いのことを言う。図6に動的粘弾性測定装置による弾性率の温度依存性データを示した。横軸が温度で、縦軸の緑が弾性率(貯蔵弾性率と呼ばれ、複素数で表される弾性率の実数部分を表している。虚数部分は損失弾性率と呼ばれ、熱や分子運動に消費される部分)を表している。Aは2官能ビスフェノールAエポキシアクリレート、Cは2官能テトラメチルビフェニルエポキシアクリレート、Iは多官能ナフタレン系ノボラックエポキシアクリレートのデータで、架橋密度と主鎖分子の配向性が、大きく影響していることを示している。これらの結果から共役系骨格を有する構造(例えば液晶性の強い構造)のものほど共有結合や水素結合以外の分子間の相互作用が増大して熱による分子運動が抑制され、弾性率変化の度合いの低減、つまり温度変化に対する変動が小さくなって来ることがわかる。これは多官能化する際に現れる現象と同じであり、1.4の(メタ)アクリレートでも同様のことが言える。

このように耐熱性を上げるためには、1分子あたりの官能基数を上げつつ官能基あたりの分子量を低減させることと、主鎖構造に耐熱性の高いものを選択することが挙げられるが、単に多官能化・高架橋密度化するだけでは耐熱性が上がっても堅くて脆い硬化物しか得られず、吸水率も上昇することから、用途によって要求される性能・物性に合わせた材料設計が必要となってくる。

1.6 ウレタンアクリレートオリゴマー[10]

ウレタンアクリレートは、ベースレジンとして、また架橋剤として最も幅広く利用できる樹脂の1種である。これは、ウレタン結合は適度な強さの水素結合による分子間相互作用を示すためであり、このため、他の材料では発現が困難な柔軟性を有する設計が可能である一方、架橋剤としての多官能化の設計も可能であるためである。これらは、何れもイソシアネートの高い反応性に由来しており、設計通りの合成が比較的容易にできるためである。

1.6.1 ウレタンアクリレートオリゴマーの特徴

ウレタンアクリレートは、有機イソシアネートと水酸基含有アクリル酸エステル、更にアルコール成分との付加反応生成物から成っており、反応は図7に示すとおりである。

第2章　材料開発の動向

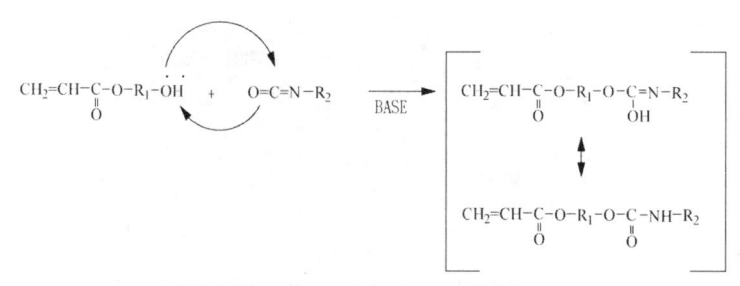

図7　ウレタンアクリレートの合成

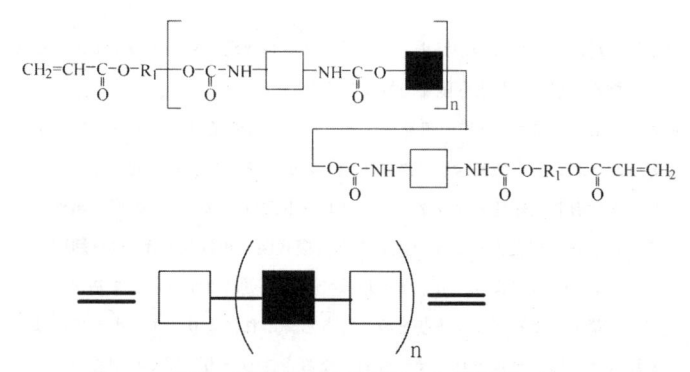

図8　2官能ウレタンアクリレートの鎖延長

　ここでイソシアネートとアルコールの付加反応によってできるウレタン結合は，エポキシアクリレートの水酸基のような強い水素結合ではないものの，カルボニルとNHの活性水素の存在で，適度な分子間での水素結合による相互作用が生じ，これが柔軟でタフな樹脂としての特徴を発現することになる。

1.6.2　2官能ウレタンアクリレートオリゴマー

　2官能ウレタンアクリレートは，水酸基含有アクリル酸エステル，2官能イソシアネート，更に鎖延長のために各種2官能アルコールを原料として使用している。水酸基含有アクリル酸エステルとしては，2-ヒドロキシアルキルアクリレート（アルキルはエチレン，プロピレン，ブチレン等）が主として挙げられ，エポキシアクリレートの水酸基等も挙げられる。2官能イソシアネートとしては，メチレン系，脂環系，芳香族系が挙げられ，鎖延長の2官能アルコールとしては，ポリアルキレン（エチレン，プロピレン，テトラメチレン等）グリコール，ポリカーボネートジオール，ポリエステルジオール等が挙げられる。これらイソシアネートの反応に用いる水酸基

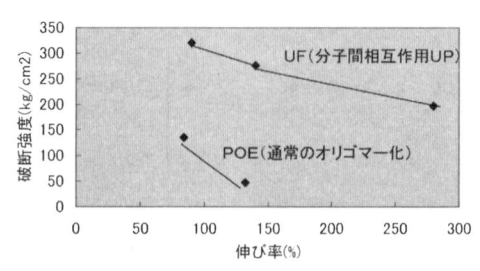

図9 オリゴウレタンアクリレートの伸び率と破断強度

としては，1級または2級のものが好ましく，フェノール性水酸基や3級アルコールは穏和な条件で反応しないため，設計も合成も困難で好ましくない。

図8に示したとおり，先ず[ ]内の鎖延長ジオールと2官能イソシアネートをイソシアネートリッチで反応させ，次いで水酸基含有アクリル酸エステルを付加反応させることにより，末端にアクリロイル基を含有した鎖延長ウレタンアクリレートが得られる。この際，鎖延長ジオールとイソシアのモル比を任意に変えること（図8の下段模式図　鎖延長ジオール（■）；n，2官能イソシアネート（□）；n＋1）により，分子量を増減できる。更にカルボキシル基含有ジオール等を用いることで，主鎖中にカルボキシル基を導入できる。これにより，エポキシアクリレートのカルボキシル基導入と同様，アルカリ現像が可能となる。このため，様々な用途のベースレジンとして，広範囲な設計が可能である。

ウレタンアクリレートオリゴマーの特徴の1つである柔軟性や可とう性は，硬化フィルムの伸び率と破断強度によって良く表される。伸び率は，官能基あたりの分子量の増大（架橋密度低減，図8中のn数増加）に伴い増大する一方で，フィルムとしての強度である破断強度は著しく低減する。図9に伸び率と破断強度のデータを示した。POEの2点は，ポリオキシエチレングリコール（PEG600）を用いた図8のn数が1と2のものであり，n数増大に伴い伸び率の上昇と共に破断強度が低下している。これに対して，UFはポリオール成分とウレタン結合による分子間相互作用を考慮したウレタンアクリレートオリゴマーで，破断強度を高い値で維持しつつ伸び率をUPさせることができる。このように，主鎖のポリオールの構造とウレタン結合の利用により，強くて柔らかいフィルムを与えるウレタンアクリレートオリゴマーが設計できる。更に高性能な設計も可能で，また，可とう性のみを追求するとタックが出てき，粘着剤ベースとしての設計も可能となる。

1.6.3 多官能ウレタンアクリレートオリゴマー

多官能ウレタンアクリレートは，水酸基含有多官能モノマーと多官能イソシアネートの反応に

第2章 材料開発の動向

表4 多官能ウレタンアクリレート樹脂

	耐溶剤性	耐酸性	耐アルカリ性	鉛筆硬度 PC板(2H)	鉛筆硬度 アクリル板(4H)	密着性 アクリル板	密着性 PC板	密着性 MS板	密着性 PET板
UA-306H	○	○	○	HB	4H	◎	◎	◎	◎
UA-306I	○	○	○	HB	4H	◎	◎	◎	◎
UA-309H	○	○	○	HB	5H	◎	◎	◎	◎
UA-510H	○	○	○	HB	7H	◎	◎	◎	◎
UA-510I	○	○	○	HB	7H	◎	◎	◎	◎
UA-510M	○	○	○	HB	7H	◎	◎	△	◎
UA-510T	○	○	○	HB	7H	◎	◎	△	◎
UA-515H	○	○	○	HB	7H	◎	◎	△	◎
UA-515I	○	○	○	HB	7H	◎	◎	△	◎

よって得られる。これらは可とう性ではなく、速硬化性と塗膜の硬度UPが主目的となる。多官能アクリレートと一部共通する部分があるが、ウレタン結合を有し、同一官能基数で比較すると分子量が高くなることから、脆さにおいては差別化できる点である。表4に多官能ウレタンアクリレートの例を示した。名前は数字3桁の下2桁が1分子中の平均官能基数を表している。1.4でも述べたとおり、多官能化するに従い隣接官能基同士の分子内架橋も進む確率が増し、結果的に理想的なネットワーク架橋が進まないため、頭打ちする傾向(10官能から上は硬度が同じ)が認められる。但し、官能基数が多いほど塗膜の乾燥(硬化)速度はUPする傾向を示す。

1.7 おわりに

　以上、モノマー・オリゴマーについて述べてきたが、これら各素材の設計においても様々であり、フォーミュレートに至っては限りない組合せが挙げられる。また、塗液(インキ)としての目的とする物性に加え、塗工機に対する印刷適性まで考慮した設計は、数え切れない組合せが存在することになる。これらは、塗料・インキメーカーの技術的分野であり、ノウハウとなっている。このように、プラスチック材料は様々な可能性を有しており、最初にも述べたとおり、あらゆる所で使用されてきている。それに伴い、我々材料メーカーに対する要求も益々厳しく且つ多様化してきており、更には素早い開発が要求されて来ている。従って、もはや素材開発だけの対応では、時間も含めた顧客要求を全て満たすことは困難になってきている。そこで材料メーカーにおいても、ある程度の用途における知識・知見はもとより、組成物等による迅速な要求機能発現が今後ますます求められてくると考えられる。

文　献

1) 光硬化技術,技術情報協会,2000年3月27日発行
2) 中村正志,辻隆行,"パッケージング封止用新規低吸湿エポキシ樹脂",松下電工技報,Mar. 1995, p 3 (1995)
3) 友井正男,"エポキシ樹脂の強靱化ゴム・エラストマー,エンプラ等の添加",回路実装学会誌,**11**,53(1996)
4) 越智光一,"メソゲン基を骨格とするエポキシ樹脂",熱硬化性樹脂,**16**,17(1995)
5) 特開平8-3273「ソルダーレジスト用樹脂」
6) 特開平9-307234「多層配線構造体およびその製造方法」
7) 特開平11-305430「アルカリ現像型感光性樹脂組成物」
8) 特開2000-128957「ソルダーフォトレジスト　インキ組成物」
9) 特開2005-255713「活性エネルギー線硬化型エポキシアクリレート樹脂　組成物およびその硬化物」
10) 岩田敬治,ポリウレタン樹脂ハンドブック,日刊工業新聞社(1987)

2 非アクリル系モノマー・オリゴマーおよびポリマー

岡崎栄一[*1]，小池信明[*2]

2.1 はじめに

光(UV)および電子線(EB)硬化技術は，ゼロエミッション，省エネルギー，高生産性などの優れた特徴を有するため，効果的に環境負荷低減が可能で，塗料，インキ，フォトレジスト，接着剤などの材料に応用され，各種産業分野において広く利用されている。

しかしながら，現在工業的に広く使用されているアクリル系材料だけでは，今後要求される広範な要求物性を満たすことはできず，また，皮膚刺激がある，酸素による重合阻害を受けやすい等のアクリル系材料特有の欠点を克服するために，非アクリル系UV・EB硬化材料の開発が活発化している。本節では，最近の非アクリル系材料の開発動向を中心に述べる。

2.2 光ラジカル重合系材料

2.2.1 マレイミド

マレイミド化合物は，光硬化材料以外の分野において，古くから工業的に使用されている。例

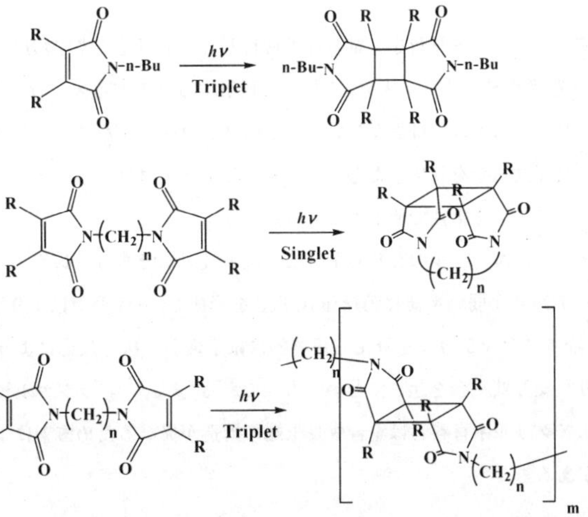

図1 マレイミドの光二量化反応

[*1] Eiichi Okazaki　東亞合成㈱　機能材料研究所　光硬化G　主査
[*2] Nobuaki Koike　東亞合成㈱　機能材料研究所　光硬化G

えば，マレイミドモノマーはスチレンやアクリルモノマーと共重合して耐熱性のあるポリマー材料として使用されているし，ビスマレイミドはアリル樹脂などと組み合わせて，熱硬化型樹脂として使用されている。

マレイミドの光反応では，二量化反応が古くから知られており，モノマレイミドの二量化およびビスマレイミドの分子間光重合反応は励起三重項経由で進むが，ビスマレイミドの分子内光環化反応は一重項励起錯体経由で進行することが報告されている（図1）[1, 2]。

マレイミドの光二量化反応の応用例としては，ジメチルマレイミド基（DMI基）を有するポリマーの像形成材料への適用がある（式1）。DMI基の光感度は，同様に光二量化反応するポリけい皮酸ビニルと比較して非常に高いことが報告されている[3]。

$$(1)$$

最近になって，マレイミド材料を光重合性の材料として応用し，光開始剤を使用する必要がないUV硬化樹脂（光開始剤フリーシステム）として利用する試みが盛んに行われるようになった。この光開始剤フリーシステムでは異なるいくつかのアプローチがなされており，マレイミドとビニルエーテルの交互共重合を利用したもの，マレイミドとアクリル系モノマー・オリゴマーの混合系，（ビス）マレイミドを単独で使用するものがある。

マレイミドとビニルエーテルの交互共重合は，電子吸引基であるマレイミド基と電子供与基であるビニルエーテル基が弱い電荷移動錯体（CTC）を形成し，UV照射により励起錯体（エキサイプレックス）となり，ビラジカルを経由し最終的には水素引き抜き反応により発生したラジカルが開始種となり，交互共重合を起こすというものである（式2）[4]。ラジカル種を利用した重合反応ではあるが，アクリル系材料とは重合成長末端の構造が異なるため酸素による重合阻害が少ないという特徴がある。

$$(2)$$

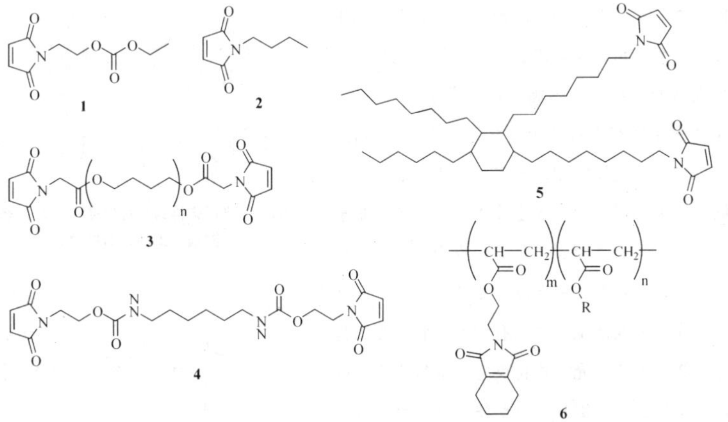

第2章　材料開発の動向

図2　マレイミドモノマー，オリゴマーおよびポリマーの例

マレイミドとアクリル系モノマー・オリゴマーの混合系では，マレイミド材料としてモノマー・オリゴマー1～5[5)]あるいはマレイミド基を有するポリマー6[6)]の使用が提案されている（図2）。

本系はUV照射により励起されたマレイミドから発生したビラジカルが水素引き抜き反応を経て生成したラジカルが開始種となり，アクリル材料を重合させる。また，マレイミド基は光二量化反応あるいはアクリル材料との共重合によっても並行して消費されると考えられる（式3）。この使用法では，重合の成長末端はアクリル系材料になるので，アクリル系材料と同程度の酸素による重合阻害を受けるが，従来から蓄積されているアクリル材料の知見を生かすことができるため有用である。マレイミドは紫外線照射により前述のような光二量化反応も起こすので，実際には重合反応と並行して光二量化反応も進行していると考えられる。

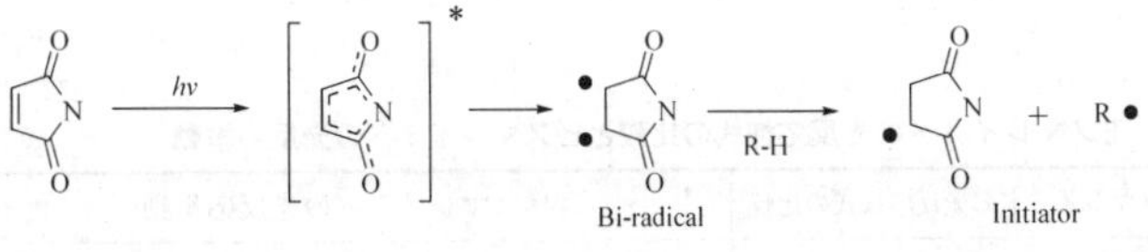

（3）

マレイミドは単独でも，光二量化反応とラジカル重合の両方が進行する。ラジカル重合は，前述のように光照射により励起されたマレイミド基が，水素供与体から水素を引き抜き，マレイミド環上にラジカルが発生し，そのラジカルにより開始されると考えられる。

著者らはマレイミド環上の置換基の違いに着目し，その光反応の挙動の違いを調査している（図3）[7, 8)]。

UV・EB硬化技術の最新動向

　無置換マレイミドの場合，光二量化した反応生成物とラジカル重合反応により生成した比較的分子量の大きなポリマーの両方が生成する。一方，メチル基を1個有するメチルマレイミドの場合，主反応は光二量化反応で，ラジカル重合が少量進行し低分子量のポリマーが生成する。メチル基を2個有するジメチルマレイミドの場合，光二量化反応のみが進行した。例えば，ビスマレイミドは分子内に光反応性部位を2個有するいわゆる二官能性化合物のため，光二量化反応が進行すると直線状に鎖が伸張したポリマーが得られ，ラジカル重合が進行した場合には架橋体が得られるが，マレイミド環上の置換基を選択することにより反応様式を制御して，さまざまな物性の硬化物を設計できる可能性がある。表1に，モノマレイミドおよびビスマレイミドについて，マレイミド環上の置換基の違いによる生成物の違いをまとめた。著者らは，この結果を基に一置換マレイミド基を両末端に有するビスマレイミドオリゴマーがUV硬化型粘着剤として好適であることを報告している（図4）[9]。

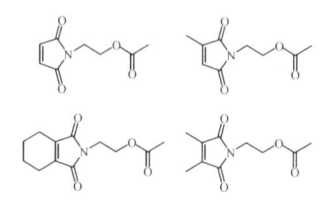

図3　光反応性の比較に使用された無置換，一置換および二置換マレイミド

図4　一置換ビスマレイミド（シトラコンイミド）を利用したUV硬化型粘着剤

　最後に，マレイミドを使用する際の注意点についてまとめる。光硬化材料として使用する場合，硬化後の反応率の測定は品質を管理する上で重要であるが，材料中のマレイミド基の濃度が低い場合やエステル基を有するマレイミド材料の場合，常套手段として使用される赤外分光法ではマレイミド基の反応率定量が不可能であったが，最近著者らによりラマン分光法や紫外可視スペクトルが，有効であることが報告されている[9, 10]。

表1　モノマレイミドの光反応様式の比較とビスマレイミドの光反応挙動

	モノマレイミドの光反応様式の比較		ビスマレイミドの光反応挙動		
	光二量化反応	ラジカル重合反応	反応性（転化率）	ゲルの生成（ゲル分率）	貯蔵弾性率（G'）
無置換体	主反応	主反応 高分子量体が生成	非常に速い	速やかに生じる	最も高い弾性率の反応生成物が得られる
一置換体 （シトラコンイミド）	主反応	わずかに進行 低分子量体が生成	速い	徐々に生成する	無置換体と二置換体の中間
二置換体	主反応	進行しない	遅い	低照射量では生成しない	最も低い弾性率の反応生成物が得られる

第2章 材料開発の動向

また，マレイミド基の吸収波長は380nm以下であることから，芳香族系の材料を混合する場合や顔料や紫外線吸収剤を配合する場合には，紫外線が十分に透過せず，結果的に硬化不足となることがあるため，感度向上のために増感剤を使用すると良い。ベンゾフェノン類やチオキサントン類等の三重項増感剤が好適で，特にチオキサントンは三重項状態の寿命が長いため効果が高い[3]。

2.2.2 ポリエン・チオール

1分子中に2個以上の二重結合を有するエン化合物とポリチオール化合物を組み合わせた系は，ラジカル重合開始剤により発生したラジカル種により，付加型の重合反応が進行する(式4)。

$$\text{Initiation} \quad RSH + PI \xrightarrow{h\nu} RS\bullet$$

$$\text{Propagation} \quad RS\bullet + H_2C=CHR' \longrightarrow RSH_2C-\overset{\bullet}{C}HR' \xrightarrow{RSH}$$
$$RSH_2C-CH_2R' + RS\bullet \rightleftarrows \quad (4)$$

$$\text{Termination} \quad RS\bullet + RS\bullet \longrightarrow RS-SR$$

ポリエン・チオール硬化系は，酸素によるラジカルの失活が起きても，活性なチイルラジカルが再生されるため，酸素による重合阻害が少ないと考えられている(式5)[11]。

$$RSH_2C-\overset{\bullet}{C}HR' \xrightarrow{O_2} RSH_2C-CHR' \xrightarrow{RSH} RSH_2C-CHR' + RS\bullet \quad (5)$$
$$\underset{OO\bullet}{} \qquad \underset{OOH}{}$$

また，非常に硬度が高い硬化物から柔軟な硬化物まで広い材料設計が可能であること，1mm以上(時間をかければ10cm以上の硬化が可能)という厚膜の硬化物も作成可能など特長が報告されている。また，機構は明確にされていないが光開始剤を添加しなくても重合が進行することも報告されている[12]。図5に代表的なポリエン7～9およびポリチオール材料10～12を示す。

従来から，保存安定性に劣る，チオールに含まれる不純物に起因する臭気があるなどの問題が指摘されているが，N-ニトロソ化合物の添加により安定性が改善すること，低臭気タイプのポリチオールの供給も始まっているなどの好材料により，最近になって検討が活発になってきている材料である[12]。

また，ディールスアルダー反応を利用しアクリル系材料を環状エン化合物に変換した材料13が提案されている。従来使用されていたアリル化合物と比較して硬化速度が速いことが報告されている[13]。

2.2.3 その他

メチレンジオキソラン化合物14(図6)はビニルエーテル様の構造を有することから，ビニル

エーテルと同様の反応性が期待できる。Davidsonらは、メチレンジオキソランがマレイミド化合物との交互共重合をすることを報告している[14]。本反応は、ビニルタイプの重合と開環反応が並行して進行することが確認されており、またその比率は温度依存性があり高温では開環反応が減少するようである[15]。開環反応が並行して進行するため、硬化時の収縮率が低減される可能性があり興味深い。また、本化合物は単独でカチオン重合が進行することも報告されており、カチオン重合でもビニル重合と開環反応が並行して生じる[14]。

最近、アセトアセテートの活性水素をアクリレートにマイケル付加することにより、多官能アクリレートの多量体15（図7）を合成し、この多量体自身がUV照射により分解しラジカルを生成

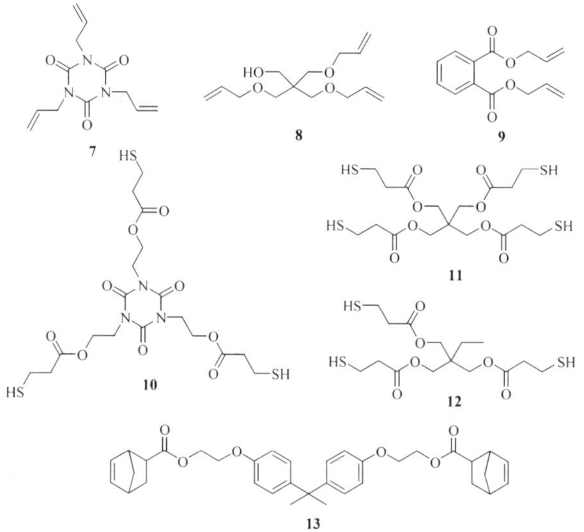

図5　代表的なポリエン・チオール材料

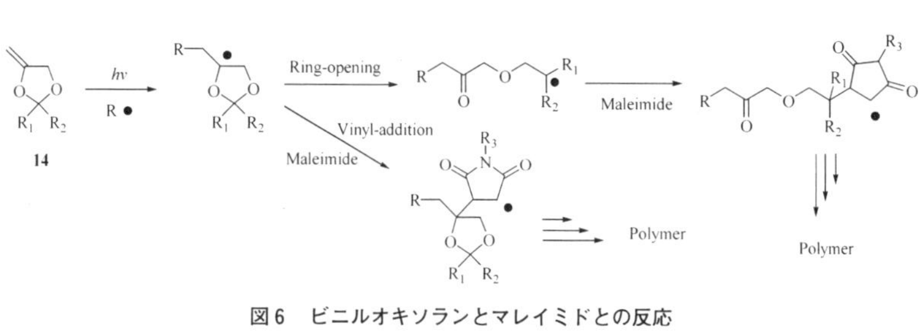

図6　ビニルオキソランとマレイミドとの反応

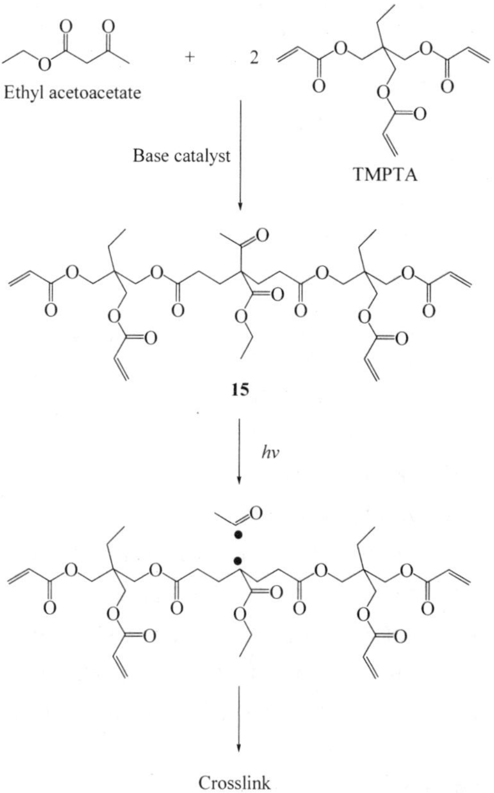

図7 アセトアセテートを用いた光開始剤フリーシステム

し、アクリロイル基を重合するという技術[16]が紹介された。今後、光開始剤フリーのUV硬化材料として応用が期待される。

2.3 光カチオン重合系材料

　光カチオン硬化型材料は、光照射によりプロトンを発生する「光カチオン開始剤」と、発生したプロトンによりカチオン重合可能な「重合性モノマー」から構成され、アクリレートを用いたラジカル硬化型材料に代わる硬化システムとして、精力的に検討が進められている材料の一つである。カチオン硬化型材料はラジカル硬化型材料と比較して、以下の特長を有する。

・酸素による重合阻害がないため、空気中でも薄膜硬化が可能。

- 光照射終了後も，暗反応(後重合)による硬化が進行。
- 開環重合型モノマーの使用により，硬化収縮を低減することが可能。

2.3.1 光カチオン開始剤

光カチオン開始剤は以下の通り，大きく2つに分類される。

① トリアリールスルホニウム塩タイプ

② ジアリールヨードニウム塩タイプ

図8にトリアリールスルホニウム塩タイプの光分解によるプロトンの発生機構を示した。

オニウム塩は光により分解して酸(HX)を発生し，カチオン重合を開始する。カウンターアニオン(X^-)としては，PF_6^-，SbF_6^-，$(C_6F_5)_4B^-$がよく利用されている。カチオン重合速度は，後述する重合活性末端(図9，式(9))の近傍に存在するカウンターアニオンの影響が強く，求核性の低いカウンターアニオンを用いた場合に向上することが知られている。一般的にアニオンの求核性は，中心金属の負電荷が立体的に広い範囲に非局在化することにより低下する。例えば，比較的体積の小さいPF_6^-では重合性が低下するのに対し，嵩高い置換基であるペンタフルオロフェニル基を導入した$(C_6F_5)_4B^-$では高い重合性を有することが報告されている[17]。

$$Ar_3S^+X^- \xrightarrow{UV} Ar_3S^+X^{-*}$$
$$Ar_3S^+X^{-*} \longrightarrow Ar_2S^{+\bullet} + X^- + Ar^{\bullet}$$
$$Ar_2S^{+\bullet} + X^- + R\text{-}H \longrightarrow Ar_2S^{+}\text{-}HX^- + R^{\bullet}$$
$$Ar_2S^{+}\text{-}HX^- \longrightarrow Ar_2S + \boxed{HX}$$

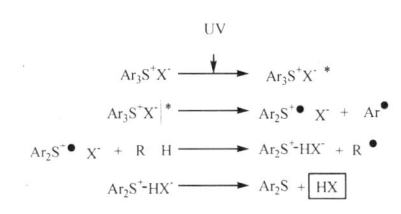

図8 スルホニウム塩のプロトン発生機構

また，アントラセン，チオキサントン等の増感剤を使用し，光を有効に利用することも可能である。

2.3.2 光カチオン重合性モノマー

光カチオン重合が可能で比較的入手しやすいモノマーは，構造的に以下のように分類される。

○エポキシ
- グリシジルエーテル
- 脂環式エポキシ
- 内部エポキシ

○オキセタン

○ビニルエーテル　等

上記のうち，一般的な光カチオン硬化型材料は，グリシジルエーテル，脂環式エポキシおよびオキセタン等の開環重合型のモノマーである。これらはアクリレートに比べて硬化収縮が少なく，密着性が良好である。図9にカチオン開環反応の重合機構を示す。

カチオン重合ではラジカル重合のような二分子停止反応が生じないため，光照射終了後にも後

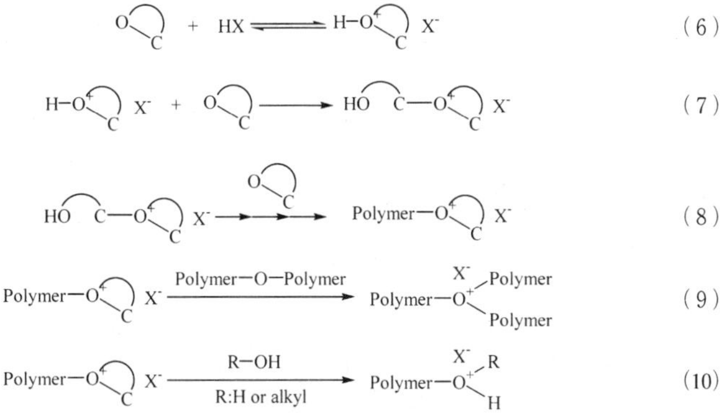

第2章　材料開発の動向

図9　カチオン開環反応の重合機構
式(6)及び(7)：活性種であるトリアルキルオキソニウムイオンの生成(開始反応)
式(8)：環状エーテル酸素の攻撃(成長反応)
式(9)：鎖状エーテル酸素の攻撃(連鎖移動反応)
式(10)：水またはアルコール酸素の攻撃(連鎖移動反応)

重合による硬化が進行する。またカチオン重合の系中に水酸基が存在すると，連鎖移動剤として重合活性末端へ攻撃し，成長反応が実質的に停止するため，生成ポリマーの分子量が低下する。したがって，カチオン重合においては組成物中の水分管理が必要である。
　以下，重合性モノマーについて上記分類順に説明する。
（1）エポキシ
　光カチオン硬化型材料として主に検討されているのは，脂環式エポキシ化合物である。ビスフェノールAグリシジルエーテル(図10，化合物16)のようなグリシジルエーテル系の材料は，脂環式エポキシと比較して硬化性が遅いため，主材としてはあまり使用されない。
　図10に代表的なエポキシ化合物を示す。二官能性モノマーの他に，異種の反応性基を導入したもの，多官能のオリゴマータイプも市販されている。更にオキシラン環に起因する変異原性を低減させる目的で，ポリブタジエンやポリイソプレン分子中の二重結合を酸化したオリゴマーも提案されている。
　またカチオン重合において，エステル基の影響が懸念されている[18]。そこで，エステル結合を有さない脂環式エポキシ(化合物23)の開発も進んでいる。
（2）オキセタン
① 化学的性質
　環状エーテル化合物の光カチオン重合における硬化性(重合性)を支配する主な因子として，環

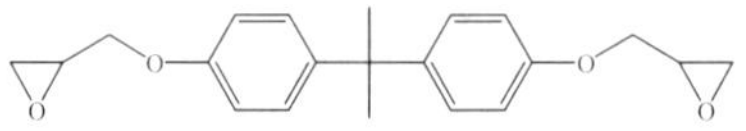
16

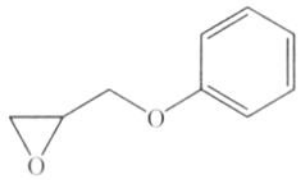
17

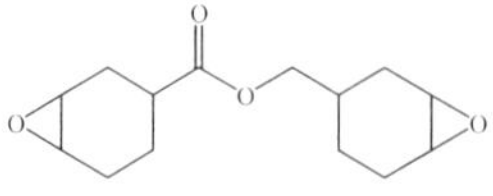
18

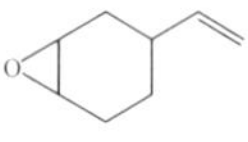
19

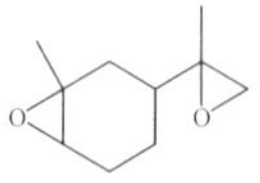
20

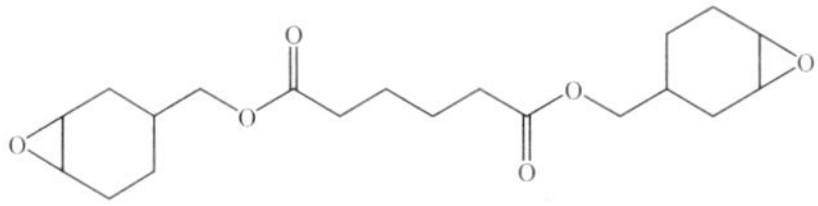
21

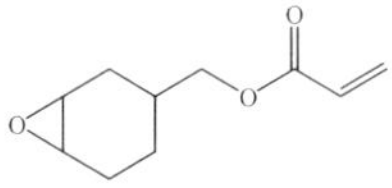
22

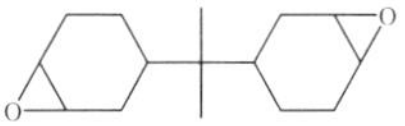
23

図10　代表的なエポキシ

歪みエネルギーと求核性(塩基性)が挙げられる。主な環状エーテルの環歪みエネルギー[19]を図11に，求核性[20,21]を図12に示す。

オキセタンはエポキシと同様な環歪みエネルギーを有している。一方，求核性に関してはエポキシの約50倍となり，図９の式(９)に示す成長反応がエポキシに比べ進行しやすいと考えられている。

②　オキセタン化合物の光硬化性

佐々木らは，このオキセタンの特長を利用し，高速カチオン重合を報告した[22]。すなわちオキセタン化合物に少量のエポキシ化合物を添加すれば，開始反応が速くなる上，オキセタンの成長反応には大きな変化がないため，高速カチオン重合が可能となった。図13に佐々木らにより報告された時間—転換率曲線を示す。

オキセタン(POX：化合物26，図16)にエポキシ(PGE：化合物17)をわずか５～10モル部だけ添加することにより，オキセタンの開始反応の遅さは改善され，スムーズな重合反応が進行した。更に生成したポリマーの分子量は，PGEの添加量の増加に伴い多少分子量の低下が認められるものの，高分子として十分な分子量であることが確認されている。

このことは，図14に示したようにジアルキルオキソニウムイオンから真の活性種であるトリアルキルオキソニウムイオンへの転換がオキシラン環の方が速いため，エポキシ化合物の添加により開始反応が速くなったと推定される。

更に図15に示した通りその後の成長反応では，オキセタン環の場合，その高い塩基性によりポ

第2章 材料開発の動向

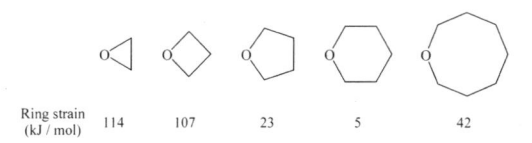

| Ring strain (kJ/mol) | 114 | 107 | 23 | 5 | 42 |

図11 環歪みエネルギー

pKa　2.0[a]　　2.1[a,b]　　3.6[b]　　3.7[a]

[a]From MeOD shift in IR. [b]Calorimetrically from the heat of mixing with CHCl$_3$.

図12 求核性

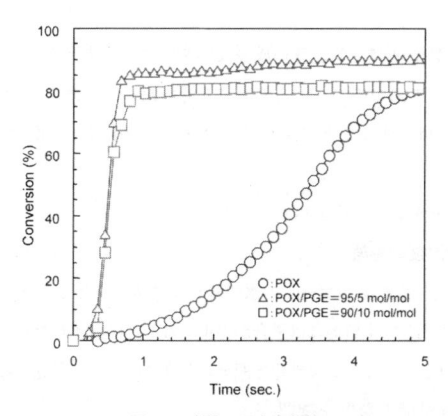

図13 時間―反応率曲線

図14 開始反応の速さ

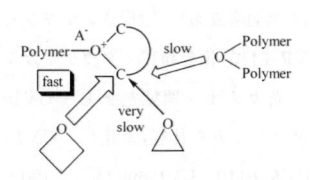

図15 成長反応の速さ

39

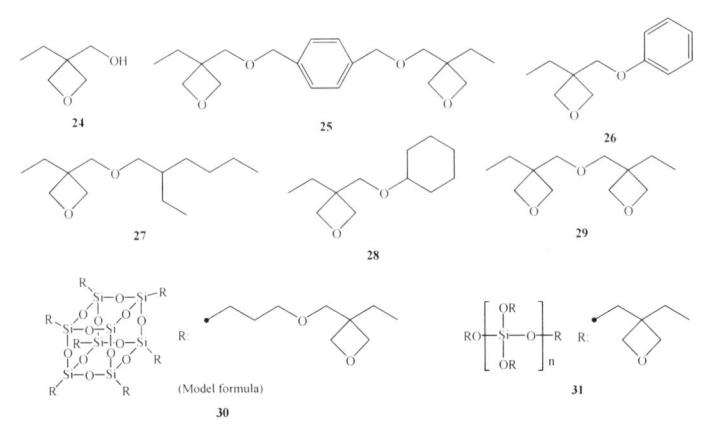

図16 代表的なオキセタン

リマー主鎖への連鎖移動が低減され，速い成長反応を示す。一方オキシラン環の場合，環状酸素の塩基性が生成ポリマー主鎖中のエーテル酸素より低いため，主鎖エーテルの酸素が，活性末端のオキソニウムイオンへ付加することによりドーマント種を生成し，重合速度の低下を生じると考えられる。

図16に代表的なオキセタン化合物を示す。

③ **カチオン重合への湿度の影響**

カチオン重合において，水やアルコールの水酸基が連鎖移動剤として働く。その結果，開環状のオキソニウムイオンが生成し，実質的には重合が停止することは前述した（図9，式(11)）。したがって，配合物中の水分管理とともに，更に硬化雰囲気の湿度に関しても留意する必要が考えられる。

そこで，硬化雰囲気湿度の影響を確認するため，オキセタンとしてOXT-221（化合物29：東亞合成製），脂環式エポキシとしてUVR-6110（化合物18：ダウケミカル社製），光カチオン開始剤としてUVI-6992（ダウケミカル社製）を用い，OXT-221：UVR-6110：UVI-6992＝X：100－X：4（オキセタンをX重量部用いた場合）で配合し，硬化性の検討を行った。

各配合物を鋼板上にバーコーター（＃3）

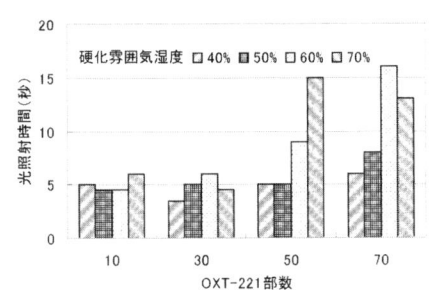

図17 雰囲気湿度の硬化性への影響

第 2 章　材料開発の動向

で塗布し，湿度をコントロールしたブース内でUV照射(フュージョン社製Hバルブ)を行い，完全硬化(サムツイストテスト)するまでに必要な時間を測定した。結果を図17に示す。

エポキシに比べ，オキセタンの方が雰囲気湿度の影響を受けやすく，オキセタンの配合比が50％を超えると顕著な違いが認められた。オキセタンの配合割合が多い場合は湿度の影響を考慮する必要がある。しかし先に述べたように，エポキシの配合量を増やすと重合速度および重合度が低下するので，優れた物性の硬化物を得るためには，適量のオキセタンを用い，湿度管理を行うことが好ましい。

④　オキセタンの安全性

オキセタン化合物の大きな特長として，低分子量モノマーでも変異原性を示さず，皮膚刺激性も低く，安全性に優れた光硬化型材料であることが挙げられる。一例を表2に示す。

⑤　公開特許の状況

2001年および2004年の公開特許について，UVカチオン材料としてオキセタンを例示した特許を調査し，用途別に分類した結果を図18に示す。

無溶剤化への検討が進む中，特許件数は著しい増加を示し，2001年に比べて2004年には約4倍の

表2　重合性官能基を有する低分子モノマーの安全性

構造式	分子量	変異原性	皮膚刺激性
	116.16	Ames陽性	moderate
	74.08	Ames陽性	moderate
	116.16	Ames陰性	mild

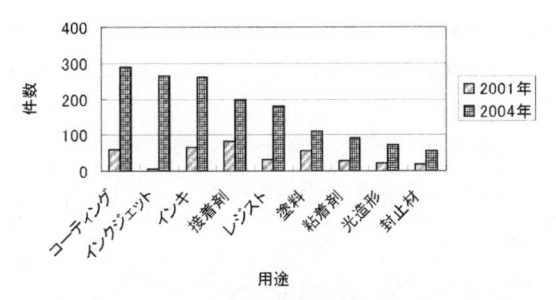

図18　用途別公開特許件数
(なお，一つの特許で複数の用途に関して出願されているため，公開特許総件数と下記特許件数の合計は一致していない。)

件数に達している。その中でも，塗料，インキ用途での特許件数の増加が特筆される。今後，後重合を活用した顔料分散系インキ，低硬化収縮を活かした接着剤，封止材，および光造形での開発が期待されている。

図19 ビニルエーテルの連鎖移動反応

(3) ビニルエーテル

ビニルエーテルはラジカル系と同様な速い硬化速度を有するが，上記開環重合とは異なる付加重合型であるため，アクリレートを用いたラジカル硬化型材料と同様な硬化収縮率を示し，密着性が低下することが多い。

また水およびアルコールの連鎖移動反応により，ヘミアセタールおよびアセタールを生成(図19)，更にこれらが加水分解されることにより，アルデヒドが発生し悪臭の原因となる。

そのため，他のシステムとの併用で，反応性希釈剤として使用されることが多い[23]。図20に代表的なビニルエーテル化合物を示す。

最近Jönssonらにより，ビニルアクリレート(化合物36)が光開始剤を用いることなく重合することが報告された[24]。本反応はカチオン重合ではなく，ビニル基とアクリロイル基が電荷移動錯体を形成し，直接紫外線を吸収しラジカルを発生することにより，ラジカル重合が進行していると推定されている。

2.4 光架橋性ポリマー
2.4.1 光二量化タイプ

ケイ皮酸およびシンナミリデン酢酸などの光二量化反応を起こす材料は感光性樹脂として実用化されている。他にも，カルコン(ベンザルアセトフェノン)，ベンジリデンアセトン，クマリン，スチリルピリジン，シクロプロペン，マレイミド，スチルベンおよびアントラセンなどを高分子

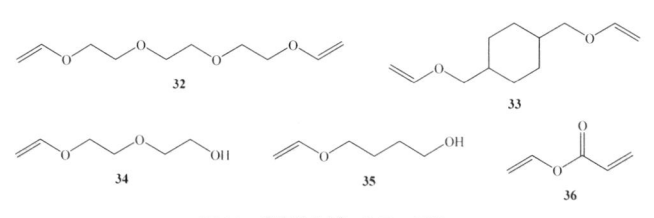

図20 代表的なビニルエーテル

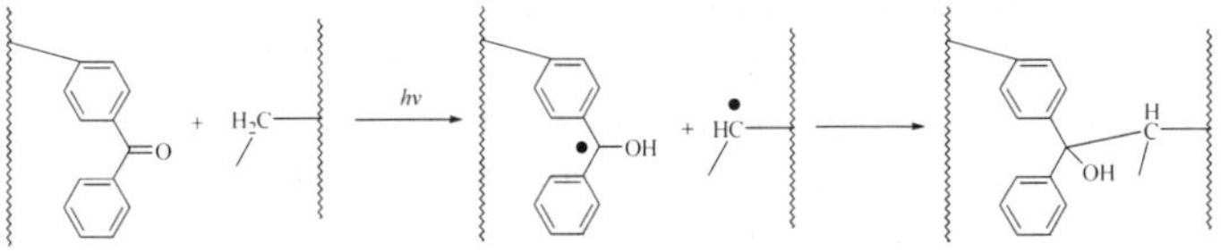

第 2 章　材料開発の動向

図 21　ベンゾフェノン基を有するポリマーの光架橋

鎖に組み込んだ材料が検討され，光架橋性を有することが報告されている[25]。最近，アゾベンゼンなどを利用し，二量化反応による屈折率の変換を利用し情報を記録するという材料への応用が検討されている[26]。今後，情報記録の高密度化に対応する技術として興味深い。

また，この種の光架橋性ポリマーを汎用的なUV硬化樹脂として使用するという報告は少ないが，今後高まると思われる化学物質の生態系への影響を鑑みると，生物に取り込まれない高分子量の光架橋性ポリマーは安全性が高いため今後の応用が期待され，環境への配慮から溶剤系ではなく水系や粉体系での使用が志向されると考えられる。

2.4.2　その他

光架橋する非アクリル系の官能基を有するポリマーとして，分子内にベンゾフェノン基を有するポリマーがUV硬化型粘着剤[27]や感光性ポリイミドに応用されている。励起したベンゾフェノンがポリマー鎖中の水素を引き抜き，架橋する機構で進行すると推定されている（図21）。

文　　献

1) F. C. De schryver, *et al.*, *J. Amer. Chem. Soc.*, **95**, 137 (1973)
2) F. C. De schryver, *et al.*, *J. Amer. Chem. Soc.*, **96**, 6463 (1974)
3) H. Zweifel, *Photographic Science and Engineering*, **27** (3), 114 (1983)
4) S. Jönsson et al., *Radtech95. Conference Proc. Academic day*, 34 (1995)
5) 上田喜代司，工業材料，**50**，107 (2002)
6) E. Okazaki, *Radtech Europe, Proceedings*, 729 (2001)
7) E. Okazaki, *Radtech Asia, Proceedings*, 670 (2005)
8) 岡崎栄一，東亞合成研究年報，p.13 (2006)
9) E. Okazaki, *Radtech Europe, Proceedings*, 1055 (2003)
10) E. Okazaki, *et al.*, *ACS POLY Polym. prep.* (2001)
11) 角岡隆弘，新・感光性樹脂，p.142，印刷学会出版部
12) S. Jönsson ほか，"第 9 回フュージョンUV技術セミナー"，p.35 (2001)

13) J. G. Wood et al., *Radtech North America, Proceedings*, 173 (1996)
14) R. S. Davidson et al., *Radtech Europe, Proceedings*, 483 (1999)
15) C. E. Hoyle et al., *Radtech North America, Proceedings*, 450 (2002)
16) M. S. Sheridan et al., *Radtech North America, Proceedings*, 462 (2002)
17) C. Priou, et al., *Rad Tech North America, Proceedings*, 345 (1996)
18) J. V. Crivello, et al., *ACS Symp. Ser.*, **673**, 82 (1997)
19) A. S. Pell, et al., *Trans. Farad. Soc.*, **61**, 71 (1965)
20) S. Searles, Jr. , et al., in "The Chemistry of the Ether Linkage", ed. S. Patai, Wiley, New York, 243 (1967)
21) E. M. Arnett, in "Progress in Physical Organic Chemistry", Interscience, New York, 7, 243 (1963)
22) H. Sasaki, et al., *J. Polym. Sci. Part A-Polym. Chem.*, **33**, 1807 (1995)
23) 福田勝, コンバーテック, **21**(6), 30 (1993)
24) S. Jönsson, et al., *Rad Tech North America, Proceedings*, 284 (2002)
25) 例えば, 光を制御する次世代高分子超分子, 第二章, 高分子学会編, NTS出版
26) 例えば, フォトポリマー・テクノロジー, 第1章, 日刊工業新聞社出版
27) K. Shumacher ほか, コンバーテック, **30**(3), 25 (2002)

3 光重合開始剤

岡　英隆[*1], 倉　久稔[*2], 山戸　斉[*3], 大和真樹[*4]

3.1 ラジカル型光重合開始剤

感光性材料は，従来，インキ・コーティング・接着剤など様々な産業分野で使用されてきた熱硬化性（熱乾燥性）材料に代わる技術として，近年非常に注目されている。この感光性材料の，熱硬化性材料に対する特徴としては，①硬化速度が速いこと，②1液性であり作業効率がよいこと，③無溶剤もしくは溶剤の含有量が少ないので作業環境性に優れること，④低温で硬化が可能なこと，⑤パターン形成が容易なこと，などが挙げられ，その付加価値の高さから，熱硬化性材料の置き換えに加えて，熱硬化性材料ではなし得なかったレジスト分野など新規な市場も開拓している。

この感光性材料は大きく，不飽和二重結合のラジカル重合を用いるラジカル型と，エポキシ，オキセタンやビニルエーテルなどのイオン重合を用いるカチオン型の2種類が知られているが，ここではラジカル型用光重合開始剤について解説する。

ラジカル重合反応を用いた感光性材料の硬化反応にかかわる成分は，ラジカル型光重合開始剤と，ラジカル重合性の不飽和化合物である。光照射下での反応機構を図1に示す。まず光重合開始剤が光を吸収し，重合開始ラジカルを生成する。生成した重合開始ラジカルが重合性化合物と反応し重合を開始する。この重合反応により重合性化合物が高分子化することによって，粘度の上昇や，溶解性の低下といった物性変化が現れる。

図1に従って光重合開始剤の光重合開始能力にかかわる過程を考えると，①光重合開始剤による光吸収，②重合開始種の生成効率（光化学反応の量子収率），③重合開始（重合開始種と重合性化合物の反応）の反応速度，の3つの過程が関係しており，これらの掛け算で開

ラジカル型光重合開始剤

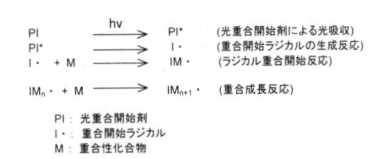

$PI \xrightarrow{h\nu} PI^*$　　（光重合開始剤による光吸収）
$PI^* \longrightarrow I\cdot$　　（重合開始ラジカルの生成反応）
$I\cdot + M \longrightarrow IM\cdot$　　（ラジカル重合開始反応）
$IM_n\cdot + M \longrightarrow IM_{n+1}\cdot$　　（重合成長反応）

PI : 光重合開始剤
I・ : 重合開始ラジカル
M : 重合性化合物

図1　ラジカル型光重合開始剤を用いた重合過程

---

* 1　Hidetaka Oka　チバ・スペシャルティ・ケミカルズ㈱　コーティング機能材セグメント R&D　主任研究員

* 2　Hisatoshi Kura　チバ・スペシャルティ・ケミカルズ㈱　コーティング機能材セグメント R&D　主任研究員

* 3　Hitoshi Yamato　チバ・スペシャルティ・ケミカルズ㈱　コーティング機能材セグメント R&D　マクロエレクトロニクスGrマネージャー

* 4　Masaki Ohwa　チバ・スペシャルティ・ケミカルズ㈱　コーティング機能材セグメント R&D　統括マネージャー

始活性が決まる。したがって，実際に光重合開始剤を選ぶ場合には，まず光源の発光スペクトルを知ること，そしてその発光波長に合う吸収スペクトルを持った光重合開始剤を選ぶことが大切となる。また，感光性材料の組成物（樹脂，有機，無機の顔料類またその他添加剤）が吸収を持たない，もしくは吸収が弱い波長域に光重合開始剤が吸収帯を持つことが重要となる。

光重合開始剤はどのようにしてラジカル重合開始種を生成するかで2つのタイプに分類される。光照射下，1分子内で開裂反応を起こすものをタイプI型と呼ぶ。また励起状態の光重合開始剤が別の分子（コイニシエーター）と2分子間の反応を起こし開始ラジカルを発生するものをタイプII型と呼ぶ。

ここでは，現在主流となっているタイプI型のラジカル型光重合開始剤について述べる。

分子内開裂型（タイプI型）の光重合開始剤の多くは芳香族カルボニル化合物である。このタイプI型光重合開始剤にとって基本的な要求特性は，光吸収による励起エネルギーで開裂を起こす結合を分子内に持つことであり，かつ，その結合が暗所では熱的に十分に安定ということである。

芳香族カルボニル化合物で起こりうる反応としては，カルボニルに隣接した結合が開裂（α-開裂）する，β-位の結合が開裂（β-開裂），もしくは位置的に離れていても弱い結合，例えばC-S結合やO-O結合などが開裂する場合がある。実際に光重合開始剤に用いられているのはNorrish Type Iと呼ばれているアルキルアリールケトン化合物のα-開裂反応である。

代表的なタイプI型光重合開始剤を紹介する。

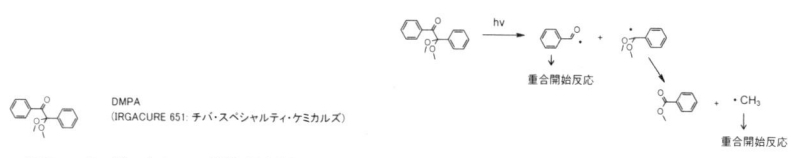

3.1.1 ベンジルケタール型光重合開始剤

ベンジルケタールは実用上非常に多用途で使用されている光重合開始剤（図2）であり，その代表的化合物がDMPAである。そのベンゾインエーテルに比べての特徴は，熱的に不安定なベンジル位水素がないこと，また，α-位が芳香環で置換されており，加水分解に対する安定性が向上していることが挙げられ，処方中での安定性が格段に向上している。ベンジルケタールのもう1つの特徴は，開裂反応が非常に速く，励起三重項の寿命が非常に短くなっており，10^{-10}秒以下と見積もられている。この短い寿命のために水素引き抜きや消光といったベンジルケタールの励起状態が関与する二分子間での反応は起こりにくくなっている。すなわち消光作用を持つスチレンモノマーを含む処方でも使用が可能である。α-開裂の量子収率は0.52，光重合開始剤の光分解の量

図2 ベンジルケタール型光重合開始剤

図3 DMPAの光開裂反応

第 2 章　材料開発の動向

子収率は0.61と見積もられており，α-開裂が光反応の主な経路であることが示されている（図3）[1]。

DMPAは，α-開裂によって，ベンゾイルラジカルとω,ω-ジメトキシベンジルラジカルが生成する。前者は重合を開始するが，後者のラジカルは活性が低い。が，さらにフラグメンテーションしてメチルベンゾエートとメチルラジカルを生成し，このメチルラジカルは重合を開始する。DMPAの短所として，硬化物の黄変が挙げられる。光硬化後，太陽光や室内光下に硬化物を放置すると，黄変が進む。その主な原因としては，生成したラジカルのカップリング反応による着色物の生成が挙げられる[2]。光硬化後の高粘度化した組成物中でケージから抜け出せなかったラジカル対が再結合してこのような着色生成物を与えると考えられる（図4）。

図4　DMPAの主な黄変メカニズム

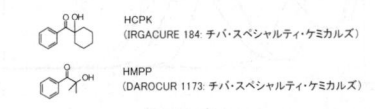

3.1.2　α-ヒドロキシアセトフェノン型光重合開始剤

α-ヒドロキシアセトフェノン（図5）は，ベンジルケタールに匹敵する反応性と熱安定性を持つ光重合開始剤である。その第1の特徴は黄変性が低いことで，クリア系の処方に最適である。

励起三重項からα-開裂を起こすが，その励起状態の寿命が30-40nsと，3重項としては短いがベンゾインエーテルやベンジルケタールと比べると長く，スチレン等の消光作用を持つ組成物とは組み合わせることができない。

α-開裂によりベンゾイルラジカルと，α-ヒドロキシアルキルラジカルを生成する。ベンゾイルラジカルは他の開始剤の場合と同様重合開始活性を持つが，HCPKの場合，1-ヒドロキシシクロヘキシルラジカルもアクリレートに付加することが確認されている。

α-ヒドロキシアセトフェノンのもう1つの特徴は，低い黄変性である。光照射直後も黄変は小さいが，その後の太陽光や室内光下での保存中における黄変も低く抑えられている。これはベンジルケタールのようなベンジルラジカルが生成しないためラジカルの再結合による着色生成物が生成しないためと考えられている。

HCPK
(IRGACURE 184：チバ・スペシャルティ・ケミカルズ)

HMPP
(DAROCUR 1173：チバ・スペシャルティ・ケミカルズ)

図5　α-ヒドロキシアセトフェノン型光重合開始剤

3.1.3 α-アミノアセトフェノン型光重合開始剤

α-アミノアセトフェノンは，アセトフェノン型光重合開始剤の中では最も新しいタイプである。実際に使用されているものは，アルキルチオ基やジアルキルアミノ基といった強い電子供与性の基がベンゾイルのp位に入っているもので，主ピークが300nmより長波長側までシフトしており，その吸収端は近紫外から可視の領域にまで伸びている。さらにこれらの化合物はチオキサントンなどの増感剤によって増感が可能でありさらに感光波長域を長波長まで拡大させることが可能である。α-アミノアセトフェノンは開始効率も非常に高いことから，長波長域の露光が不可欠である印刷インク，白色ラッカー，フォトレジストや印刷用版材などの顔料を含むような処方に広く使われている。

市販では2種類のα-アミノアセトフェノンが知られている。図6にMMMPとBDMBの構造を示す。図7にアルキルアリールケトン型の光重合開始剤のアセトニトリル中での吸収スペクトルを示す。ベンゾイル部に無置換の光重合開始剤DMPAと比べるとp位にアリキルチオやアミノ基の入ったMMMPとBDMBの吸収スペクトル位置が大きく長波長化しているのがわかる。

芳香族アミン類は光照射下で徐々に着色する傾向にあることが知られているが，α-アミノアセトフェノン類を含む処方も同様に，光照射により黄変する。塗膜が薄く照射時間が短くて済む場合には黄変はわずかであるが，塗膜が厚く，硬化に長時間の照射時間を要する場合黄変が顕著となる。

図6 α-アミノアセトフェノン型光重合開始剤

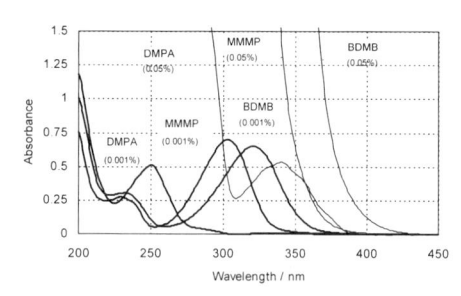

図7 アセトフェノン型光重合開始剤のアセトニトリル中での吸収スペクトル

第2章 材料開発の動向

3.1.4 アシルフォスフィンオキサイド

　アシルフォスフィンオキサイドは比較的新しいタイプの開裂型ラジカル重合開始剤である。この場合もアセトフェノン系開始剤と同様にラジカル発生機構は光吸収による芳香族カルボニルのα位の開裂反応である(図8)[3]。生成するベンゾイルラジカルは他の開裂型開始剤の場合と同様、効率よく重合を開始するが、アシルフォスフィンオキサイドの場合、対ラジカルとして発生するフォスフィノイルラジカルも不飽和二重結合に対し高い反応性を有しておりその高い光開始活性に寄与している。

　アシルフォスフィンオキサイドを大きく分類すると、モノアシルフォスフィンオキサイド(MAPO)と、ビスアシルフォスフィンオキサイド(BAPO)に分類される。市販では、MAPOとしてDAROCUR TPO、BAPOとしてIRGACURE 819がそれぞれ入手可能である(図9)。

　図10に示すように、アシルフォスフィンオキサイド系開始剤の一番の特徴は近紫外から可視の長波長領域まで延びた吸収スペクトル特性にある。長波長側に400nmを超えるところまでなだらかな吸収特性を持っており、TiO_2のように400nm以下の波長の光を通さない白色顔料を含む組成物でも高い光感度を示す。BAPOタイプのIRGACURE 819ではMAPOタイプのDAROCUR TPOに比べ、さらに吸収端が長波長化しており、顔料系処方での感度が向上している[4]。

　また、光反応によってP-O結合が開裂することにより共役系が切れるため、アシルフォスフィンオキサイド系に特有の長波長に伸びた吸収がなくなるというフォトブリーチング効果も持つ。そのため開始剤自身によるフィルター効果が光照射によって徐々になくなり、長時間露光によって厚膜の硬化が可能となる。

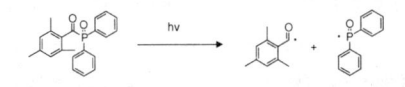

図8　アシルフォスフィンオキサイドのα開裂反応

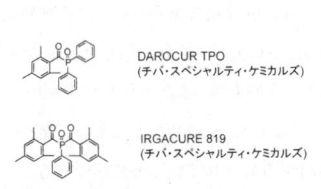

図9　アシルフォスフィンオキサイド型光重合開始剤

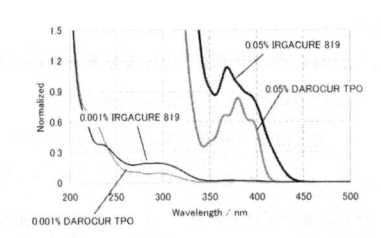

DAROCUR TPO
(チバ・スペシャルティ・ケミカルズ)

IRGACURE 819
(チバ・スペシャルティ・ケミカルズ)

図10　アシルフォスフィンオキサイド系光重合開始剤のアセトニトリル中の吸収スペクトル

また先に述べたように，他の開裂型開始剤が光硬化後のさらなる光照射で黄変が進むのに対し，BAPOの場合，光硬化後はやはり黄変を示すが，その硬化膜を太陽光や室内光下に放置すると，その黄変が徐々に消えていく。これは光反応によって着色物質が生成するが，その生成物がさらに光化学反応を起こし，無色の最終生成物に変わるためと説明される。MAPOの場合このような効果は少ない。

市販品として，表面硬化性に優れた α-ヒドロキシアセトフェノンと，深部硬化性に優れたMAPOやBAMOをブレンドした商品も入手可能である。

また，硬化塗膜が屋外用途の場合，塗膜の耐光性が実用的に非常に大切であるため，通常熱硬化，熱乾燥材料であれば，紫外線吸収剤（UVA）を添加して塗膜の耐光性を向上させる。一方，感光性塗料の場合UVAを添加すると，UVAが光硬化に必要な紫外線光を吸収してしまうため，硬化速度が著しく低下してしまう。ところがBAPOはその吸収スペクトルが非常に長波長まで伸びていることから，UVAの吸収域よりもさらに長波側感光波長域を持つために，UVAと併用することも可能である。すなわちBAPO系光重合開始剤とUVAを併用することで，耐光性のある感光性材料を処方することが可能である。このような用途にはヒドロキシフェニルトリアジン系のUVA，例えばTINUVIN 400（チバ・スペシャルティ・ケミカルズ）が好適である。加えてヒンダードアミン系光安定剤（HALS），例えばTINUVIN 123（チバ・スペシャルティ・ケミカルズ）を添加することで，さらに耐光性を向上することも可能である[5]。

3.2 低揮発性，低マイグレーション性ラジカル型光重合開始剤

感光性材料は従来の熱硬化性や，熱乾燥性の材料に比べ有機溶剤の使用量を大幅に減らすことができることなどから，作業環境の改善に大きく貢献している。しかし，近年のさらなる環境に対する負荷低減への意識の高まりや規制の強化に伴い，アクリレートモノマー組成物の皮膚刺激性や，光重合開始剤の硬化膜外への揮発や溶出など，用途によってはさらなる対環境性能への改善が感光性材料にも要求されている。そのような観点から最近の光重合開始剤の開発動向について解説する。

感光性材料の処方中で最も分子量の低いものの1つが光重合開始剤である。このため加熱，乾燥工程で光重合開始剤そのものが塗膜から揮発したり，光硬化中に分解，低分子化した光重合開始剤が揮発して硬化塗膜の臭気の原因になる場合がある。また，光照射時，また硬化後に未反応で残った開始剤が，徐々に硬化膜から放出される場合もある。このような点を改善するために，既知のクロモファーを高分子量化したり，二量体化した，光重合開始剤が市販されているので紹介する。

① IRGACURE 379（チバ・スペシャルティ・ケミカルズ）

近年 α-アミノアセトフェノンの1つであるIRGACURE 369の溶解性を改善したIRGACURE 379

第2章 材料開発の動向

(図11)が上市され,低揮発性のアミノアセトフェノンとして使用が拡大しつつある。IRGACURE 379はIRGACURE 369と同様,顔料系のUVインキや厚膜の硬化,またラジカル系のフォトレジストなどで非常に高い光感度を示し,かつ非常に揮発性の低いアミノアセトフェノン系のラジカル光重合開始剤である。IRGACURE 369の場合,有機溶媒や処方を構成するアクリレートなどの液状物質に対する溶解度が低いために,使用する濃度を上げることができず,本来の特性を発揮できない場合もあったが,IRGACURE 379においてはこの点を改善した。表1にIRGACURE 379のアセトン中およびアクリレートモノマー中での溶解度をIRGACURE 369,IRGACURE 907と比較しているが,メチル基の導入により大きく溶解度が向上し,IRGACURE 907と同レベルの溶解度が得られているのがわかる。

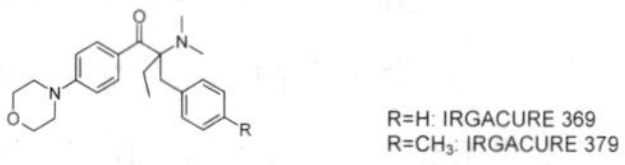

図12にIRGACURE 379のアセトニトリル中での吸収スペクトルを示すが,IRGACURE 379もIRGACURE 369と同様に300〜400nmの長波長域に強い吸収帯を持ち顔料系の処方において高い感度を示す。

IRGACURE 379の青色フレキソインキでの硬化速度を図13に示す。IRGACURE 379が

R=H: IRGACURE 369
R=CH$_3$: IRGACURE 379

図11 IRGACURE 379

表1 IRGACURE 369及びIRGACURE 907と比較したIRGACURE 379の溶解度(重量%)

光重合開始剤	溶媒				
	アセトン	DAROCUR1173	HDDA	TPGDA	TMP(EO)TA
IRGACURE 369	17	25	5	6	5
IRGACURE 379	＞50	35	30	24	20
IRGACURE 907	＞50	＞50	35	22	20

HDDA:1,6-ヘキサンジオールジアクリレート
TPGDA:トリプロピレングリコールジアクリレート
TMP(EO)TA:トリメチロールプロパンエトキシトリアクリレート

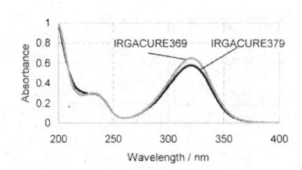

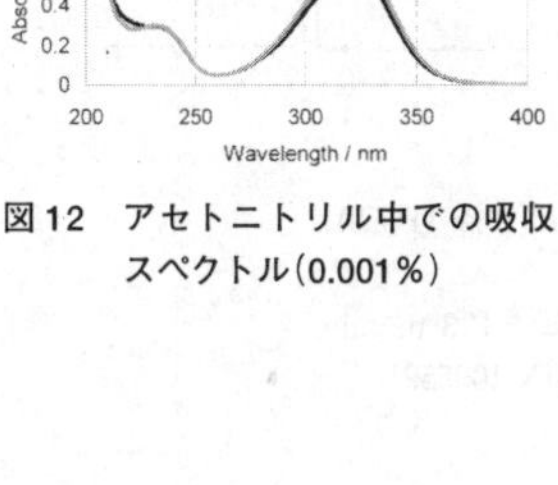

図12 アセトニトリル中での吸収スペクトル(0.001%)

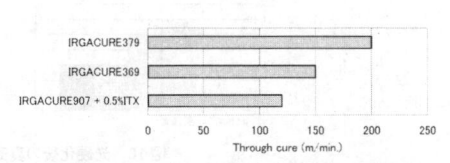

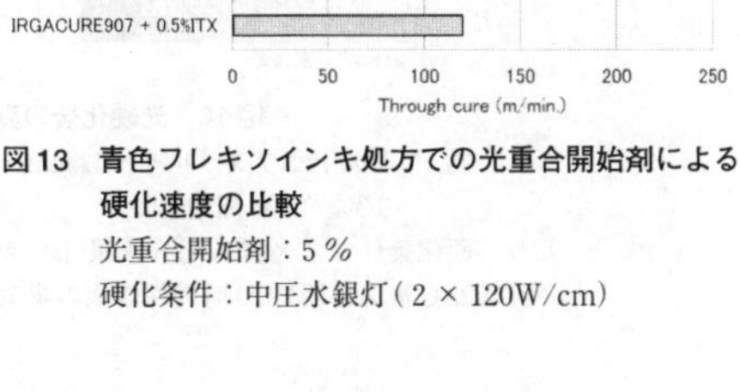

図13 青色フレキソインキ処方での光重合開始剤による硬化速度の比較
光重合開始剤:5%
硬化条件:中圧水銀灯(2×120W/cm)

IRGACURE 369よりも高い光感度を示すことがわかるが,これは溶解度が改善したことにより開始剤本来の特性が発揮されたためと考えられる。またこの処方では,同じα-アミノアセトフェノン系開始剤のIRGACURE 907より大幅に高い感度を示すことがわかる。

② IRGACURE 754(チバ・スペシャルティ・ケミカルズ)

IRGACURE 754は近年上市された低揮発性光重合開始剤である。揮発性は低く抑えつつ,性状は低粘性の液体で,各種モノマーや有機溶剤との相溶性に優れている。また水溶性ではないが,水へのなじみは十分にあり,水系処方にも使用可能である。アセトニトリル中での吸収スペクトルを図14に示すが,主ピークはヒドロキシアセトフェノン類と同様300nm以下の波長域にある。

図15にTGA分析における重量減少を他のクリアコート向け光重合開始剤と比較している。IRGACURE 754の加熱条件下での揮発性が従来の光重合開始剤に比べ大きく向上しているのがわかる。

また,タイプⅠ型の光重合開始剤は光硬化時分子が開裂により重合開始ラジカルを生成するが,この開始ラジカルの一部は重合開始反応を起こさず水素引き抜きや不均化反応等により低分子化合物として硬化塗膜中に残るものもあり,硬化後の臭気の原因となる。図16に光硬化後の塗膜の臭気を光重合開始剤ごとに比較しているが,IRGACURE 754を使用した場合にはこの硬化後臭気が非常に低いレベルに抑えられているのがわかる。

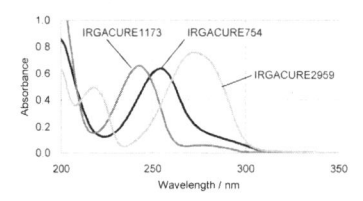

図14 アセトニトリル中での吸収スペクトル(0.001%)

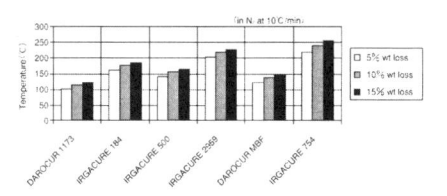

図15 クリアコートに使用される主な重合開始剤の熱重量分析(TGA)

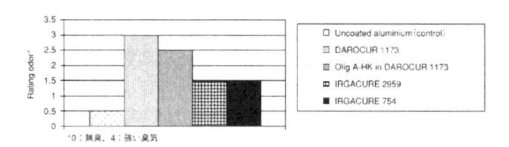

図16 光硬化後の臭気評価
処方:80% PESアクリレート(Laromer PE 55F), 20% TPGDA, 3% 光重合開始剤
硬化条件:2 × 80W/cm 水銀灯, ラインスピード3 m/min
23℃密閉容器に20時間保管後の臭気評価(DIN 109559)

第2章 材料開発の動向

図17にアクリレート処方におけるIRGACURE 754の感度を他の光重合開始剤と比べているが，IRGACURE 754が α-ヒドロキシアセトフェノンモノマーであるDAROCUR 1173と同程度，また低揮発性のOligo A-HKよりも高い感度を示すことがわかる。

また図18に各種アクリレート処方における光硬化後の黄変指数を示すが，IRGACURE 754を使った場合光硬化後の黄変が，従来黄変性が低いとして知られているDAROCUR 1173（α-ヒドロキシアセトフェノン）よりも低く抑えられることがわかる。

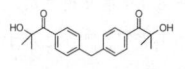

③ IRGACURE 127（チバ・スペシャルティ・ケミカルズ）

α-ヒドロキシアセトフェノンを二量体化したIRGACURE 127（図19）が上市された。IRGACURE 127は低揮発性でかつ，非常に高い光感度を示すラジカル型光重合開始剤である。

図20に示すようにIRGACURE 127の吸収スペクトルはモノマー型のDAROCUR 1173に比べ若干長波長化しているが，主ピークは300nm以下の波長域ある。

図21にTGA，図22に硬化後の臭気のデータを示すが，IRGACURE 127は他のα-ヒドロキシアセトフェノンに比べて低揮発性で，光硬化前の乾燥工程や，光硬化後においても塗膜から大気中への飛散が非常に少ない光重合開始剤と言える。

またIRGACURE 127の最大の特徴は，その高い光感度特性である。図23にクリア処方での光感

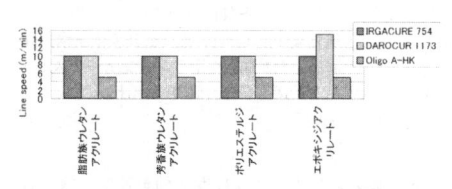

図17 各種のアクリレート処方における光重合開始剤による感度比較
2％光重合開始剤，膜厚：6μm
硬化条件：2×80W/cm 水銀灯

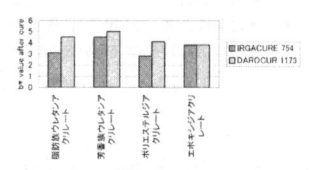

図18 各種アクリレート処方における光硬化後の黄変指数
2％光重合開始剤，膜厚：35μm
硬化条件：10m/min，2×80W/cm 水銀灯

図19 IRGACURE127

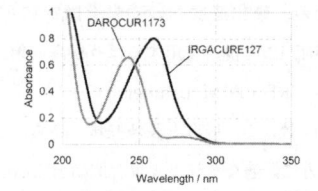

図20 アセトニトリル中での吸収スペクトル(0.001％)

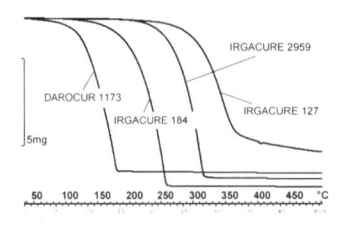

図21　各種α-ヒドロキシアセトフェノンのTGAによる熱重量減少の比較

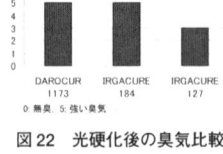

図22　光硬化後の臭気比較
処方：8％ 光重合開始剤，OPV処方，
膜厚：6μm
硬化条件：2×120W/cm IST 中圧水銀灯
臭気テスト：硬化後密閉容器に24時間保管後

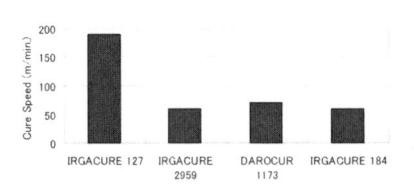

図23　光重合開始剤による硬化速度の比較
処方：8％ 光重合開始剤，アミノアクリレート系OPV
膜厚：6μm
硬化条件：2×120W/cm IST 中圧水銀灯
評価：表面硬化性（DRY RUB TEST）

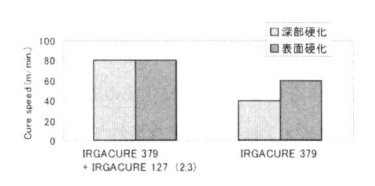

図24　IRGACURE379とIRGACURE127による光硬化速度への相乗効果
処方：6％ 光重合開始剤，青色フレキソインキ（11.1%PB15：3）
硬化条件：1×120W/cm IST 中圧水銀灯
評価　表面硬化：トランスファーテスト，
　　　深部硬化：RELテスト

度を示しているが，従来のα-ヒドロキシアセトフェノンと比べ3倍程度の効果速度が得られるのがわかる。

　また，α-ヒドロキシアセトフェノンは基本的に表面硬化性に優れており，深部硬化性に優れるα-アミノアセトフェノンやアシルフォスフィンオキサイドなどと組み合わせると相乗効果を示す。IRGACURE 127と低揮発性のα-アミノアセトフェノンであるIRGACURE 379を組み合わせた場合の，硬化速度への効果を図24に示すが，IRGACURE 379単体で使用するよりもIRGACURE 127と混合使用するほうが高い硬化速度が得られるのがわかる。

④　ESACURE 1001M（Lamberti）

　Lamberti社から，吸収を長波長域に持ち，かつ分子量が比較的大きく揮発性を低く抑えた，顔料系の処方に好適なラジカル重合開始剤ESACURE 1001M（図25）が上市された[6]。図26に示すように主な吸収帯が300nmより長波長側に存在し，顔料系の処方でも高い感度を示すことがうかがえる。光照射下での主なラジカル発生機構は水素ドナーとの間の水素引き抜き反応であり，アミ

第2章　材料開発の動向

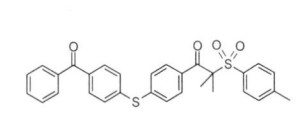

図25　ESACURE 1001M

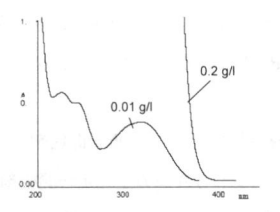

図26　Esacure 1001Mのメタノール中での吸収スペクトル

ン系のコイニシエーターを添加することで格段に感度を向上することが可能である。カルボニルのβ位の自己光開裂反応も確認されているがその量子収率は低い。

　また，光硬化後の臭気も低く，同社の低揮発性光重合開始剤であるESACURE KIP150と同レベルを達成している。

3.3　水系処方用光重合開始剤

　感光性材料は，処方中の有機溶剤等，揮発成分の含有量が少ないため，従来の熱乾燥を用いる材料に比べ，環境に対して優れる材料として知られている。しかしその処方中に使われる反応性のオリゴマー類は，一般的に粘度が高くそのままでは扱いが困難なために，比較的低分子の反応性希釈剤と呼ばれる粘性の液体で希釈される。この反応性希釈剤は若干の刺激性と臭気を持っており，また光硬化時に重合反応せず未反応物として塗膜中に残ってしまうと後々硬化物の臭気の原因となる。そこで反応性希釈剤の代わりに水を非反応性の希釈剤として使用する水系の感光性材料が注目されている。このような用途に推奨される光重合開始剤として，水酸基で置換し親水

表2　水系処方に好適な光重合開始剤

商品名	構造
IRGACURE 2959 （チバ・スペシャルティ・ケミカルズ）	
Esacure KIP EM (Lamberti)	水系エマルジョン（32% Esacure KIP 150）
IRGACURE 819DW （チバ・スペシャルティ・ケミカルズ）	IRGACURE 819を約45%含む水分散体

性を付与したIRGACURE 2959や，水系処方になじみを良くするためエマルジョン化した
Esacure KIP EMや，水分散体としたIRGACURE 819DW等が上市されている(表2)[7]。

3.4 電子材料用光ラジカル重合開始剤
3.4.1 O-アシルオキシム型光重合開始剤

　近年，オプトエレクトロニクス分野における技術進歩は非常に速く，電子機器類の性能や機能の向上は凄まじい。光硬化を用いた塗膜の形成やフォトリソグラフィーを利用した微細パターン形成技術が光電子機器類の製造工程において，重要な役割を果たしている。それを支える感光性材料に使用される光重合開始剤に対する要求はますます高くなっている。例えば，液晶ディスプレイ，プラズマディスプレイのようなフラットパネルディスプレイをはじめとする表示機器類の製造に用いられる感光性材料がプロセスの特性を決定付けるとともに，最終製品の性能や品質にも大きな影響を与えている。そのため，光重合開始剤に対しては露光時間短縮によるスループット向上のための高感化は勿論のこと，用途ごとに求められる諸特性を満足することが望まれている。

　最近，電子材料，特に液晶ディスプレイに使用されるカラーフィルター製造用レジスト向けに2つの新しいO-アシルオキシム型光重合開始剤が開発された(図27)[8～11]。

　現在，カラーフィルターの製造法としてフォトリソ法が主流であり[12]，カラーピクセルおよびブラックマトリックスを形成するために顔料分散型のカラーレジストや樹脂ブラックマトリックスレジストが用いられている[13]。カラーピクセルの色特性の向上やブラックマトリックスの高光学濃度化に伴い，高顔料濃度化が進んでいる。このような顔料濃度の高いレジストを短時間で光硬化し高スループットを実現するために高感度化が望まれていた。

　IRGACURE OXE01はカラーレジストにおいて高感度で，カラーフィルターにとって最も重要な特性の1つである色特性においても，ほとんど影響を与えず，優れた光重合開始剤であると報告されている[8～11]。一方，IRGACURE OXE02は非常に高い感度を示し[10,11]，特に，ハイエンド樹脂ブラックマトリックスレジストにおいて望まれる高い要求特性を満たすことのできる数少ない光重合開始剤の1つである。現在のTV用途では光学濃度4が望まれており，光はほとんど内部まで浸透することができず，光重合開始剤にとっては非常に厳しい条件である。これまで，樹脂ブラックマトリックス用光重合開始剤として，α-アミノケトン[14]，ヘキサアリールビイミダゾール[15]やトリアジン[16]化合物が報告されているがそれらの光硬化特性は十分ではなかった。このような高光学濃度の樹脂ブラックレジストでもIRGACURE OXE02は光硬化することができる。

　図28に示すように，IRGACURE OXE01は325nmに吸収極大を持ち，その吸収端は400nmに達

第 2 章　材料開発の動向

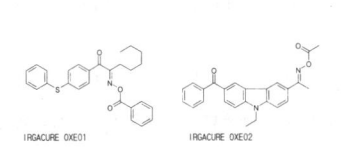

図 27　新規 o-アシルオキシム型光重合開始剤

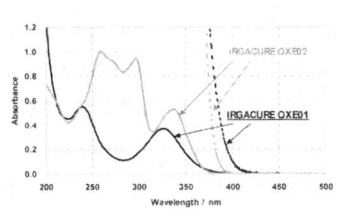

図 28　IRGACURE OXE01 と IRGACURE OXE02 の吸収スペクトル
　　　　溶媒：アセトニトリル，濃度：1mg/100ml および 50mg/100ml

図 29　IRGACURE OXE01 の光反応機構

する。一方，IRGACURE OXE02はIRGACURE OXE01よりも幾分長波長に吸収極大(340nm)を持つが吸収端は伸びておらず狭い吸収帯を持つ。IRGACURE OXE01とIRGACURE OXE02はどちらもUV領域，特に通常カラーフィルターレジスト用途で使用される超高圧水銀灯のi線(365nm)とそれよりも短い波長に感度のある光重合開始剤である。

　IRGACURE OXE01の光反応による活性ラジカル種の生成は種々の実験結果から図29に示す機構で説明される。まず，オキシムエステルのN-O結合の開裂によってイミニルラジカルとベンゾイロキシラジカルが生成する。続いて熱分解によってイミニルラジカルからはフェニルチオベンゾイルラジカルとヘプタンニトリルが，ベンゾイロキシラジカルからは脱炭酸を経てフェニルラジカルが生成する。生成したフェニルラジカルとベンゾイルラジカルが効率良くラジカル重合を開始すると考えられる。

　図30にアセトニトリル中での365nm単色光照射によるIRGACURE OXE01の吸収スペクトルの変化を示す。325nmにピークを持つ最も長波長側にある吸収帯は光照射によって徐々に小さくなり，十分な光照射を行うと完全に消失する。それに伴い，290nmに光生成物に起因する新しい吸収帯が現れる。つまり，IRGACURE OXE01は非常に効率良くフォトブリーチングを起こ

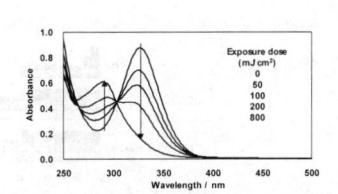

図 30　IRGACURE OXE01 の 365nm 光照射による吸収スペクトル変化

し，着色することがない。IRGACURE OXE02ではこのようなフォトブリーチングは見られずIRGACURE OXE01に特有の現象の1つである。このことから，IRGACURE OXE01は厚膜の光硬化に有利であり，塗膜の黄変に与える影響も少ないと考えられている。

　IRGACURE OXE02の光反応の機構は，IRGACURE OXE01と同様にN-O結合の開裂によってイミニルラジカルとアセトロキシラジカルが生成し，続いてアセトロキシラジカルからは熱分解による脱炭酸を経てメチルラジカルが生成する(図31)。このメチルラジカルが効率良くラジカル重合を開始すると考えられる。一方，生成したイミニルラジカルはIRGACURE OXE01の場合とは異なり，熱分解反応は起こさない。このラジカルは重合開始能が低いことが知られており，重合開始にはほとんど関与していないと考えられる。カラーレジストやブラックマトリックスレジストのようなアルカリ現像型レジストにおいては移動度の高いメチルラジカルのような小さなラジカルが有効に働くと考えられる。

　図32に示すように，樹脂ブラックマトリックスにおいてIRGACURE OXE02はカラーフィルター用レジストに使用される典型的なトリアジン系光重合開始剤(Triazine 1)と比較して，約1/5の露光量で同等の光硬化を実現できる。IRGACURE OXE02の高感度は上で述べた活性の高いメチルラジカルの高効率での生成に起因すると考えられる。一方，IRGACURE OXE01はIRGACURE OXE02には及ばないが Triazine 1 と同等の光硬化特性を示す。また，IRGACURE OXE01はチオキサントンやアミノベンゾフェノン誘導体によって増感されることが報告されている[10, 11]。

図31　IRGACURE OXE02 の光反応機構

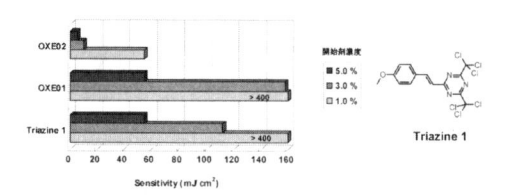

図32　IRGACURE OXE01 および OXE02 の樹脂ブラックマトリックスでの光感度特性

第2章 材料開発の動向

以上述べたように，IRGACURE OXE01およびIRGACURE OXE02はカラーフィルター製造用レジストにおいて優れた特性を持ち，広く使用されている。また，他の電子材料用途での使用も検討されており，優れた光硬化特性を示すことが期待されている。

3.5 光カチオン重合開始剤

ビール缶のOVPニスやシリコン剥離コートなどにすでに実用化されている光カチオン重合系の材料，特に光カチオン重合開始剤の課題は何であろうか。科学文献のデータベースであるScifinderで，"Cation"と"Photoinitiator"をキーワードにして検索してみると，450以上の文献がこの5年間で報告されている結果が得られた。著者別リストを作成してみると光カチオン重合開始剤の父と呼べるCrivelloらがずば抜けて多く，70報近くの研究報告をしている。続いてイスタンブール工科大のY. Yagciら，さらに北京化工大学のT.Wangらが活発に報告している。それらの報告文の多くで，比較的短波長にしか吸収領域がないオニウム塩をいかに長波長領域で感光性を持つようにさせるか，種々の手法や詳細な反応の機構などが報告されている。さらに実用領域を広げるためには，それらは解決しなければならない大きな課題である。商品化された新しい光カチオン重合開始剤としては2001年に上市されたヨードニウム塩以外にはないので，光増感剤，CT錯体を形成する化合物，光ラジカル重合開始剤などとの併用により感光波長領域を長波シフトして使いこなすことが活発に行われている。ここではそれらの種々の手法について紹介する。

まず光カチオン重合と光ラジカル重合との主な相違点および利点は以下のようなものが挙げられる。
① 開始種はブロンステッド酸またはルイス酸であり，塩基などがなければその活性種の寿命が長い。
② 反応の進行には加熱が必要である。
③ 反応の開始後，光源を取り除いた後も長期に成長反応が進行する。
④ 酸素により反応が阻害されない。

また使われるエポキシ樹脂によりアクリレート樹脂に比べて以下のような利点もある。
⑤ 無溶剤で皮膜形成能に優れるのでハイソリッド化が可能である。
⑥ 金属への密着性がよい。
⑦ 硬化時に体積収縮が少ない。

市販の光カチオン重合開始剤の主なものとしては図33にまとめたように，オニウム塩であるトリアリールスルホニウム塩（TAS）やジアリールヨウドニウム塩（DAS）がある。光分解生成物としてベンゼンが発生せず，またアンチモン等の重金属を含まない比較的新しいDASとしてIRGACURE 250がある。

図33 代表的な市販の光カチオン重合開始剤　　図34 スルホニウム塩の光開裂のメカニズム

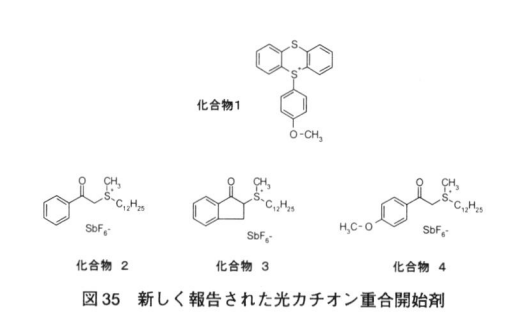

特にTASは優れた熱安定性と貯蔵安定性を持つ高感度な開始剤として様々な用途にこれまで使われてきた。TASによる光カチオン重合の機構を図34に示した。

TASは光開裂によりジフェニルスルホニルラジカルカチオンを経由してブロンステッド酸とジフェニルスルフィドに分解する。この生成した酸によりエポキシやビニルエーテルなどのモノマーが重合を開始する。

3.5.1 新しい光カチオン重合剤

Crivelloらはスルホニウム塩の長波長化したものとして5-アリールチアンスレニウム塩(化合物1)[17]、またS,S-ジアルキル-S-フェナシルスルホニウム塩(化合物2～4)を報告している[18] (図35)。

化合物1は吸収が300～400nmであり、ビニルエーテルや脂環式エポキシなどを効率よく重合できることが報告されている[17]。

化合物2～4のタイプのものは、アルキルケトンに様々な置換基を導入することで吸収波長を長波にシフトさせている。開裂の機構は図36に示したように、分子内6員環をへて、水素引き抜きによりイリドと開始種であるプロトン酸を生成する。このタイプの開始剤の量子効率は0.43で

図35 新しく報告された光カチオン重合開始剤

第2章　材料開発の動向

図36　光開裂のメカニズム

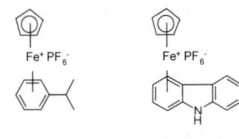

図37　新規のフェロセニウム塩

ある[18]。

Wangらはカルバゾール基を持つフェロセニウム錯体が300nm以上の長波に吸収を持ち有効にエポキシを重合できることを報告している。またベンゾイルパーオキサイドが有効に増感剤として働くことが示されている[19]。現在ではIrgacure 261は製品リストから外れている(図37)。

3.5.2　種々の光ラジカル重合開始剤との組み合わせ

市販のオニウム塩自体の吸収は225〜350nmであり，実際の処方では350nm以上に吸収がないと中圧や高圧の水銀灯を光源として用いた場合，光硬化反応を進行させるのは困難である。したがって感光波長領域を広げるために①光増感剤の添加，②CT錯体を形成させる，③光ラジカル重合開始剤との併用，が提案され，実用化に有効と思われる[20]。

(1) 光増感剤

種々の芳香族化合物がオニウム塩の増感剤として働く。アントラセン，フェノチアゼン，ペリレンなどは光照射後，励起状態で基底状態のオニウム塩と錯体を作り，その後増感剤から電子移動によりオニウム塩の分解が起こる。理想的な増感剤は，低い酸化電位を持ち，三重項のエネルギーが比較的高い化合物である。表3に主な増感剤の酸化還元電位と増感の有無をまとめた。

Pappasらは分子内に増感剤であるアントラセンを持つスルホニウム塩が，有効な光カチオン

表3　光増感剤によるオニウム塩の増感

増感剤	$\Delta G(kJ\ mol^{-1})$	増感[*1]	$\Delta G(kJ\ mol^{-1})$	増感[*2]	$\Delta G(kJ\ mol^{-1})$	増感[*1]
アントラセン	−193	有	−144.4	有	−96	有
ペリレン	−171	有	−121.8	有	−76	有
フェノチアジン	−159	有	−112.5	有	−63	有

*1　3,4-エポキシシクロヘキシルメチル-3,4-エポキシシクロヘキサン カルボキシレートの重合による評価
*2　シクロヘキセンオキサイドの重合での評価

重合開始剤であることを,以前から報告している。最近の文献でさらに図38に示した化合物の詳細な合成法および光重合の結果を報告している[21]。UV硬化性のエポキシ樹脂中での結果から感度の高さは化合物7＞化合物8＞＞化合物9の順で,イオウ原子上にフェニル基を持たないスルホニウム塩,化合物10,11は活性がない。

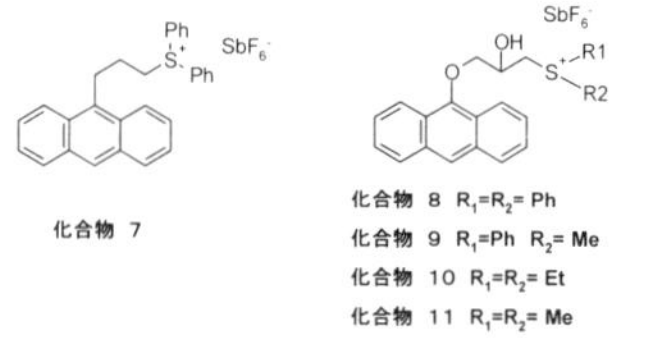

図38 分子内に増感剤を持つスルホニウム塩

市販のUV6974とアントラセンを混合した分子間増感の系は最も反応性の低い化合物9よりかなり低い結果となり,分子内増感効率が良いことが示されている。

(2) CT錯体

ピリジニウム塩と電子供与性の芳香族化合物(メチルまたはメトキシ置換ベンゼン)のCT錯体はシクロヘキセンオキサイドや4-ビニルシクロヘキセンオキサイドのカチオン重合の開始能があることが報告されている[20]。各々の単独での吸収は270nmであるが,そのCT錯体は構造により350nmから650nm近辺に吸収がシフトして,可視光でのカチオン重合も開始できることが報告されている。この現象はアルコキシピリジニウム塩に特異的で,ほかのヨードニウム塩やスルホニウム塩では錯体が形成されないか,錯体ができても吸収波長のシフトが見られない。

(3) 光ラジカル重合開始剤との併用

光により発生したラジカル種がオニウム塩により酸化され,発生したカルボカチオンがカチオン重合を開始することができる。これがいわゆる「レドックス増感カチオン重合」である。すなわち,ビスアシルフォスフィンオキサイド(BAPO)やチタン錯体など,長波に吸収を持つものとの組み合わせにより400nmから可視光の領域での光カチオン重合も可能になる。

① チタノセン

フッ素化チタン錯体は図39に示したように,光によりチタン金属上に2つのラジカルを持つ開裂物ができ,このラジカル種がオニウム塩により酸化されてラジカルカチオンになり,カチオン重合の開始種が発生する[20]。

② アシルフォスフィンオキサイド

アシルフォスフィンオキサイドは380nm以上に吸収があり,ヨードニウム塩と組み合わせることで感光波長領域を広げることが可能である。

以前の研究ですでに示されていたが,モノアシルフォスフィンオキサイド(MAPO)は光開裂により生成するベンゾイルラジカルやフォス

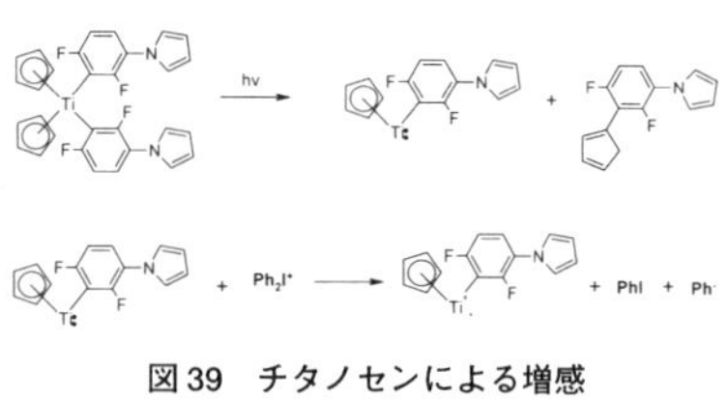

図39 チタノセンによる増感

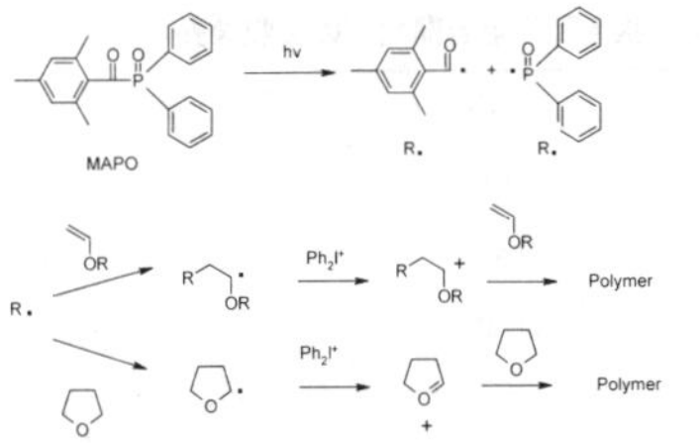

第 2 章　材料開発の動向

図 40　MAPO による光カチオン重合のメカニズム

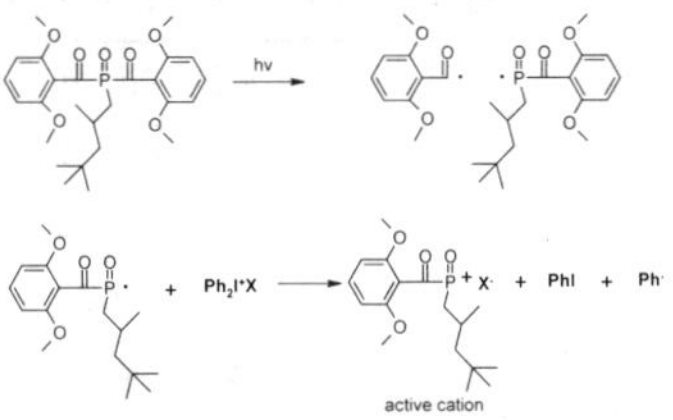

図 41　BAPO による光カチオン重合のメカニズム

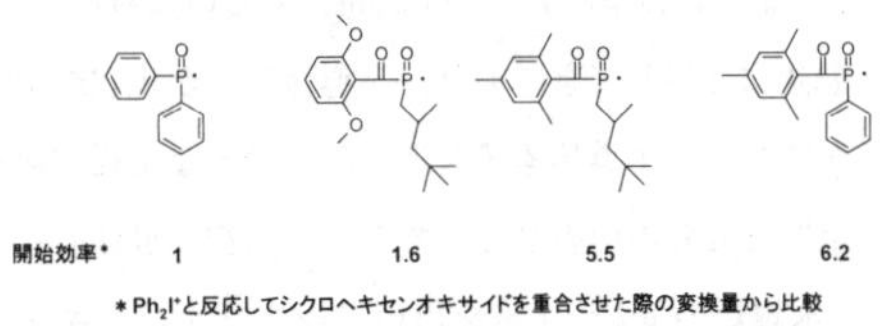

図 42　種々のフォスフィノラジカルの反応性の比較

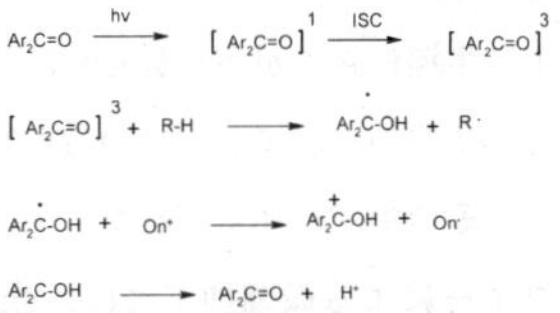

図 43　水素引き抜き型光重合開始剤によるカチオン重合開始のメカニズム

フェニルラジカルが直接オニウム塩により酸化されることはなく，一旦カチオン重合性モノマーと反応して生成するラジカルを経て開始種に至ると報告されている（図40）[20]。一方BAPOは，最近の報告で光開裂種のフォスフィノイルラジカルがヨードニウム塩により直接酸化され重合が開始する機構であることが示されている（図41）。EPRを用いたリン原子のハイパーカップリングの測定値から，BAPOからの活性種はラジカルの電子が非局在化していて，より容易に電子移動しやすいことがわかった[22]。また種々のフォスフィノラジカルとジフェニルヨードニウム塩によるエポキシのカチオン重合反応の比較からもリン原子上の電子密度と反応性の関係の相関が示唆されている（図42）。

③　水素引き抜き型開始剤

　ベンゾフェノンなどの水素引き抜き型の光ラジカル重合開始剤も，図43に示したように，中間のラジカルがオニウム塩により酸化され生成する開始種によりカチオン重合が可能である。表にまとめたように長波に吸収のあるチオキサントン，カンファーキノンなどとの組み合わせにより500nm近辺の光を使うことも可能になる（表4）[20]。

3.6　光酸発生剤（PAG）

　この数十年来の半導体素子の発展は，人々の生活様式を大きく変えてきた。パソコンのみなら

表4 光カチオン重合に用いられた水素引き抜き型光重合開始剤の吸収波長

光重合開始剤	λ max(nm) in CH_2Cl_2
ベンゾフェノン	340
チオキサントン	380
ベンジル	480–487
カンファキノン	478
2-エチルアントラキノン	325

ず,携帯電話,デジタルカメラ・ビデオ,テレビなどいわゆるデジタル家電,あるいは最近では,自動車に半導体素子が多く載せられ,IT化が急速に進展してきており,半導体産業が現在の生活を支える基盤の一部になっていると言うことができる。半導体素子製造には,様々な工程が含まれるが,その中でもリソグラフィーの工程は重要なものの中のひとつである。当初半導体のリソグラフィーによる微細加工には,光源として水銀灯のg線,i線を用い,ジアゾナフトキノン(DNQ)を感光性材料としたDNQレジストが使用されていた。しかしさらなる微細加工の要求にこたえるため,光源が短波長化しKrFレーザー(248nm)が検討されるようになった。248nmではDNQレジストは光の吸収が大きすぎるため,狙い通りのレジスト形状が得られず,新たなレジストが必要になった。そこで,Itoらは化学増幅型レジストと呼ばれる,光分解により酸を発生する化合物(光酸発生剤,Photoacid Generator:PAG)を感光性材料として用いた新しいタイプのレジストを開発した[23]。化学増幅型レジストは吸収の問題を解決しただけではなく,高感度化も達成し,今では最先端のレジストは全てこのタイプのものであり,KrFの次世代の光源,ArFレーザー(193nm)用のレジストもこれを基に研究されている。化学増幅型レジスト登場以前にも,光により酸を発生する化合物の研究は行われており,エポキシ,ビニルエーテルなどカチオン的に連鎖反応が進行するモノマーの重合反応を開始するものとしてオニウム塩などがカチオン重合開始剤として報告されていた。オニウム塩の中には様々なものがあるが,Crivelloらの研究により[24],特にジフェニルヨードニウム塩,トリフェニルスルホニウム塩は,熱安定性が高く,カチオン重合を効率よく開始させるものとし開発されてきた。光カチオン重合を開始するオニウム塩の応用としては,コーティングなどを目指したものが主であったため,これらのヨードニウム塩,スルホニウム塩はアニオン部に金属,リン,ホウ素などの元素を含むものがほとんどであった。しかし,これらの元素は半導体作製のときにトランジスターの性能に大きく影響を及ぼすため,化学増幅型レジストには使用できなかった。したがって,スルホン酸をアニオンとして持つヨードニウム塩,スルホニウム塩が新たに多く開発された。また,非イオン性のPAGも化学増幅型レジスト用に数多く開発されてきた。最近,次世代のリソグラフィーとしてArF液浸技術が注目さ

第2章 材料開発の動向

れている。この技術では，フォトレジスト層を水中に浸すことになり，もしPAGが液浸媒体中に溶け出すようなことがあれば，レジスト性能の劣化あるいは露光機へのダメージをもたらす可能性がある。そのため，PAGが脚光を浴び開発が活発に行われている。ここでは，フォトレジスト開発の中でも特にPAGに焦点をあて，最近の研究動向についてご紹介する。

3.6.1 化学増幅型レジスト

化学増幅型レジストのメカニズムは2ステップからなっている。最初に光照射によりPAGが分解し酸を発生するプロセス，次に加熱（Post exposure bake：PEB）により酸が様々な触媒反応（脱保護反応，架橋反応など）を引き起こすプロセスである。いくつかの触媒反応の例を図44に示す。

現在KrF用途で使われている化学増幅型レジストはポジ型であり，樹脂としてはポリヒドロキシスチレン（PHS）を骨格に持つものが使われている。保護基としてはアセタール基，あるいはtert-ブチル基を用いるものが主流である。前者はPEBプロセス時それほど高くない温度（90-110℃）を使用するためLAER（Low Activation Energy Resist），後者はそれより高い温度（130-140℃）が必要なためHAER（High Activation Energy Resist）とそれぞれ呼ばれている。

PHSは193nmで強い吸収を持つため，ArF用のレジストの樹脂には適していない。そのため，多くの新しい樹脂，例えば，メタクリレート系（あるいは，アクリレート系），シクロオレフィン-マレイン酸無水物交互共重合体系，あるいはそれらのハイブリッド系などが研究されてきたが，現

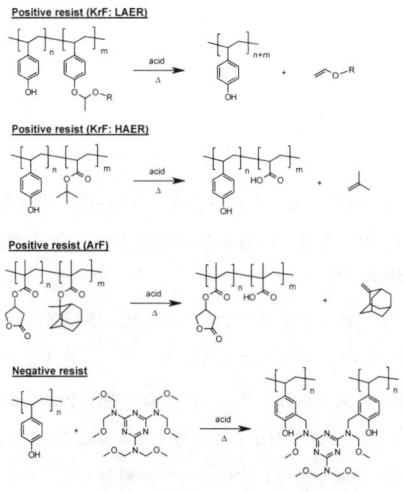

図44 化学増幅型レジストの触媒反応例

在メタクリレート系のものが主流になりつつある。保護基としてはカルボン酸の部分を3級アルキル基，特にアダマンチル基など嵩高い置換基のものを使用する場合が多い。通常メタクリレートポリマーは，PHSに比べエッチング耐性が劣るが，炭素含有率を高めるとエッチング耐性が向上することが知られているので，環状構造のアダマンチル基などが保護基として使用されている。

化学増幅型レジストでは，酸触媒によるポリマーの脱保護反応が重要な役割を担うが，Pohlersらの最近の研究[25]によれば，t-ブチル基で保護されたカルボン酸の脱保護反応は，ポリマーマトリックスの性質に大きく影響を受けることがわかってきた。メタクリレートポリマーのように極性の低いArF用ポリマーマトリックス中に比べ，PHSのように比較的極性が高い雰囲気下では，脱保護反応の活性化エネルギーは低いと報告されている。理由としては，脱保護反応の遷移状態が極性雰囲気により安定化されているためと考えられている。したがって，KrFレジストではフッ素を含有していないアルキルスルホン酸，あるいはアリールスルホン酸などあまり酸性度が強くない酸でも使用されていたが，ArFレジストではパーフルオロアルキル酸などの強酸でないと充分な感度が得られず，使用できるPAGの種類がKrFレジストに比べ制限されている。

化学増幅型レジストの性能を決める上で，PAGが果たす役割は非常に大きい。良いレジストを作るためには，それぞれのPAGの以下に示すような特性を考慮する必要がある。

・光反応の量子収率
・使用光源の波長における吸収(透過率)
・熱安定性
・保存安定性
・溶解抑止効果
・溶剤に対する溶解性
・発生酸の酸性度
・発生酸の拡散性

これらのPAGの特性は，使用するレジストのタイプ(樹脂，保護基)にもより変化するので，それぞれのレジストに合わせ，最適のPAGあるいはPAGの混合物を選択することが重要である。

3.6.2 PAGの光反応機構

最近，レーザーフラッシュ法などを用いて，PAGの光分解反応について多くの研究がされ，反応機構について報告されている。ジフェニルヨードニウム　トリフレートの場合[26]，フェムト秒レーザーフラッシュを用いて調べられたところ，以前の機器では検出されなかった寿命の非常に短い(50ピコ秒以下)ヨードフェニルのラジカルカチオン種と寿命の長い(1ナノ秒以上)ヨードフェニルのラジカルカチオン種が生成していることが観察された。ヨードニウム塩はhomolyticあるいはheterolyticにC-I結合が切断される可能性がある。Homolytic切断の場合，直接ヨード

第 2 章　材料開発の動向

フェニルのラジカルカチオンが生成する。Heterolytic切断の場合，電子移動を経由して同じラジカルカチオンが生成すると考えられる。先ほどの 2 種類のラジカルカチオンの寿命の違いは，in-cageで再結合したものとcage-escapedのプロセスでcage内での再結合を免れたものということで説明できる。化学増幅型レジスト中での酸の発生機構は次の 2 つのプロセスによると考えられる。1 つ目は，cage内でフェニルラジカルと再結合して，ヨードビフェニルを生成するとともに酸を発生するプロセス，2 つ目は，cage外に逃げたヨードフェニルのラジカルカチオンに，ポリヒドロキシスチレンなどのマトリックスから電子移動が起こり，それに引き続きマトリックスから酸が生成するプロセスである。

　トリフェニルスルホニウム塩についてはTagawaらが，レーザーフラッシュ法，エレクトロンビームパルス法を用い，その分解生成物の解析および時間分解スペクトルから反応機構を報告している[27]。興味深いことに，トリフェニルスルホニウム塩は，光，電子線照射でともに分解し酸を発生するが，その生成のプロセスが大きく異なる点である。光照射の場合，光により一重項励起状態にされたスルホニウム塩のC–S結合が，homolyticあるいはheterolyticに切断され，酸生成を導く。このとき，図45にあるように切断で発生した反応活性種が，cage内で再結合し酸を生成するプロセスとcage外で溶媒などと反応し酸を生成するプロセスがある。分解生成物の解析から，cage内での反応が主流であり(60%)，発生酸の多くのプロトンはスルホニウム塩のフェニル上の水素が供給源になっている。一方，電子線照射の場合，スルホニウム塩の直接励起から酸を発生するプロセスは非常に少なく，多くの酸の発生は(93%)，励起されたマトリックスからスルホニウム塩への電子移動が引き金になっている。

　SanrameらはスルホニウM塩でもアリルシクロアルキルスルホニウム塩タイプの化合物(1)の反

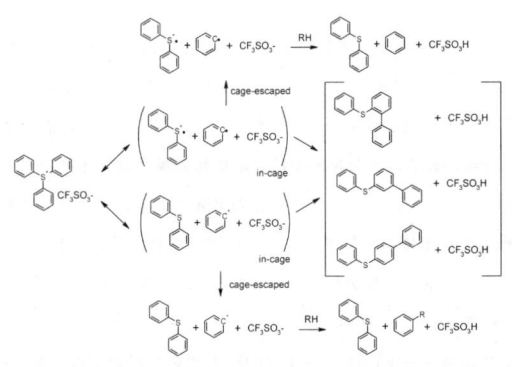

図45　トリフェニルスルホニウム塩の光反応機構

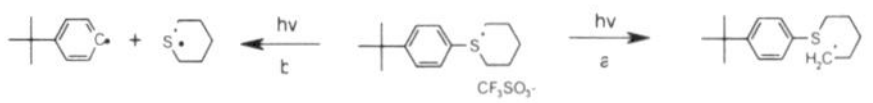

図46 アリルシクロアルキルスルホニウム塩の
　　　光反応機構

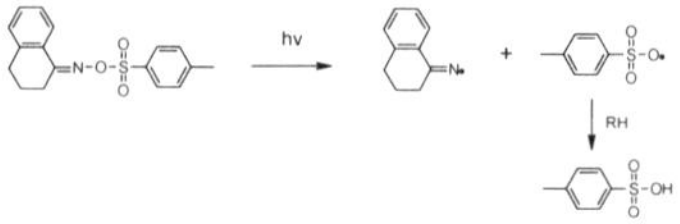

図47 テトラロンオキシムスルホネート
　　　の光反応機構

応機構を調べている[28]。図46に示すようにメチレンC–S結合がheterolyticに切断され開環を経由して酸を発生するプロセス(a)とアリルC–S結合がhomolyticに切断され，フラグメンテーションを経由して酸を発生するプロセス(b)がある。反応物の解析からアセトニトリル中ではプロセス(b)からの分解物がプロセス(a)の分解物に比べ約2倍，メタノール中では約3倍生成していた。これは，メチレンC–S結合のheterolyticな切断による開環の場合，再結合による化合物(1)の再生成が起こっているためと考えられる。このことが，また化合物(1)の酸発生効率がトリフェニルスルホニウム塩に比べ低いという結果の原因であると考えられる。

　193nmにおける吸収を低くするためと光消色効果を持たせるためにシクロプロピル基を導入したPAGが合成され，その光反応機構が調べられている[29]。光照射によりC–S結合がhomolyticに切断されSを含むカチオンラジカルのフラグメントと中性のフラグメントが生成すると考えられている。どのプロセスが支配的になるかは，生成したラジカルの安定性が大きく影響する。ジフェニルスルホニウムのカチオンラジカルが，共鳴構造のためシクロプロピルフェニルスルホニウムのカチオンラジカルに比べ安定であること，シクロプロピルのラジカルがすぐにより安定なアリールのラジカルに変化することが要因となり，ジフェニルスルホニウムのカチオンラジカルとシクロプロピルのラジカルが生成するプロセスがより支配的になっている。

　非イオン性のPAGについても，時間分解スペクトル法を用いて，反応機構の研究がされている。テトラロンオキシムのスルホネート化合物を用いた研究では[30]，図47に示すようにN–O結合のhomolyticな切断により，イミニルラジカルとスルホニルオキシラジカルが生成し，マトリックスからの水素引き抜きにより酸が発生すると考えられている。光による直接励起の場合は，一重項状態から速やかに分解が起き，一方増感剤による励起の場合は，オキシムスルホネートの三重項状態から分解が起こる。また，エネルギー移動の実験によりテトラロンオキシムとそのトルエンスルホネート誘導体の三重項エネルギーレベルが調べられ，それぞれ238kJ/mol，253kJ/molと報告されており，スルホネート基がわずかではあるが，三重項エネルギーレベルに影響をもたらしていることがわかる。

　また別のオキシムスルホネートPAG 1〜4（図48）を用いた研究では，N–O結合のhomolyticな切断のみならず，heterolyticな切断のプロセスも競争的に起こり，酸の生成に寄与していると報

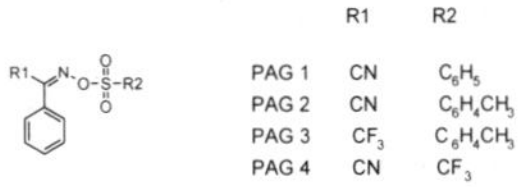

第2章 材料開発の動向

図48 オキシムスルホネート PAG 1～4

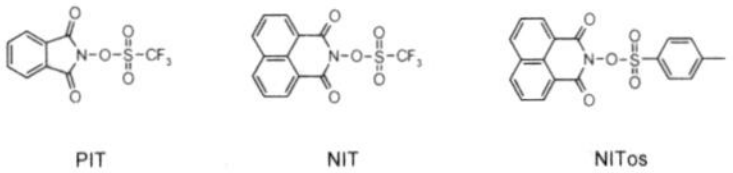

図49 イミドスルホネート

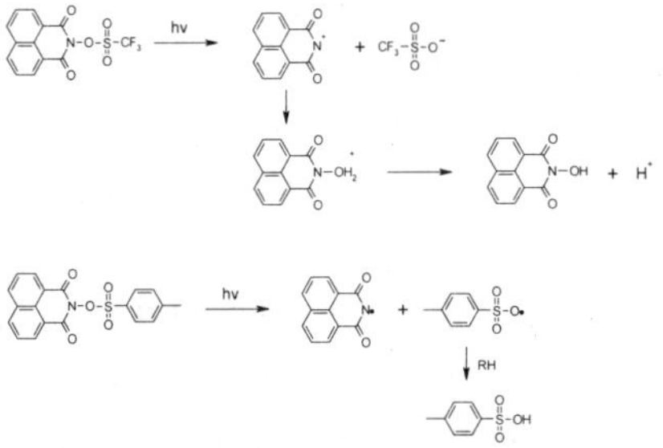

図50 イミドスルホネートの光反応機構

告されている[31]。特に，脱離能の高いトリフレート基を有するPAG 4の場合，N–O結合のheterolyticな切断のプロセスがほとんどである。

PIT，NIT，NITos（図49）のオキシイミドスルホネートのレーザーフラッシュ法を用いての光反応機構の研究も報告されている[32]。それによると酸発生にかかわる反応は，一重項励起状態から始まる。先ほどのオキシムスルホネート同様，脱離能の高いトリフレート基を有するPIT，NITでは，N–O結合のheterolyticな切断が起こり，トリフレートアニオンとイミド構造のカチオンのフラグメントに分かれる。カチオン部は直ちに水と反応し，ヒドロキシイミド構造になるとともにプロトンを放出する。一方，トルエンスルホネート基を有するNITosの場合，N–O結合のhomolyticな切断が起こり，イミニルラジカルとスルホニルオキシラジカルを生成し，水素引き抜きによりスルホン酸を発生させる（図50）。

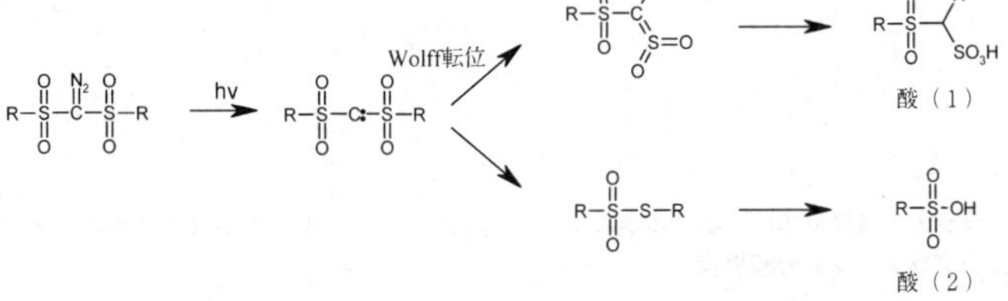

図51 スルホニルジアゾメタンの光反応機構

1960年代ジスルホニルジアゾメタンは，ノボラック樹脂向けの光感応性溶解抑止剤の開発の目的で合成された。その後Pawlowskiらにより化学増幅型レジスト用のPAGとして検討された[33]。光反応で生成する酸は，Wolff転移反応を経由してできる酸(1)と中間体として生成するチオスルホン酸エステルの熱分解により生じる酸(2)である(図51)。最近の研究で[34]，FTIRを用いポリマーマトリックス中のジスルホニルジアゾメタンの分解反応を調べたところ，157nmあるいは193nmの光を照射したとき，化合物の分解反応の量子収率が，1を大きく超えることがわかった。これは，励起されたポリマーからの増感作用のための可能性もあるが，それに加えて図52に示すように，ラジカル連鎖反応によりジスルホニルジアゾメタン化合物が分解しているためと考えられる。

　2-ニトロベンジル基は光で脱保護できるカルボン酸の保護基として以前から使われており，スルホネート化合物とすることにより，スルホン酸を発生するPAGとして研究された。光反応の機構は，図53に示すとおりであり，まず励起されたニトロ基がベンジル位の水素を引き抜き，転位，開裂を経由しスルホン酸とアルデヒド化合物を生成する[35]。

　化学増幅型レジストの性能に与えるPAGの役割を解析する手段として，塩基添加による光酸発生効率測定法，FTIR法，溶解速度測定法の組み合わせを用いた興味深い手法が報告されている[36]。トリフェニルスルホニウム　トリフレート(TPS-Tf)とノルボルネンジカルボキシイミド　トリフレート(ND-Tf)を用い，PHSタイプの樹脂との組み合わせにより2つのレジストを作製し，X線露光による感度試験をしたところ，ほとんど同じ感度が得られた。しかし，上記の分析法で詳細を調べてみると，2つのPAGの挙動に大きな違いがあることがわかった。レジスト中での酸発生効率では，ND-Tfのほうが発生効率は高く，ポリマーの脱保護反応では，TPS-Tfから発生したトリフルオロメタンスルホン酸のほうが触媒反応の回数が多い。また溶解抑止効果としては，TPS-Tfのほうが大きな効果を発揮しているということが報告されている。このように酸の発生効率だけではなく，様々なPAGの特性がレジストの性能に大きく影響することがわかる。

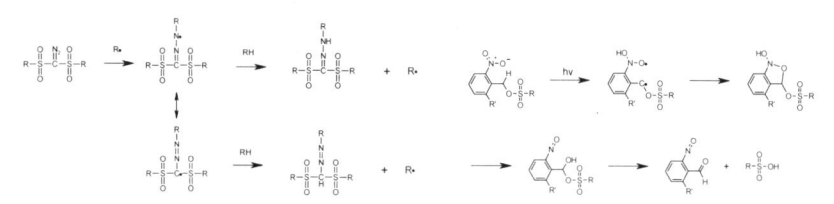

図52　ラジカル連鎖反応によるスルホニルジアゾメタンの分解機構

図53　2-ニトロベンジルスルホネートの光反応機構

第 2 章　材料開発の動向

3.6.3　新規PAGの開発

　KrFレジスト用途のときはジフェニルヨードニウム，トリフェニルスルホニウム誘導体のPAGがよく使用されたが，これらは193nmにおいて強い吸収を持つため，ArFレジストではレジストのテーパー形状あるいは裾引き形状の原因になり，問題視された。そこでいくつかの低吸収オニウム塩が報告されており，主に2つのアプローチが採られている。1つ目のアプローチはフェニルリングをアルキル基に置換する方法である。しかし一般にアルキルヨードニウム塩，アルキルスルホニウム塩は熱安定性に問題があり使用できなかった。Nakanoらは置換基を工夫し，ポリマーフィルム中でも170℃まで安定なアルキルスルホニウム塩(2-オキソブチルチアシクロペンタニウム(あるいは，シクロヘキサニウム)パーフルオロアルキルスルホネート)を報告している[37]。また，Kimらはトリフェニルスルホニウム塩の1つのフェニルリングをシクロプロピル基に置換したPAGを合成し，それが193nmの光照射によりブリーチング効果を示すことを報告している[38]。もう1つのアプローチはフェニルリングをナフチルリングに置換することにより，吸収の谷を193nm付近にシフトさせ，高透過率を得る方法である[39]。新しい高透明性スルホニウム塩ということで，エノンスルホニウム塩も報告されている[40]。これらの指針に従って合成されたPAGの構造を図54に示す。

　先ほど述べたように，ArFレジストには，強酸を発生するPAGが必要であり，パーフルオロアルキルスルホン酸のものが使用されている。しかし，その内でもトリフルオロメタンスルホン酸は，Allenらが，その高い揮発性が問題であると指摘している[41]。今まで強酸の選択肢は非常に限られたものであったが，Lamannaらは，新しいタイプの強酸(フルオロスルホニルイミド，フルオロスルホニルメチド)を発生するヨードニウム塩，スルホニウム塩を発表し[42]，注目されている(図55)。またパーフルオロアルキルスルホン酸の代わりに，ヘキシルテトラフルオロエタンスルホン酸の合成も報告されている[43]。

　非イオン性PAGの中でも，強酸を発生できるものとしてイミドスルホネートのものが当初注目され，特に193nmで吸収が低いことから，ノルボルネンジカルボキシイミド パーフルオロアルキルスルホネート(図56)がArFレジスト用に検討されている[44]。

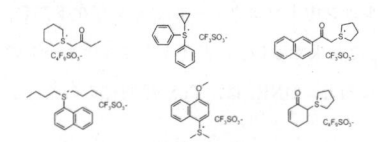

図54　193nmにおいて低吸収になるように開発されたオニウム塩

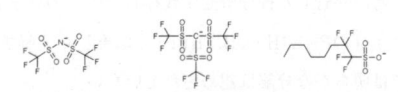

図55　強酸を発生する新規PAGのアニオン構造

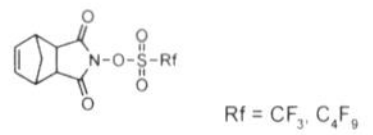

図56 ノルボルネンジカルボキシイミド
パーフルオロアルキルスルホネート

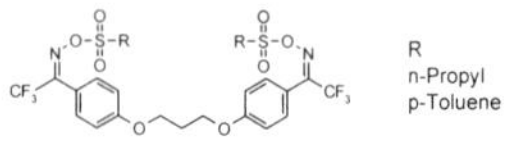

図57 KrF用オキシムスルホネートPAG(BTP)

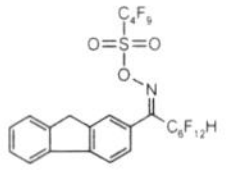

図58 ArF用オキシムスル
ホネートPAG(DNHF)

表5 アミン存在下の保存安定性

化合物名	CGI 1905	TPSPB	HNDB	HPB
保存後の残存量*	>99%	>99%	61%	室温で直ちに分解開始

* PAG(1.5wt%)を重トルエンに溶かし,トリエタノールアミン(1.0wt%)共存下,75℃,17時間保存した後の残存量

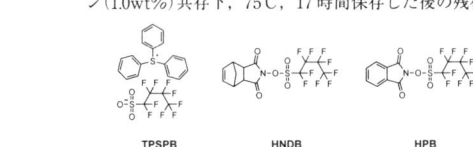

 一般に,非イオン性PAGは熱安定性に問題があったが,非常に高い熱安定性を有するオキシムスルホネート(1,3-ビス[4-{2,2,2-トリフルオロ-1-(スルホニルオキシイミノ)エチル}フェノキシ]プロパン(図57：BTP)が報告されている[45]。これらは,フェノール樹脂中でも190℃付近まで熱的に安定であり,HAERタイプのレジストでも十分使用可能である。また,吸収に関しても,248nm付近にちょうど吸収曲線の谷を示し,KrF用途に適している。

 非イオン性PAGの場合,パーフルオロアルキルスルホネート基が共有結合でPAGの骨格につながっているが,パーフルオロアルキルスルホネート基は,化学的に反応活性が高く非常に良い脱離基である。逆に言えば,そのような基が付いた化合物は一般に安定性に劣る。したがって,安定でかつ強酸を発生する非イオン性PAGの合成は,非常に難しい課題である。しかし最近著者らにより,強酸を効率よく発生し,かつ安定性に優れたオキシムスルホネート,2-[2,2,3,3,4,4,5,5,6,6,7,7-ドデカフルオロ-1-(ノナフルオロブチルスルホニルオキシイミノ)-ヘプチル]-フルオレン(DNHF)の開発が報告された[46](図58)。

 塩基存在下での安定性が調べられているが,重トルエン中トリエタノールアミン存在下75℃,17時間保管した後分解せず残存したPAGの量を測定した結果では(表5),イミドスルホネートのタイプのPAG(HNDB,HPB)では著しく分解するのに対し,DNHFは,TPSNF同様この条件下では明らかな分解は認められていない。

 DNHFの193nmにおける光反応効率についての最近の研究結果報告[47]によれば,DNHF,TPSNF,ジ-t-ブチルフェニルヨードニウム ノナフレートの量子収率は,それぞれ0.27,0.18,

第2章 材料開発の動向

0.06である。よく使用されるスルホニウム塩を基準に考えると非イオン性PAGのDNHFが，40%以上効率が高いことになり，ヨードニウム塩は，70%も効率が悪いことになる。

3.6.4 ArF液浸

1980年代に液浸法によるリソグラフィーがはじめて提案されたが，今まであまり真剣には検討されていなかった。しかし最近半導体製造における次世代のテクノロジーノード（45nmノード）を達成するリソグラフィー手段として最も有望なものであるという認識が急速に広まり，活発に研究がされている。液浸法とは，従来ウェーハとレンズの間に存在した空気の代わりに，屈折率の大きな液体を満たし，解像度の向上あるいは焦点深度などのプロセスマージンを向上させる技術である。水は，193nmにおいて透過性が高く屈折率も1.44と空気に比べ大きいため，液浸ArFリソグラフィーの媒体として適している。以前次世代のリソグラフィーとして有望視されていたF_2リソグラフィー（157nm）に置き換わり，現在液浸ArFが注目されている理由の1つは，基本的に現在のArF（dry）リソグラフィー用に開発された光源，レジスト材料などのうち多くのものが転用できることである。しかし，ArF（dry）用に開発したレジストをそのまま水に浸し使用すると，中に含まれるPAG，クエンチャーなどの流出あるいはレジストへの水の染み込みにより，水，レンズの汚染あるいはレジスト性能の低下などが懸念されている。1つの解決法としては，レジスト表面上にトップコートを採用する試みがあり，多くの研究がされている。しかしこの方法では，トップコートを塗布するプロセスと除去するプロセスが増え，コスト増加になるという欠点がある。したがって，トップコートなしで使用できるレジストの開発のために，PAGの水への溶出に関する多くの研究が最近報告されている。Dammelらは，カチオン部としてトリフェニルスルホニウム，アニオン部としてトリフレート（$CF_3SO_3^-$），ノナフレート（$C_4F_9SO_3^-$），パーフルオロオクタンスルホネート（$C_8F_{17}SO_3^-$）をそれぞれ含む3つのPAG（TPSTF，TPSNF，TPSPFOS）を用いレジストから水への溶出を調べている[48]。より疎水性の高いアニオンを含むPAG（TPSPFOS）ほど飽和溶出量は少ないが，初期の溶出速度は速いという結果が得られており，理由としてはこのようなPAGほど水への溶解性は低いが，よりレジスト表面近傍に局在する傾向があるためと推測されている。Tsujiらも同様に，種々のトリアリールスルホニウム塩タイプのPAGを用い水への溶出を検討している[49]。その結果，分子量の大きなカチオン部と環状など直鎖でない構造を有するアニオン部とから成るPAGが，水への溶出が少なく，液浸レジストに適していると報告している。Kannaらは，トップコートを用いる場合とトップコートなしの場合，それぞれを検討している[50]。トップコートを用いるとPAGの水への溶出はほとんど抑えられるが，新たな課題としてPAGのトップコート層への溶出，それに伴うレジストのT-top形状の問題を報告している。トップコートなしの場合では，PAGの疎水性が高いほど，水への溶出が減少することを確認し，この指針をもとにPAGの溶出量が問題にならないレベル（1.0×10^{-13} mol/cm^2）にまで抑えたレジ

ストを開発したと報告している。著者らは，先ほど述べたArF用非イオン性PAG，DNHF，をTPSNFと比較して水への溶出試験を行った[47]。その結果，TPSNFは，$3×10^{-11}$ mol/cm^{2}の量の溶出が検出されたが，DNHFでは溶出は確認されず，検出限界以下($2.6×10^{-12}$ mol/cm^2)であった。DNHFは，水に対して難溶性であることからも，液浸リソグラフィーに適していると言える。

3.6.5 i線用光酸発生剤

最先端の半導体素子の開発には，ムーアの法則に従い微細化が必要であり，そのために光源もi線，KrF，ArFと短波長化が進められ，最先端で使用されるレジストもそれに併せ変遷し，求められるPAGも短波長の光源に適したものである。しかし最近最先端の半導体素子を製造する目的以外で，i線を光源とする光反応を用いた応用研究が活発にされてきた。現在i線リソグラフィー用レジストとしてはDNQ(ジアゾナフトキノン)レジストが一般に使われている。化学増幅型レジストは，DNQレジストでは達成できないような高感度，あるいは365nmでの吸収を低くすることができるため厚膜レジストの作製が可能である。したがって化学増幅型レジストを用いてのi線リソグラフィーが注目を集めている。また，発生した酸触媒による架橋反応を用いる試みもされている。応用分野としては，半導体素子(層間絶縁膜，バッファー層，バンプ層)，MEMS，液晶ディスプレイ，有機ELディスプレイ，センサー，太陽電池，印刷などがある。しかし，従来i線の光源に対し，優れた性能を示すPAGはあまりなかったため，i線用PAGの研究が活発化している。

i線あるいはg線用PAGとして，図59に示すような広がりのあるπ共役系を有する構造のオキシムスルホネート，(5-スルホニルオキシイミノ-5H-チオフェン-2-イリデン)-(2-メチルフェニル)-アセトニトリル(TMA)が報告されている[51]。これらのPAGは，長波長側にまで吸収を有しており，DUV，i線のみならず，g線においても非常に高い感度を示す。

ポリイミド(PI)やポリベンズオキサゾール(PBO)はスーパーエンジニアリングプラスチックとして優れた耐熱性，電気特性，力学特性などを有し，それに感光性を付与したものは半導体分野における配線部の層間絶縁膜，バッファー層およびその形成プロセスを簡略化するために重要な役割を果たしている。Uedaらは，PIの前駆体のポリアミック酸あるいはPBOの前駆体のポリ(o-ヒドロキシアミド)に，架橋剤，PTMAなどのi線用PAGを組み合わせた系でアルカリ現像可能な高感度のネガ型感光性PIあるいは感光性PBOを[52]，また溶解抑止剤との組み合わせでポジ型

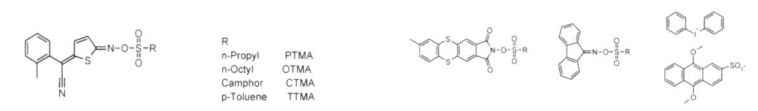

	R	
	n-Propyl	PTMA
	n-Octyl	OTMA
	Camphor	CTMA
	p-Toluene	TTMA

図59 i線用オキシムスルホネートPAG(TMA)　　　図60 i線用光酸発生剤

第2章 材料開発の動向

感光性PBOを報告している[53]。また同様な目的で，PTMAを感光剤として用いて化学増幅型のメカニズムによる耐熱性に優れた感光性ポリ（フェニレンエーテル）および感光性ポリ（ジヒドロキシナフタレン）も報告されている[54]。

その他のi線用PAGとしては，ナフタレン，チアンスレン，チオキサントンを骨格に持つイミドスルホネート化合物[55]，フルオレノン，チオキサントンを基にしたオキシムスルホネート化合物[56]，365nmに吸収を持つスルホン酸をアニオンに持つヨードニウム塩[57]，365nmに吸収を持つ増感剤とイミドスルホネート化合物あるいはヨードニウム塩を組み合わせた系[58]などの報告がある。これらのうち，いくつかの例を図60に示す。

現在，最先端の半導体製造のためのリソグラフィーには，化学増幅型レジストが使用されるようになり，PAGはポリマーとともに重要な役割を担っている。今までは量子収率，使用光源の波長における吸収（透過率），熱安定性，保存安定性，発生酸の拡散性，酸強度などが，PAGの特性上重要な項目であったが，今後液浸リソグラフィーの本格的な実用化のためには，上記の特性に加え水への溶出度など新たな評価項目の検討も必要になるとともに，PAGの研究開発の重要度は増してくるであろう。

また最先端の半導体製造以外の新規領域で，i線露光機と化学増幅型レジストを用いた研究開発が活発化し，MEMSなど今後新たな応用が展開されていくと考えられる。

3.7 光塩基発生剤

光塩基発生剤を用いたUV硬化技術は実用化への動きが始まったばかりで，例えば確立された光ラジカル重合開始剤とは比較にならないことは明らかである。一方光酸発生剤は化学増幅型レジストに使われLSIの製造になくてはならない存在である。しかしコーティングの分野を見ると

表6 報告されている主な光塩基発生剤と発生するアミン

光塩基発生剤	構造	発生するアミン構造
o-ニトロベンゾインカルバメート		
ベンゾインカルバメート		
α,α-ジメチルベンジルオキシカルバモイルアミン		
o-アシロキシム		
フォルムアニリド誘導体		

ラジカル以外に多く架橋反応により塗膜が形成されている。特にアミンなどの塩基を用いた架橋反応は接着剤から塗膜まで広く応用されている。通常は2液の処方で混合後のポットライフが短いため使用に制限がある。適切な潜在性塩基触媒の開発によりポットライフが延び，オンデマンドで硬化が開始できるようになれば応用範囲が広がり，またイメージングへの応用も可能になる。

3.7.1 報告されている光塩基発生剤

有機合成において広く使われている官能基の保護反応の応用から，光化学的にアミノ基を発生させられることは知られている[59]。中でも1級や2級のアミンを発生する光塩基発生剤はすでに多く報告され，実用的な応用に試している。

表6に示したように，o-ニトロベンゾイルカルバメート[60, 61]，ベンゾインカルバメート[60, 62]，α,α-ジメチルベンジルオキシカルバモイルアミン[63]，フォルムアニリド誘導体[64]，o-アシルオキシム[65]などがすでに報告されている。

これらの光塩基発生剤は主にフォトリソグラフィーに使われている[66]。塗料などへの応用の報告例は少ないが，生成したアミンをエポキシ[67]やイソシアネート[68]の架橋に使うことは報告されている。この場合生成した1級のアミンは図61に示したようにエポキシ1分子または2分子と反応し架橋するが，あくまで化学量論的な反応なのでラジカルによるUV硬化に見られるような，架橋反応開始後の連鎖的熱反応は起こらない。

工業的な応用では光塩基発生剤が触媒的に働くことが望ましい。その観点から今後よりその応

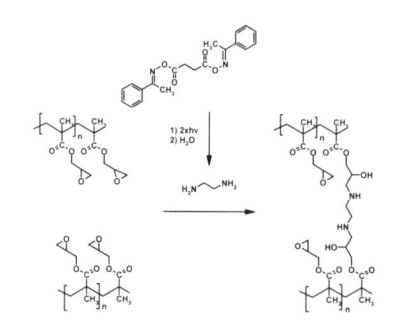

図61 光により発生したアミンによる架橋反応

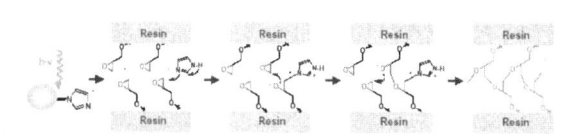

図62 光潜在性のイミダゾールによるエポキシの高分子化

第2章 材料開発の動向

用を広げるためには，より強い塩基性を持ち，かつ求核性がない塩基を発生するものが望まれる。図62に示したように例外的にo-ニトロベンゾイルカルバモイルイミダゾールは生成するイミダゾールがエポキシの開環重合を触媒的に促進することが報告されている[31]。

上記のような目的には3級アミンやアミジンを光化学的に発生するものが好ましい。フェニルグリオキシル酸のアンモニウム塩[69, 70]，ベンジルヒドリルアンモニウム塩[71]，N−(ベンゾフェノン-4-メチル)アンモニウム塩(ボレートが対アニオン[72])，ジチオカルバメートの4級アンモニウム塩[73]などいくつかの例が報告されている。しかし，これまで報告されたものは塩のものが多いので，種々の処方へ展開するには溶解度が低く，また熱安定性が悪いなど改良すべき点が残されている。

3.7.2 新規光塩基発生剤

重合触媒としてふさわしいアミンを表7にまとめた。3級アミンはその塩基性と中程度の求核性によりカルボン酸とエポキシの反応の触媒として適している。一方DBNやDNUに代表されるアミジンタイプの塩基は種々の硬化反応に使うことができる。

マイケル付加反応は3級アミンでは反応がうまく進行しないが，アミジンによりスムーズに進行する。従来はマイケル付加反応を利用した塗料は2液系で塗布寸前に触媒を混合する必要があったが，アミジンを発生する光塩基触媒の開発で1液系にすることが可能になる[74, 75]。

ラジカル系光重合開始剤の代表格であるα-アミノケトン，Irgacure 907はレジストや含顔料UV塗料に使われている。光により開裂して生成するベンゾイルラジカルとアミノアルキルラジカルにより通常のラジカル反応は開始されるが，アミノアルキルラジカルは二重結合と反応に関わらない場合，水素を引き抜いて3級アミンに変換する。無水カルボン酸のエポキシとの開環重合の触媒として作用することが報告されている[76]。

表7 触媒として有効な3級アミン，アミジン

1級 & 2級アミン	3級アミン	アミジン
・塩基性：pka < 8 ・高い揮発性 ・高い求核性	・塩基性：pka = 8−9 ・中位の揮発性 ・中位の求核性	・高い塩基性：pka = 12-13 ・低い揮発性 ・低い求核性
触媒としてよりも，アミン自身が求核反応や置換反応に関与する	DABCO N-アルキル モルフォリン	テトラメチルグアニジン DBN DBU イミダゾール

3級アミンであるDABCOを光開裂により生成させることは、図63に示したようにα-アンモニウムアセトフェノン誘導体のボレートアニオンにより可能である[77]。光照射後のβ-開裂により、アンモニウムラジカルカチオンが生成する。このカチオンラジカルがボレートアニオンにより還元されアミンになる。一方酸化されて生成したボラニルラジカルは不安定でさらに開裂し、可逆的な電子移動の可能性をなくすため効率よく塩基を発生するのを助ける。

最近DBNやDBUなどのアミジンを光で生成する新しい光塩基発生剤が報告されている[78,79]。図64に示したように、光開裂前は還元された構造で、2つのアミノ基は共鳴構造をとっていないので塩基性が弱く触媒として働かない。詳細な開裂機構の研究はまだ進行中であるが、おそらく光照射により、N-C結合が開裂し、α位の水素が引き抜かれてアミジンが生成していると考えられる。

5-ベンジル-1,5-ジアザビシクロ[4.3.0]ノナネン(PL-DBN)は最もこのタイプの新規光塩基発生剤として種々の応用に使用が可能である。またこのPL-DBNは一般的な増感剤、ベンゾフェノン誘導体、チオキサントン誘導体などとの併用により野外光のもとで効率の良い硬化が可能になる。

図63　α-アンモニウムアセトフェノン

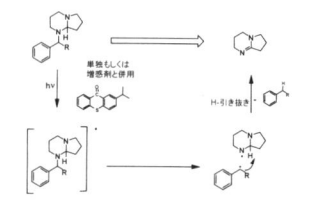

図64　光潜在性DBN誘導体(PL-DBN)の光開裂機構

文　　献

1) Jent, F., *Chem. Phys. Lett.*, **146**, 315 (1988)
2) Fischer, H., *J. Chem. Soc.*; Perkin II, **2**, 787 (1990)
3) Sumiyoshi,T., *Polymer*, **26**, 141 (1985)
4) Dietliker, K., Proc. RadTech Asia '97, 292 (1997)
5) Dietliker, K., *Macromol. Symp.*, **217**, 77 (2004)
6) Visconti, M., Proc. RadTech Asia '03, 177 (2003)
7) *Fusion Japan News*, **45**, 6 (2005)
8) Kura, *et al.*, International Display Workshop '00, Proceedings, p.355 (2000)
9) 倉　久稔, 第76回ラドテック研究会講演会要旨集, p.17 (2000)
10) 倉　久稔, 第86回ラドテック研究会講演会要旨集, p.19 (2004)
11) H. Kura, *et al.*, RadTech Report May/June, p.30 (2004)

第2章 材料開発の動向

12) 高橋達見, 日本画像学会誌, **41**(1), 68 (2002)
13) 信太 勝, 第90回ラドテック研究会講演会要旨集, p.25 (2004)
14) 特開2002-206014, 東京応化工業㈱
15) 特開2000-1522, 三菱化学㈱
16) 特開2004-69754, 東京応化工業㈱
17) J. V. Crivello, J. Ma, F. Jiang, H. Hua, J. Ahn, R. Acosta Ortiz, *Macromol Symp.*, **215**, 165 (2004)
18) J. V. Crivello, S. Kong, M. Jang, *Macromol. Symp.*, **271**, 47 (2004)
19) T. Wang, B. S. Li, L. X. Zhang, *Polym. Int.*, **54**, 1251 (2005)
20) Y. Yagci, *Macromol Symp.*, **215**, 267-280 (2004)
21) S. P. Pappas, M. G. Tilley, B. C. Pappas, *J. Photochemistry and Photobiology A: Chemistry*, **159**, 161 (2003)
22) C. Drsun, M. Degirmenci, Y. Yagci, S. Jockusch, N. J. Turro, *Polymer*, **44**, 7389-7396 (2003)
23) H. Ito, *Proc. SPIE*, 3678, 2-12 (1999)
24) J. V. Crivello, *Adv. Polym. Sci.*, **62**, 1-48 (1984)
25) G. Pohlers, G. Barclay, A. Razvi, C. Stafford, T. Barbieri and J. Cameron, *Proc. SPIE*, **5376**, 79-93 (2004)
26) T. Iwamoto, S. Nagahara and S. Tagawa, *J. Photopolym. Sci. Tech.*, **11**, 455-458 (1998)
27) S. Tagawa, S. Nagahara, T. Iwamoto, M. Wakita, T. Kozawa, Y. Yamamoto, D. Werst and A. D. Trifunac, *Proc. SPIE*, **3999**, 204-213 (2000)
28) C. N. Sanrame, M. S. B. Brandao, C. Coenjarts, J. C. Scaiano, G. Pohlers, Y. Suzuki and J. F. Cameron, *Photochem. Photobiol. Sci.*, **3**, 1052-1057 (2004)
29) J.-B. Kim, J.-H. Jang, H.-W. Kim and S.-G. Woo, *Chem. Lett.*, **32**, 554-555 (2003)
30) J. Lalevee, X. Allonas, J.-P. Fouassier, M. Shirai and M. Tsunooka, *Chem. Lett.*, **32**, 178-179 (2003)
31) P. A. Arnold, L. E. Fratesi, E. Bejan, J. Cameron, G. Pohlers, H. Liu and J. C. Scaiano, *Photochem. Photobiol. Sci.*, **3**, 864-869 (2004)
32) F. Ortica, J. C. Scaiano, G. Pohlers, J. F. Cameron and A. Zampini, *Chem. Mater.*, **12**, 414-420 (2000)
33) G. Pawlowski, R. Dammel, C. R. Lindley, H.-J. Merrem, H. Roeschert and J. Lingnau, *Proc. SPIE*, **1262**, 16-25 (1990)
34) T. H. Fedynyshyn, R. F. Sinta, W. A. Mowers and A. Cabral, *Proc. SPIE*, **5039**, 310-321 (2003)
35) T. X. Neenan, F. M. Houlihan, E. Reichmanis, J. M. Kometani, B. J. Bachman and L. F. Thompson, *Macromolecules*, **23**, 154-150 (1990)
36) A. R. Pawloski and P. F. Nealey, *J. Vac. Sci. Technol. B*, **22**, 869-874 (2004)
37) K. Nakano, S. Iwasa, K. Maeda and E. Hasegawa, *J. Photopolym. Sci. Tech.*, **14**, 357-362 (2001)
38) J.-B. Kim, J.-H. Jang, H.-W. Kim and S.-G. Woo, *J. Photopolym. Sci. Tech.*, **14**, 341-344 (2001)
39) T. Ushiroguchi, T. Naito, K. Asakawa, N. Shinda and M. Nakase, *Proc. ACS, Div. Polym.*

Mater. Sci. Eng., **72**, 98-99 (1995) ; S.-J. Kim, J.-H. Park, J.-H. Kim, K.-D. Kim, H. Lee, J.-C. Jung, C.-K. Bok and K.-H. Baik, *Proc. SPIE*, **3049**, 430-436 (1996) ; T. Kajita, H. Ishii, S. Usui, K. Douki, H. Chawanya and T. Shimokawa, *J. Photopolym. Sci. Tech.*, **13**, 625-628 (2000)

40) K. Kodama, K. Sato, S. Tan, F. Nishiyama, T. Yamanaka, S. Kanna, H. Takahashi, Y. Kawabe, M. Momota and T. Kokubo, *Proc. SPIE*, **5376**, 1107-1114 (2004)
41) R. D. Allen, J. Opitz, C. E. Larson, R. A. DiPietro, G. Breyta and D. C. Hofer, *Polym. Mater. Sci. Eng.*, **77**, 451-452 (1997)
42) W. M. Lamanna, C. R. Kessel, P. M. Savu, Y. Cheburkov, S. Brinduse, T. A. Kestner, G. J. Lillquist, M. J. Parent, K. S. Moorhouse, Y. Zhang, G. Birznieks, T. Kruger and M. C. Pallazzotto, *Proc. SPIE*, **4690**, 817-828 (2002)
43) K.-M. Kim, R. Ayothi and C. K. Ober, *Polymer Bull.*, **55**, 333-340 (2005)
44) G. Pohlers, Y. Suzuki, N. Chan and J. F. Cameron, *Proc. SPIE*, **4690**, 178-190 (2002)
45) H. Yamato, T. Asakura, A. Matsumoto and M. Ohwa, *Proc. SPIE*, **4690**, 799-808 (2002)
46) H. Yamato, T. Asakura, T. Hintermann and M. Ohwa, *Proc. SPIE*, **5376**, 103-114 (2004)
47) T. Asakura, H. Yamato, T. Hintermann and M. Ohwa, *Proc. SPIE*, **5753**, 140-148 (2005)
48) R. R. Dammel, G. Pawlowski, A. Romano, F. M. Houlihan, W.-K. Kim, R. Sakamuri and D. Abdallah, *Proc. SPIE*, **5753**, 95-101 (2005)
49) H. Tsuji, M. Yoshida, K. Ishizuka, T. Hirano, K. Endo and M. Sato, *Proc. SPIE*, **5753**, 102-108 (2005)
50) S. Kanna, H. Inabe, K. Yamamoto, S. Tarutani, H. Kanda, K. Mizutani, K. Kitada, S. Uno and Y. Kawabe, *Proc. SPIE*, **5753**, 40-51 (2005)
51) T. Asakura, H. Yamato and M. Ohwa, *J. Photopolym. Sci. Tech.*, **13**, 223-230 (2000) ; T. Asakura, H. Yamato, A. Matsumoto and M. Ohwa, *Proc. SPIE*, **4345**, 484-493 (2001)
52) Y. Watanabe, K. Fukukawa, Y. Shibasaki and M. Ueda, *J. Polym. Sci. A: Polym. Chem.*, **43**, 593-599 (2005) ; Y. Watanabe, Y. Shibasaki, S. Ando and M. Ueda, *Polym. J.*, **37**, 270-276 (2005) ; K. Fukukawa, Y. Shibasaki and M. Ueda, *Polym. J.*, **37**, 74-81 (2005)
53) F. Toyokawa, Y. Shibasaki and M. Ueda, *Polym. J.*, **37**, 517-521 (2005)
54) K. Matsumoto, Y. Shibasaki, S. Ando and M. Ueda, *J. Polym. Sci. A : Polym. Chem.*, **43**, 149-156 (2005) ; K. Tsuchiya, Y. Shibasaki, M. Suzuki and M. Ueda, *J. Polym. Sci. A: Polym. Chem.*, **42**, 2235-2240 (2004) ; K. Tsuchiya, Y. Shibasaki and M. Ueda, *Polymer*, **45**, 6873-6878 (2004)
55) H. Okamura, R. Mtsumori and M. Shirai, *J. Photopolym. Sci. Tech.*, **17**, 131-134 (2004)
56) H. Okamura, K. Sakai, M. Tsunooka and M. Shirai, *J. Photopolym. Sci. Tech.*, **16**, 701-706 (2003)
57) K. Naitoh, K. Ishii, T. Yamaoka and T. Omote, *Polym. Advanced Technol.*, **4**, 294-301 (1993) ; N. Tarumoto, N. Miyagawa, S. Takahara and T. Yamaoka, *J. Photopolym. Sci. Tech.*, **16**, 697-700 (2003)
58) J. Iwaki, S. Suzuki, C. Park, N. Miyagawa, S. Takahara and T. Yamaoka, *J. Photopolym. Sci. Tech.*, **17**, 123-124 (2004) ; S. Suzuki, T. Urano, K. Ito, T. Murayama, I. Hotta, S. Takahara

and T. Yamaoka, *J. Photopolym. Sci. Tech.*, **17**, 125-130 (2004)
59) R. W. Blinkley, T. W. Fletchner, in W. M. Horspool (ed) "Synthetic Organic Photochemistry", Plenum Press, p.407 (1984)
60) J. F. Carmeron, C. G. Willson, J. M.J. Frechet, *J. Am. Chem. Soc.*, **118**, 12925 (1996)
61) T. Nishikubo, A. Kameyama, *Polym. J.*, **29**, 450 (1997)
62) J. F. Cameron, C. G. Willson, . J. M.J. Frechet, *J. Chem. Soc., Perkin Trans I*, 2429 (1997)
63) J. F. Carmeron, J. M. J. Frechet, *J. Org. Chem.*, **55**, 5919 (1990)
64) T. Nishikubo, E. Takehara, A. Kameyama, *Polym. J.*, **25**, 365 (1993)
65) K. Ito, M. Nishimura, M. Sashio, M. Tsunooka, *J. Poly. Sci. Part A: Poly. Chem.*, **32**, 2177 (1984)
66) K. Dietliker in G. Bradley (ed), "Photoinitiators for Free Radical", Cationic and Anionic Photopolymerisation; Vol.Ⅲ, John Wiley & Sons/SITA Technology Limited, p.158 (1998)
67) C. Kutal, G. WIllson, *J. Electrochem. Soc.*, **134**, 2280 (1987)
68) T. Nishikubo, E. Takehara, A. Kameyama, *J. Polymer Sci. A : Polymer Chem.*, **31**, 3013(1993)
69) W. Mayer, H. Rudolph, E. de Cleur, *Agngew. Makromol. Chem.*, **93**, 83 (1981)
70) A. Noomen, H. Klinkenberg, *Eur. Pat. Appl.*, 448154 A1 (1990)
71) J. E. Hansen, K. H. Jensen, N. Gargiulo, D. Motta, D. A. Pingor, A. E. November, D. A. Mixon, J. M. Kometani, C. Knurek, *Polym. Mater. Sci. Eng.*, **72**, 201 (1995)
72) A. M. Sarker, A. Lungu, D.C. Neckers, *Macromolecules*, **29**, 8047 (1996)
73) H. Tachi, T. Yamamoto, M. Shirai, M. Tsunooka, *J. Polymer. Sci. Part A: Polym. Chem.*, **39**, 1329 (2001)
74) R. J. Clemens, F. Del Rector, *J. Coat. Technol.*, **61**, 83 (1998)
75) A. Noomen, *Prog. Org. Coatings*, **32**, 137 (1997)
76) H. Kura, H. Oka, J.-L. Birbaum, T. Kikuchi, *J. Photopolym. Sci. Technology*, **13**, 145 (2000)
77) G. Baudin, S. C. Turner, A. F. Cunningham, PTC Pat. Appl. WO, 0010964 (2000)
78) S. C. Turner, G. Baudin, PTC Pat. Appl. WO, 9841524 (1998)
79) G. Baudin, K. Dietliker, T. Jung, PTC Pat. Appl. WO, 0333500 (2003)

4 カリックスアレーン

工藤宏人*

4.1 はじめに

カリックスアレーン(CA)はフェノール類とアルデヒド類との縮合反応により生成する環状オリゴマーであり、複数のフェノールをメチレン基で結合している。これらの化合物の存在は、古くはフェノール樹脂の副生成物として認識され、これらの構造が環状化合物であることは予想だにされていなかった。カリックスアレーン(=calixarene)の名前の由来は、芳香環化合物(=arene)により聖杯(=calixcrater)のような構造を形成していることによる。また、その合成法はGutsche[1]らによって4量体から8量体まで容易にかつ選択的に高収率(40～80%)で合成する方法が確立されている(スキーム1)。

スキーム1 各種カリックスアレーン

CA類の多くはかご型の構造を有することから、CA類に関する研究はホスト・ゲスト分子挙動に関することが多く、クラウンエーテルやシクロデキストリンに連なる、第3番目の包接化合物として有用であることが報告され、様々なCA類が合成されている[2]。さらに、CA類は以下のよ

---

* Hiroto Kudo 神奈川大学 工学部 応用化学科 助手

第2章 材料開発の動向

うな特徴が挙げられる。
① 一分子内に多くの水酸基を有する。
② 熱的安定性が高い[3]。
③ 高いガラス転移温度(T_g)と高い融点(T_m)を有する[3]。
④ CA類の構造によってはよい製膜性を有する。
⑤ 簡便な合成法，大量生産も可能。

このような特徴により，光機能性基を導入したカリックスアレーン類は，製膜性や耐熱性に優れ，優れた光機能性材料として期待される。しかし，CA類を光機能性材料として捉えた研究例はそれほど多くはなく，その応用展開についてはまだ端緒についたばかりである。そのなかで，本節では，CA類を基盤としたUV・EB硬化樹脂へ展開した例について紹介する。

4.2 カリックスアレーンを基盤とした光重合性基を有する機能性材料の合成とその光反応

CAは1分子内に多数の水酸基を有することから，様々な光重合性基が導入され，その光反応性について検討されている。スキーム2に合成されたCA誘導体類を示す。

4.2.1 ラジカル重合性基(メタクリロイル基，アクリロイル基)を有するカリックスアレーン誘導体類の合成と性質およびその光反応性[4]

メタクリロイル基およびアクリロイル基を有するCA誘導体類(2a，2b，3a，3b)は，MCAおよびBCAとメタクリロイルクロライドおよびアクリロイルクロライドとの反応を*N*-メチルピロリドン(NMP)中，塩基としてトリエチルアミンを用いて合成した。さらに，CAとメタクリロイル基との間にスペーサーとしてアルキル基を有するCA誘導体(4a)はMCAとグリシジルメタクリレートとの反応をNMP中，触媒としてテトラブチルアンモニウムブロミド(TBAB)を用いて合成した。同様に，CA誘導体類(5a，5b)の合成はMCAと(2-メタクリルオキシ)エチルイソシアネートとの反応を触媒としてジラウリン酸ジエステルジブチル錫を触媒に用いて行った。また，CAとアクリロイル基との間にスペーサーとしてエチルエーテル基を有するCA誘導体(6a)はMCAと2-クロロエタノールを水酸化ナトリウム水溶液中で反応させた後，アクリル酸と縮合させることで合成した。合成したCA誘導体類，2a，2b，3a，3b，4a，5a，および5bは固体であるが6aは液状である。

得られたCA誘導体類の耐熱性はすべて非常に高く，熱重量損失分析装置(TGA)による10%重量損失温度2aと2bはそれぞれ，434℃，406℃である。しかし，CAと重合性基との間にスペーサーとしてアルキル基を有するCA誘導体類(4a，5a，5b，6a)の熱安定性は低くなる傾向を示している。2a，3a，4a，と5aの光重合を2-ヒドロキシエチルアクリレートで希釈し，光開始剤としてベンジルジメチルケタール(Irgacure 651，Chiba-geigy)を用い，UV照射することで

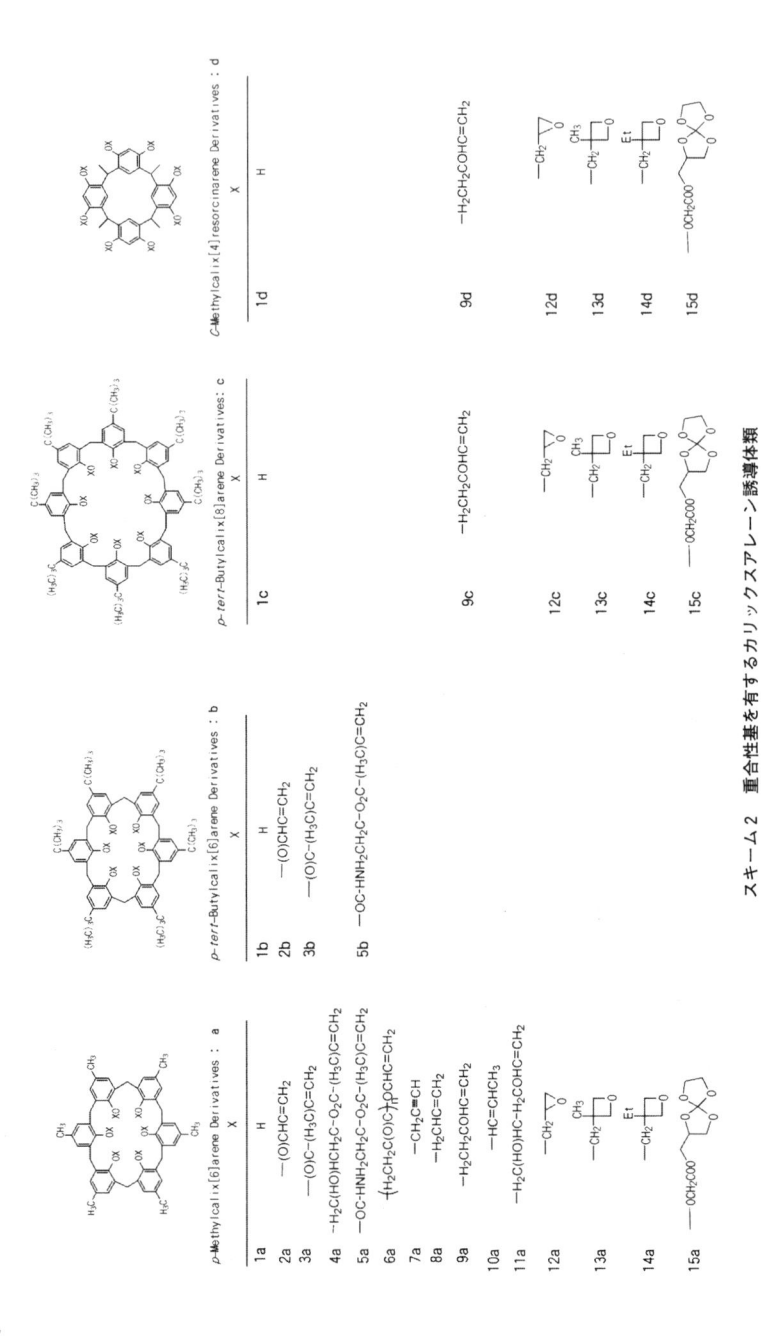

スキーム2 重合性基を有するカリックスアレーン誘導体類

第2章 材料開発の動向

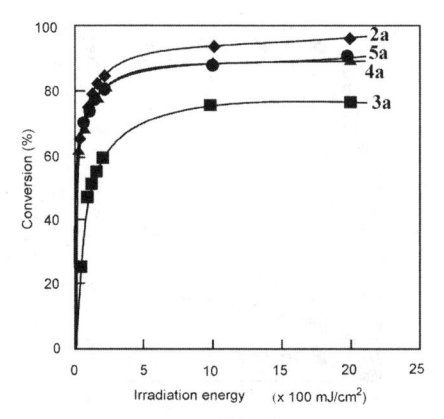

図1 カリックスアレーン誘導体類のラジカル重合

行った結果を図1に示す。メタクリロイル基を有する誘導体類(3a，4a，5a)に比べて，アクリロイル基を有する誘導体(2a)の方が高い光重合性を示している。これらの結果より，ラジカル重合性基を有するCA誘導体類は耐熱性に優れ，光重合性が高いことを示している。

4.2.2　カチオン重合性基(プロパルギルエーテル基，アリルエーテル基)を有するカリックスアレーン誘導体類の合成と性質およびその光反応性[5]

プロパルギルエーテルおよびアリルエーテル基を有するCA誘導体類(7a，8a)の合成はMCAとプロパルギルブロマイドおよびアリルブロマイドとをNMP中，相間移動触媒としてTBAB存在下，塩基として水酸化カリウム(KOH)を用いて行った。同様にして，2-エトキシビニルエーテル基を有するCA誘導体類(9a，9c)をMCAおよびBCAと2-クロロエチルビニルエーテルとを反応させて合成した。さらに，8aの異性化反応をNMP中，TBABと$tert$-カリウムブトキシド存在下，80℃で行うことにより1-プロペニルエーテル基を有するCA誘導体(10a)を得た。側鎖に水酸基とビニルエーテル基を有するCA誘導体(11a)の合成はMCAとグリシジルビニルエーテルの反応を，TBABを触媒に用いて，NMP中で行った。

さらに熱重量分析(TGA)と示差走査熱量分析(DSC)による熱的特性を調べたところ，ガラス転移温度(T_g=148-314℃)および耐熱性(T_{d10}=148-314℃)は共に高い。図2には，7a-11aの光架橋反応を，製膜中，光酸発生剤存在下，UV照射を行い，その後80℃で加熱して行った結果を示している。

光酸発生剤としてビス[4-(ジフェニルスルフォニオ)フェニル]スルフィドビス(ヘキサフルフォロフォスフェイト)](DPSP)を用いた場合，エトキシビニルエーテル基を有する9aと9cが

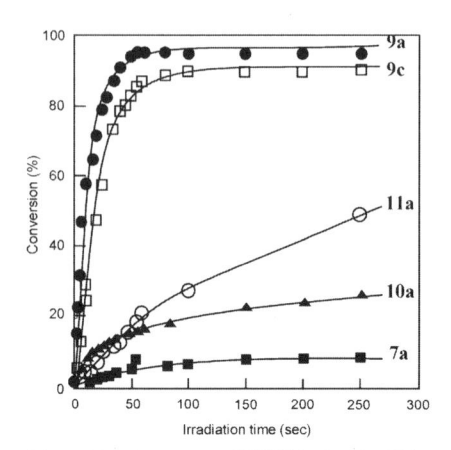

図2 カリックスアレーン誘導体類のカチオン重合

高い光反応性を示した。Crivelloらにより，ポリマー側鎖の光架橋反応は1-プロペニルエーテル基の方がエトキシビニルエーテル基よりも高いと報告されている[6]。しかしながら，CA誘導体類では逆の結果が得られている。このことは，CA誘導体類は環状構造であること，或いはCAと光反応性基のスペーサーの導入に関係があるものと考えられる。

4.3 環状エーテル基(オキセタニル基，オキシラニル基，スピロオルトエーテル基)を有するカリックスアレーン誘導体類の合成と性質およびその光反応性[7]

オキセタニル基を有するCA誘導体類(13a, 13c, 13d)は，MCA，BCA，およびCRAと3-メチル-3-オキセタニルメトキシトシレートとNMP中，塩基としてKOHを用いて合成した。同様に，オキシラニル基を有するCA誘導体類(12a, 12c, 12d)は，MCA，BCA，CRAとエピブロモヒドリンとの反応を塩基としてCs$_2$CO$_3$を用いることで行った。一方，ピリジン，トリエチルアミン，1,8-ジアザビシクロ[5.4.0]ウンデセン-7(DBU)，KOH，ナトリウムなどを塩基として用いた場合，ゲル状の化合物のみが得られた。また炭酸ナトリウム(Na$_2$CO$_3$)や炭酸カリウムを用いた場合は収率が大幅に低下した。

さらに，得られたCA誘導体類のT_{d10}は366-414℃であり，耐熱性は高い。特に環状構造のサイズが小さいCRA誘導体は優れた耐熱性を示している。CA誘導体類のそれぞれを用いて酸発生剤としてDPSPを添加したフィルムを調整し，UVを照射した後，150℃前後で加熱を行った結果，速やかに光カチオン重合が進行することが判明した(図3)。また，オキセタニル基を有する方([A])がオキシラニル基を有する誘導体([B])より光反応性が高く，その中で，CRA誘導体が最

図3 カリックスアレーン誘導体類のカチオン開環重合

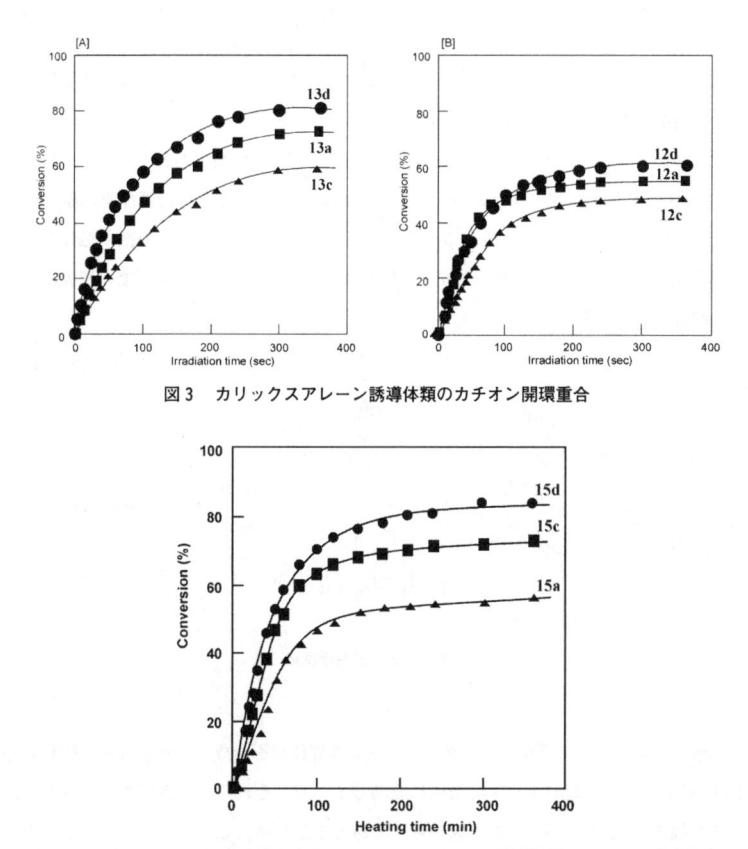

図4 スピロオルソエーテル基を有するカリックスアレーン誘導体類のカチオン開環重合

も光反応性に優れていることも判明した。

さらに,スピロオルソエステル基を有するCA誘導体類(15a,15c,15d)はカルボキシル基を有するCA誘導体類と2-ブロモエチル-1,4,6-トリオキサスピロ[4,4]ノナン(BMTSN)との反応をDBU存在下で行うことで合成した。しかし,MCA,BCA,およびCRAとBMTSNとの反応では立体障害により目的化合物は全く得られないと報告されている。

さらに,15a,15c,15dを用いて,DPSPを含む薄膜を調整し,UV光照射した後,150℃で加熱処理した結果,光架橋反応は速やかに進行している(図4)。また,これらの光酸発生剤を用いた光反応は光照射後に加熱をしない場合には反応は進行しない。

4.4 カリックスアレーン類を用いたUV・EB-レジスト材料への展開

上田[8]らはC-メチルカリックス[4]レゾルシンアレーン(CRA)やCRA誘導体類を架橋剤として応用し,高解像度のネガ型パターンの作製に成功している。これは,CRAと,4,4'-メチレンビス[2,6-ビス(ヒドロキシメチル)フェノール](MBHP)および光酸発生剤としてジフェニヨードニウム9,10-ジメトキシアントアラセン-2-スルホニウム塩(DIAS)を用いた薄膜を調整し,超高圧水銀灯で光照射することで検討している。その結果,光照射により発生した酸が触媒として作用し,CRAとMBHPの縮合反応が進行する。これらの反応系により,100nm程度の解像度を有するパターンが得られている(スキーム3)。

スキーム3 光架橋反応

また,藤田[9]らは,p-メチルカリックスアレーン誘導体類を合成し,その薄膜を作製し,電子線(EB)照射を行いネガ型パターンの形成に成功している。それらは,良好なアスペクト比を有し,ライン幅7nmまでのパターン形成が可能であることを報告している。さらに,得られたパターンをフッ化メタンガスを吹きつけることによりその耐久性を評価し,非常に優れていることを報告している(スキーム4)。

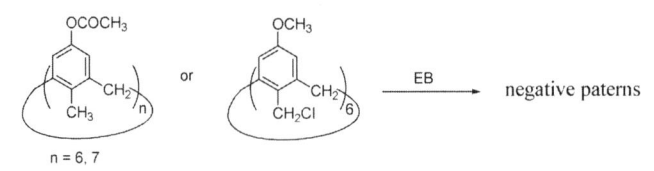

スキーム4 カリックスアレーン類の電子線(EB)レジスト材料への応用

第 2 章　材料開発の動向

4.5　その他

　上記に示すように，硬化型の光機能性カリックスアレーン（CA）についてまとめた。その他として，高解像度のパターンの形成を目的とした研究例に，光酸発生剤により容易に脱保護可能な官能基として，*tert*-ブトキシカルボニル（*t*-BOC）基，トリメチルシリルエーテル基，シクロヘキセニルエーテル基を有する光機能性CA誘導体類の合成についても報告されている[10]。それらの誘導体類も良好な製膜性と高い光反応性を有し，ポジ型パターンの形成について報告されている。

　さらに，光機能性基として，光異性化反応を有するCA誘導体類は，光異性化反応前後において，その薄膜の屈折率が大きく変化し，直鎖状の高分子とは異なる特性を示している[11]。

4.6　まとめ

　以上のように，CA類を基盤とした光機能性環状オリゴマーとしての展開例を示した。ラジカル重合性基，カチオン重合性基を有するCA誘導体類の重合性や製膜性，および耐熱性は非常に優れている。また，CAのサイズが小さく，分子内に光機能性基の数が多いほど，光反応性に優れる傾向を示した。CA類を基盤とした光機能性材料は，直鎖状ポリマーを基盤とした光機能性材料と比較すると，異なる特性が発現され，それは，UV・EB硬化材料への応用のみに留まらずに光機能性材料として様々な分野において展開可能であると思われる。

文　　献

1) C. D. Gutsche *et al.*, , "Calixarenes", Royal Society of Chemistry, Cambridge (1989)
2) S. Shinkai *et al.*, *Syn. Org. Chem. Jpn.*, **47**, 523 (1989)
3) S. Shinkai *et al.*, *Bull. Chem. Soc. Jpn.*, **68**, 1088 (1995)；S. Shinkai *et al.*, *J. Syn. Org. Chem. Jpn.*, **53**, 523 (1995)
4) T. Nishikubo *et al.*, *J. Polym. Sci. Part A. Polym. Chem.*, **37**, 3071 (1999)
5) T. Nishikubo, *et al.*, *J. Polym. Sci. Part A. Polym. Chem.*, **37**, 1805 (1999)
6) J. V. Crivello, *et al.*, *J. Polym. Sci. Part A. Polym. Chem.*, **33**, 1381 (1995)；J. V. Crivello, *et al.*, *J. Polym. Sci. Part A. Polym. Chem.*, **34**, 2051 (1996)
7) T. Nishikubo, *et al.*, *J. Polym. Sci. Part A. Polym. Chem.*, **39**, 1169 (2001)
8) M. Ueda, *et al.*, *Chem. Lett.*, 265 (1997)
9) J. Fujita *et al.*, *J. Vac. Sci. Tech.*, **B14**, 4272 (1996)；Y. Ohnishi *et al.*, *Microele. Eng.*, 3r5, 117 (1997)；J. Fujita *et al.*, *Appl. Phys. Lett.*, **68**, 1088 (1995)；S. Manako *et al.*, *J. Vac. Sci. Tech.*,

B18, 3424 (2000)

10) T. Nishikubo et al., *J. Polym. Sci. Part A. Polym. Chem.*, **39**, 1481 (2001) ; T. Nishikubo et al., *Bull. Chem. Soc. Jpn.*, **77**, 819 (2004) ; T. Nishikubo et al., *Bull. Chem. Soc. Jpn.*, **77**, 2109 (2004)

11) T. Nishikubo et al., *Bull. Chem. Soc. Jpn.*, **77**, 1415 (2004) ; T. Nishikubo et al., *Bull. Chem. Soc. Jpn.*, in press (2006)

5 ハイパーブランチポリマー・デンドリマー

芝崎祐二*

5.1 はじめに

1990年前後にかけて数多くの分岐構造高分子が開発された。これら特殊構造高分子は、絡み合いが少ないため溶液粘度が低く加工性に優れ、末端官能基数の制御が容易であり、低密度・低屈折率などの特異性を有しており、中でもデンドリマー[1]やハイパーブランチポリマー[2]はその精密な構造、合成の容易さなどから現在も幅広く研究されている。本節では、これら分岐構造高分子をマトリックスとした光硬化材料について概説する。

5.2 UV硬化材料

UV硬化型樹脂組成物の中でもっとも大きく材料の物性を左右するのがオリゴマーやポリマーなどの樹脂成分である。硬化機構は大きくラジカル系とカチオン系に分類でき、光ラジカル発生剤、もしくはカチオン発生剤から生じる活性種が開始剤となり硬化が進行する。分子の主鎖骨格はウレタン、エーテル、エステル、エポキシ、シリコンなど、材料の要求に応じて設計されている[3]。

分岐状高分子が硬化性樹脂として一躍脚光を浴びたのはその低粘度性であった。直線状高分子は硬化に伴い重合度が上昇するため高粘度化が起きる。従って、直線状高分子を光硬化性樹脂として用いる場合、希釈剤と呼ばれる添加剤が必要である。特に芳香環を有するマトリックスでは、硬化に伴う硬化速度の低下や硬化度の定量性は期待できない。しかし、絡み合いの少ない分岐状高分子をマトリックスとすると、その溶液粘度を激減させることが可能である[4]。これに伴い、硬化速度も最大で10倍程度まで向上する[5]。

上に述べたように、一般に線状高分子と比べると分岐状高分子は硬化反応に優れている。さらに分子設計から硬化速度の向上を狙った研究が報告されており、フッ素化ハイパーブランチポリオキセタンはその一例である[6]。これはハイパーブランチポリマーのヒドロキシル基が重合種であるカルボカチオンと相互作用してエポキシモノマーの転化率を上げ、高い架橋度（>98%）を実現するエポキシモノマーの光硬化促進剤である。

直鎖状耐熱性光硬化性樹脂はその剛直な分子構造から溶媒への溶解性が低く、さらに硬化度の制御は困難である。しかし、ハイパーブランチ構造とすることで、加工性を向上させることが可能である。末端アミンにアクリロイル基を有するハイパーブランチポリアミドは、効率的に架橋が進行する[7]。また、水酸基を有するハイパーブランチポリアリレンエーテルホスフィンオキシ

---

* Yuji Shibasaki　東京工業大学　大学院理工学研究科　有機・高分子物質専攻　助手

ドは光酸発生剤，架橋剤存在化効率的に硬化する[8]。有機無機ハイブリッドハイパーブランチポリマーと対応する線状ポリマーの合成がこれらのモノマー構造によりどのように異なるかについて検討されている[9]。すなわち，それぞれのオリゴマーとシランカップリング剤を混ぜたワニスにUV照射し硬化状況を追った。その結果，ハイパーブランチ構造を有するオリゴマーを用いた場合，より効果的に無機材料が分散することがわかった。これはハイパーブランチポリマーの他の分子との少ない絡み合い，多数の末端官能基の存在によるものと説明されている。

耐熱性感光性樹脂の開発もされている。芳香族求核置換反応を利用して得られたハイパーブランチポリエーテルイミドからシリル基を外し水酸基に変換することでマトリックスはアルカリ現像液に可溶になり，これと光酸発生剤，架橋剤からなる組み合わせによりポジ型感光性ハイパーブランチポリエーテルイミドが合成されている[10]。この他，化学増幅型感光性ハイパーブランチポリベンゾオキサゾールの合成も行われている[11]。

他にも，感光性ハイパーブランチポリエステルが合成され，ミクロレンズアレーに展開されている[12]。またシンナモイル基とハイパーブランチポリアミック酸からなるネガ型の感光性ポリイミドも報告されている[13]。

5.3 エレクトロニクス用硬化材料

前項で述べたUV硬化樹脂は，材料の被覆やインクとしての用途が主流であるため低粘度，硬化度制御に加えて低コスト化が重要であった。そのため，この分野では専らハイパーブランチポリマーが使用されている。高付加価値のエレクトロニクス市場の大半を占める半導体レジスト部門では，ソルダーレジストやエッチングレジストに対して感光性樹脂が用いられている。近年の急激な電子デバイス産業の発展により微細化技術も進展しており，マトリックスはフェノール樹脂からアクリレート樹脂へ変遷している[14]。さらに，超微細加工のため用いられる樹脂の分子量も年々低下している。しかしながら，もはや次世代の解像度に対応できるポリマーを探すことは非常に困難になっており，絡み合いのある高分子鎖がOn/Offのパターンを形成するより，絡み合いのないできる限り小さなアモルファス性分子を適用する方が理にかなっているように思われる。そのため，低分子アモルファスレジスト材料の研究開発が行われるようになってきた。以下，各種材料について概説する。

5.3.1 カリックスアレンレジスト

感光性樹脂としてはじめて用いられた材料はコダック社によるシンナモイル二量化を利用したネガ型レジストであるがその後，高解像レジスト開発として膨潤のないポジ型レジストが求められ，特にフェノールノボラック樹脂に感光性溶解抑止剤であるジアゾナフトキノン（DNQ）誘導体を添加する系が注目された。ノボラック樹脂はフェノールとホルムアルデヒドの縮合体であり，

第 2 章　材料開発の動向

構造は不明確である。よって，例えば分子量の大きなノボラック樹脂を使用すると感度や現像液に対する溶解性が低下し，分子量分布が大きいと溶解速度は上昇する。つまり，超微細加工レジストとしては具合が悪い。そこで，ノボラック樹脂と基本的には同じ要素からなる分子構造の明確なカリックスアレンが注目されたわけである（図 1）。

カリックスアレンは環状構造で，種々の構造異性体が可能である。よって分子構造を選ぶことでアモルファス膜を得ることができる。水酸基をアセチル化したカリックスアレンフィルムは電子線リソグラフィーにより解像度が 7 nm の優れたレジストである[5]。

カリックスレゾルシンアレンは水酸基が外側を向いているため工業用アルカリ現像液に対して溶解性を示す（図 2）。そこで，これと架橋剤，光酸発生剤とからなるアルカリ現像可能なネガ型フォトレジストが開発されている[6]。最高解像度は 500 nm（図 3）であり 365 nm を光源とする材料としては優秀である。

カリックスアレンのすべての水酸基を t-ブチルカルボニル基により保護し，光酸発生剤と組み

図 1　ノボラック樹脂とカリックスアレンの構造

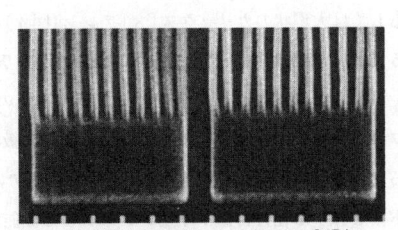

Figure 5. SEM image of the negative-tone C4RA photoresist. 500 nm resolution was obtained with i-line exposure followed by alkaline development.

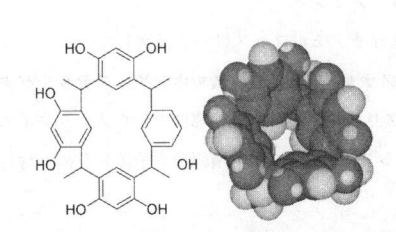

図 2　カリックス［4］レゾルシンアレンのお椀型構造　　図 3　カリックスレゾルシンアレンフォトレジストによる走査型電子顕微鏡写真（解像度は 500 nm）

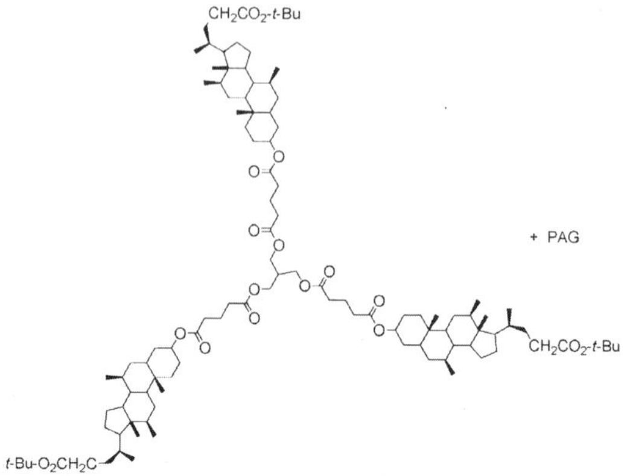

図4　コール酸を基本としたフォトレジスト材料の構成

合わせることでアルカリ現像可能な化学増幅型ポジ型感光性レジストが開発されている。水酸基は基板への密着性を向上させるために重要であることが後にわかり，部分保護体が新たにフォトレジストとして開発された[17]。保護率60%のマトリックスフィルム（膜厚1.5μm）の感度は13mJ/cm^2，コントラスト13を達成している。t-ブチルカルボニル基による水酸基の保護は一律ではなく，アモルファス性の向上に寄与している。この部分保護という考え方を用いた材料の電子線リソグラフィーによる最高解像度は20μCの照射量で120nmである[18]。

カリックスアレンおよびカリックスレゾルシンアレン共に，アモルファス性が非常に優れているとは言い難い。アモルファス性の向上を狙って，長鎖アルキル基の導入やカリックスアレンのすべての水酸基に3,5-ジヒドロキシベンジルアルコールを反応させてデンドリマー化させる[19]，もしくは大環状のカリックス［8］アレン（図4）の使用[20]などの検討が行われている。

5.3.2　感光性トリフェニルベンゼン，トリアリルアミン

城田らは電子線リソグラフィー対応の一連の低分子アモルファス材料を提案している。トリフェニルベンゼンをコアとする外郭部位に3級エステル[21]，もしくはスルホン酸エステルを有する化合物はポジ型レジストとして[22]，またコアにアリールアミン，外郭部にアリルスクシンイミド基を有する化合物はネガ型レジストして機能する[23]。さらに，化学増幅型電子線レジスト材料も提案している[24]。

5.3.3　その他の低分子アモルファスレジスト

上記以外にも，種々の低分子分岐状材料がリソグラフィーに応用されている。コール酸由来の分岐材料は芳香環を含まないため深紫外光での透明性に優れ，脂環式骨格はドライエッチング耐

性にも効果的である(図5)[25]。

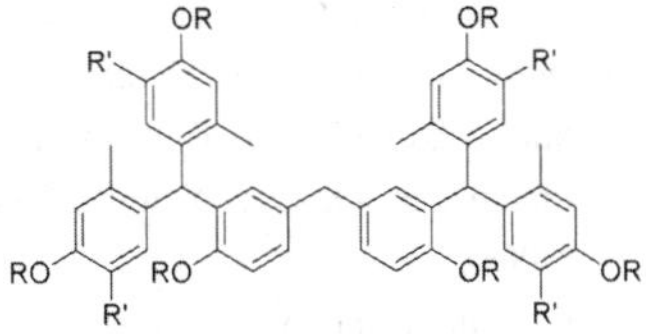

極紫外光対応の超微細加工用レジストとしてポリシラン,ポリシルセスキオキサン系のものが光酸発生剤との組み合わせによりレジスト化されている。ただし,フィルムの安定性は低い[26]。

上田らはポリフェノールに着目し,電子線リソグラフィーの検討を行った[27]。フェノールのオルト位にメチルよりシクロヘキシル基を導入したもののほうが効果的に耐アルカリ性を示す。水酸基の一部をエチルビニルエーテルにて保護した材料は良好な耐アルカリ性を示し,光酸発生剤との併用で化学増幅型電子線リソグラフィー用材料として優れている。すなわち,ドライエッチング耐性は従来のポリヒドロキシスチレン(PHS)と同等であり60nmまでのライン&スペースパターンの作成が可能であり,ラインエッジラフネスはPHSと比べ格段に改善している。

その他,プロピレンイミンデンドリマーの末端にt-ブトキシカルボニル基を修飾し光酸発生剤との組み合わせにより365nm光によるパターン形成[28],ポリエーテル型デンドリマーを用いた電子線リソグラフィーなどが開発されている[29]。

図5 ポリフェノールレジストの構造
R=H or CH(CH$_3$)OCH$_2$CH$_3$, R'=CH$_3$ or cyclohexyl

5.4 おわりに

以上,本節では分岐状高分子材料としてハイパーブランチポリマー,デンドリマーの光応用技術への展開について概説した。デンドリマーなどの多分岐分子が開発されて久しいが,これら分子の潜在価値はまだまだ高く,今後より活発な検討が行われるものと考えられる。このような新規分子の開発から工業化まで一貫した研究が今後とも活発に行われることを願ってまとめとしたい。

文献

1) D. A. Tomalia, H. Baker, J. Dewald, M. Hall, G. Kallos, S. Martin, J. Roeck, J. Ryder, P. Smith, *Polym. J.* **17**, 117 (1985).
2) Young Kim H., Owen W. Webster, *J. Am. Chem. Soc.*, **112**, 4592 (1990).
3) 山岡亞夫, UV・EB硬化技術の現状と展望, シーエムシー出版 (2002).
4) Wenfang Shi, Bengt Ranby, *J. Appl. Polym. Sci.*, **59**, 1937 (1996) ; Huanyu Wei, Yu Lu,

Wenfang Shi, Huiya Yuan, Yonglie Chen, *J. Appl. Polym. Sci.*, **80**, 51 (2001)
5) Dong-Mei Xu, Ke-Da Zhang, Xiu-Lin Zhu, *J. Appl. Polym. Sci.*, **92** 1018 (2004)
6) Marco Sangermano, Giulio Malucelli, Roberta Bongiovanni, Lorenzo Vescovo, Aldo Priola, Richard R. Thomas, Yongsin Kim, Charles M. Kausch, *Macromol. Mater. Engin.*, **289**, 722 (2004)
7) Ryosuke Kaneko, Mitsutoshi Jikei, Masa-Aki Kakimoto, *High Perform. Polym.*, **14**, 53 (2002)
8) Insik In, Hyosan Lee, Tsuyohiko Fujigaya, Masaki Okazaki, Mitsuru Ueda, Sang Youl Kim, *Polym. Bull.*, **49**, 349, Berlin, Germany (2003)
9) Jianhua Zou, Yongbin Zhao, Wenfang Shi, Xiaofeng Shen, Kangming Nie, *Polym. Adv. Technol.*, **16**, 55 (2005)
10) Masaki Okazaki, Yuji Shibasaki, Mitsuru Ueda, *Chem. Lett.*, **8**, 762 (2001)
11) Chi Sun Hong, Mitsutoshi Jikei, Ryohei Kikuchi, Masaaki Kakimoto, *Macromolecules*, **36**, 3174 (2003)
12) Zongcai Feng, Minghua Liu, Yuechuan Wang, Lin Zhao, *J. Appl. Polym. Sci.*, **92**, 1259 (2004)
13) Huan Chen, Jie Yin., *Polym. Bull.*, **49**, 313, Berlin, Germany (2003)
14) 山岡亞夫, 新しいレジスト材料とナノテクノロジー, シーエムシー出版 (2002)
15) J. Fujita, Y. Ohnishi, Y. Ochiai and S. Matsui, *Appl. phys. Lett.*, **68**, 1297 (1996)
16) T. Nakayama, K. Haga, O. Haba, M. Ueda, *Chem. Lett.*, 265 (1997)
17) K. Young-Gil, J. B. Kim, T. Fujigaya, Y. Shibasaki, M. Ueda, *J. Mater. Chem.*, **11**, 1 (2001)
18) H. Iimori, Y. Shibasaki, M. Ueda, *J. Photopolym. Sci. and Technol.*, **16**, 685 (2003)
19) O. Haba, K. Haga, M. Ueda, *Chem. Mater.*, **11**, 427 (1999)
20) T. Nakayama, M. Ueda, *J. Mater. Chem.*, **9**, 697 (2001)
21) M. Yoshiiwa, H. Kageyama, W. Hiroshi, T. Fujio, G. Mikio, K. Gamo, Y. Shirota, *J. Photopolym. Sci. and Technol.*, **9**, 57 (1996)
22) M. Yoshiiwa, H. Kageyama, Y. Shirota, F. Wakaya, K. Gamo, M. Takai, Mikio, *Appl. Phys. Lett.*, **69**, 2605 (1996)
23) T. Kadota, H. Kageyama, F. Wakaya, K. Gamo, Y. Shirota, *Chem. Lett.*, **33**, 706 (2004)
24) Yasuhiko Shirota, *J. Mater. Chem.*, **15**, 75 (2005)
25) Jin-Baek Kim, Hyo-Jin Yun, Young-Gil Kwon, *Chem. Lett.*, **10**, 1064 (2002)
26) Juan Pablo Bravo-Vasquez, Young-Je Kwark, Christopher K. Ober, Heidi B. Cao, Hai Deng, Robert P. Meagley, "Proceedings of SPIE—The International Society for Optical Engineering", 5376, 739 (2004)
27) T. Hirayama, D. Shiono, H. Hada, J. Onodera, M. Ueda, *J. Photopolym. Sci. and Technol.*, **17**, 435 (2004)
28) 藤ヶ谷剛彦, 上田充, 高分子論文集, **57**, 836 (2000)
29) Jean M. J. Frechet, *et al.*, *Adv. Mater.*, **12**, 1118 (2000)

6 リワーク型光架橋・硬化樹脂

白井正充*

6.1 はじめに

架橋・硬化樹脂に関してはこれまでに膨大な研究が行われているが，多くは強度，耐熱性，耐久性などを追及したものである[1]。もちろん硬化性樹脂の特徴は一度硬化すれば不溶・不融になり，優れた耐熱性や機械的強度が得られる点である。しかし，このような性質は場合によっては取り扱いにくいものである。硬化樹脂の剥離には，強アルカリや強酸による化学反応を利用した分解法や，有機溶剤による膨潤と機械的手段を併用する除去法などが知られている。しかし，基材を傷つけずにその上の架橋・硬化樹脂を除去するのは一般に容易ではない。ここでは，紫外光照射によって架橋・硬化するが，その後，適切な温度で加熱することにより，架橋構造が解裂して溶剤に可溶になる樹脂に関する最近の研究を解説する。このような樹脂はリワーク型樹脂と呼ばれ，使用後には除去・回収が可能であり，再利用できる。また，塗布した硬化樹脂を除去することによって被塗布体の修理や再利用が可能になる。リワーク型の紫外線硬化樹脂は新しいタイプの機能性樹脂であり，環境に優しい硬化樹脂である。

6.2 溶解除去が可能な熱硬化樹脂

多官能エポキシドや多官能アクリレートは適当な架橋剤や重合開始剤を混合して加熱すると硬化する。硬化樹脂は一般に強靭であり，溶剤による溶解除去は極めて困難である。しかし，溶解除去が可能な熱硬化樹脂が研究されている。これらの樹脂は，比較的熱分解しやすい官能基で複数の架橋サイトを結合したものである。架橋反応サイトとしては，エポキシ基やアクリル基，メタクリル基などが用いられる。熱分解し易い結合基としては，アセタール，カルボン酸エステル，カルバメート，炭酸エステルなどがある。また，還元反応で容易に解裂するジスルフィド結合も利用できる。

分解部位として，ケタール，アセタールおよびホルマール結合を有する二官能性エポキシド1〜3の硬化物は，エタノール／水／酢酸混合溶媒中で処理すると溶剤可溶になる。硬化樹脂の分解性は2＞1＞＞3の順に低下する[2]。一方，溶剤等の化学薬品を用いることなく，熱により架橋構造が崩壊する系としては，2級および3級アルコールのカルボン酸エステル部位を有するジエポキシ化合物4〜7[3]がある。これらの硬化物は熱分解し，溶剤に可溶になる。硬化樹脂の50％重量減少温度はそれぞれ270℃（7），315℃（6），350℃（5），370℃（4）であり，3級エステルは比較的低温で分解する。カルバメート部位を有するジエポキシド8〜10[4]から得られる硬

---

* Masamitsu Shirai　大阪府立大学　大学院工学研究科　応用化学分野　教授

化物の分解開始温度は，9が220℃で最も低く，8では280℃，10では290℃である。また，炭酸エステル部位を有するジエポキシド11～13[5]の硬化樹脂の熱分解開始温度は，13では120℃，11と12では250℃である。取り外しのできる半導体封止材用樹脂の理想的な分解温度は220℃程度であり，11と12は有力な候補になる。また，ベンゼン環を有する2級アルコールのカルボン酸エステル14，および3級アルコールのカルボン酸エステル15から得られる硬化樹脂の熱分解温度はそれぞれ261℃および206℃である[6]。14を実際に半導体の封止材料として用いた場合，加熱後，ブラシでこすり取ることができ，半導体を回収できることが示されている。加熱により解裂し易い3級エステル部分を含んだ，ジアクリル酸エステルやジメタクリル酸エステル16は，光重合開始剤により重合し，硬化する。これらの硬化樹脂は150℃までは安定であるが，180～200℃で分

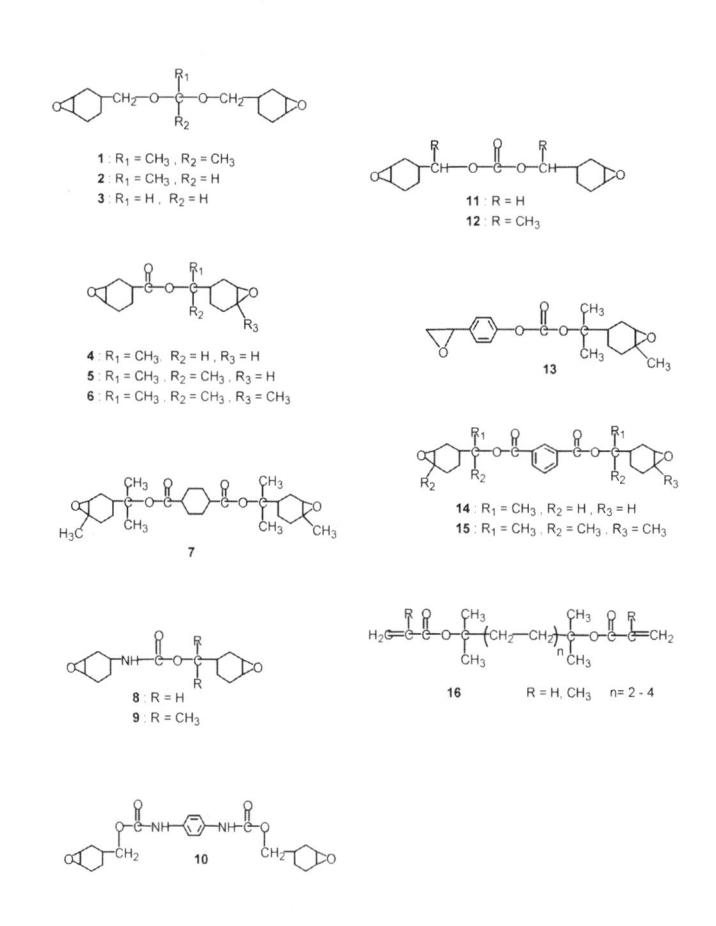

1 : R_1 = CH_3, R_2 = CH_3
2 : R_1 = CH_3, R_2 = H
3 : R_1 = H, R_2 = H

11 : R = H
12 : R = CH_3

4 : R_1 = CH_3, R_2 = H, R_3 = H
5 : R_1 = CH_3, R_2 = CH_3, R_3 = H
6 : R_1 = CH_3, R_2 = CH_3, R_3 = CH_3

13

7

14 : R_1 = CH_3, R_2 = H, R_3 = H
15 : R_1 = CH_3, R_2 = CH_3, R_3 = CH_3

8 : R = H
9 : R = CH_3

16   R = H, CH_3 n = 2 - 4

10

解し，部分的に酸無水物の構造を有するポリアクリル酸あるいはポリメタクリル酸を生成する[7]。このものはアルカリ水溶液で溶解除去できる。

6.3 再溶解型光架橋・硬化樹脂

再可溶化できる光架橋・硬化樹脂として3つのタイプがデザインされている。①ベースとなる高分子と架橋剤のブレンド型，②側鎖に官能基を有する高分子型，および③光硬化する多官能モノマー型である。

6.3.1 架橋剤と高分子のブレンド型[8〜11]

この系は可溶性の高分子に熱分解型架橋剤と感光剤を混合したものである。架橋剤は両末端に架橋反応に関与する官能基を持ち，両官能基をつなぐ部分に熱分解性の官能基を挿入したものを用いる。光照射により，架橋反応サイトが反応し架橋体を生成する。架橋体を加熱すれば熱分解サイトが解裂し，溶剤に可溶な線状高分子になる。このような概念にしたがって設計された例として，熱分解型多官能エポキシド17を架橋剤として用い，ポリビニルフェノール(PVP)をベースポリマーとして用いる系がある。17分子中の3級エステルは，204℃で分解して相当するカルボン酸とオレフィンを生成する。17と光酸発生剤(PAG)およびPVPから作製した薄膜に紫外光(254nm)を照射し，その後比較的低温で加熱すると溶剤に不溶になる。この系は光照射のみでは不溶化しない。光酸発生剤の種類を選択することにより，365nm光や436nm光で架橋する系の構築も可能である。架橋剤として17を用いたときの架橋・熱分解の機構をスキーム1に示す。光照射で発生した酸がPVPのOH基と架橋剤のエポキシ基との反応の触媒となり，比較的低い温度(T_1<100℃)での加熱により高分子架橋体(A)が得られる。得られた架橋体を120℃〜160℃で加熱すると，3級エステル部分が解裂して線状高分子(B)が生成する。Bはフェノールの3級エーテルの構造を有しているので，酸存在下での加熱では分解し，PVPを生成する。このものはアルカ

スキーム 1

リやテトラヒドロフランなどの有機溶剤に溶解する。光酸発生剤の種類を変えて発生する酸の強度を変えると，架橋に必要な加熱温度や架橋体の分解温度を変えることができる。また，この系ではPVPの代わりにメタクリル酸／メタクリル酸エステル共重合体のようにカルボキシル基を含む高分子をベースポリマーとして用いても再溶解型の光架橋性樹脂として用いることができる。

エポキシ基を両末端に持つスルホン酸エステル化合物18とPVPとのブレンド系は再溶解型の光架橋性樹脂となる[121]。18は紫外光照射で分解する。その反応性は高くはないがスルホン酸を生成する。ポリメタクリル酸メチルフィルム中での254nm光照射による18の分解の量子収率は，0.012である。18/PVP（1：1，mol/mol）ブレンドフィルムでは紫外光照射後の加熱で架橋反応を起こし，溶剤に不溶になる。架橋した18/PVPブレンドフィルムを110～130℃で加熱すると，加熱初期には架橋反応が優先して起こるが，さらに長時間加熱するとスルホン酸エステル部位で解裂が起こり，架橋が壊れるので溶剤に可溶になる。光照射後の加熱温度を選択することによって，この系は再溶解型の光架橋樹脂として利用できる。この系の反応機構をスキーム2に示す。

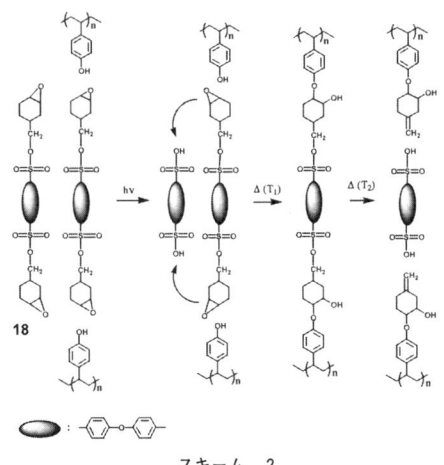

スキーム 2

6.3.2 側鎖官能基型

側鎖に架橋サイトを有する高分子を利用するが，架橋サイトと高分子主鎖の間に熱分解し易い結合を挿入することが必要である。光酸発生剤存在下での光照射で架橋反応が形成されるが，加熱により，熱分解サイトが解裂して溶剤に可溶な線状高分子が生成する。

エポキシ基とカルボン酸エステル基を同一分子中に持つメタクリル型モノマー（MOBH）の重

第2章　材料開発の動向

スキーム　3

　合により，再可溶型光架橋性樹脂19が得られる。19の光架橋・再溶解の機構はスキーム3のように示される[13]。エポキシユニットに対して3.6mol%の光酸発生剤(FITS)を添加した高分子の薄膜に紫外光照射すると，30mJ/cm^2という少ない露光量で95%の高い不溶化率が得られる。架橋体を160℃で加熱するとカルボン酸エステル部分の分解が起こる。熱分解により架橋体はポリメタクリル酸に変換されるので，アルカリあるいはメタノールに可溶になる。熱重量分析(TGA)からは，熱分解による重量減少は約60%であり，側鎖エステル基が脱離したときの理論値64%にほぼ一致している。このことは，架橋体生成に関与しているエポキシユニットの重合体はその分子量が小さいか，あるいは加熱時に分解され，飛散するものと考えられる。光酸発生剤(PAG)を含む19フィルムを光照射後加熱すると溶剤に不溶になる。光酸発生剤として，トリフルオロメタンスルホン酸のような特に強い酸を生成するPAGを用いた場合は室温で，また，p-トルエンスルホン酸を発生するPAGを用いた場合には80℃程度での加熱により，架橋反応が起こる。架橋した高分子を150℃以上で加熱するとメタノールやアルカリに溶解する。

　MOBHとp-スチレンスルホン酸エステルの共重合体20を用いれば，水に再溶解できる光架橋型高分子を設計することができる[14,15]。目的の高分子はそれぞれ相当するモノマーのラジカル共重合で得られる。p-トルエンスルホン酸を発生する光酸発生剤を含む高分子の薄膜に紫外光照射すると架橋体が生成する。架橋による不溶化率は光照射後の加熱(60〜100℃)により増大する。架橋体を適当な温度で加熱すると，メタクリル酸エステル部分の分解でカルボキシル基が，またスチレンスルホン酸エステル部分の分解でスルホン酸基が側鎖生成し，水に溶解する。この系ではスチレンスルホン酸エステルのアルキル基Rの選択により再溶解のための加熱温度をコントロールすることができる。架橋体(R = cyclohexyl)では120℃の加熱で，また，架橋体(R = $CH_2C(CH_3)_3$)

101

では160℃で加熱すると水に溶解するようになる。しかし、架橋体（R＝C_6H_5）では240℃での加熱でも水には溶解しない。カルボン酸エステル部分は分解するが、スチレンスルホン酸のフェニルエステルが熱的に安定なためである。

```
          CH3                                    CH3
          |                                      |
 +CH2-C+(CH2-CH+               +CH2-C+(CH2-CH+
          |     |                      |     |
          C=O   □                     C=O   □
          |     |                      |     |
          O     |                      O     |
          |    O=S=O                   |    O=S=O    CH3
         H3C-C-CH3  |                  |     |      CH3-C-CH3
          |        R                  CH3-C-CH3       |
          □                            |              O
          |                            □              |
         CH3        R=cyclohexyl       |           X     R
                    R=CH2C(CH3)3       R       -CH2CH(CH3)- -CH2-
                    R=phenyl                   -CH2-        H
          20
                                                  21
```

同様に、架橋部位としてのエポキシ基と熱分解ユニットとしてのスルホン酸エステル部位を1分子中に有するモノマーとt-ブチルメタクリラートとの共重合体21を用いれば水に再溶解できる光架橋型高分子として利用することができる[16]。この系では架橋樹脂を溶解させるための加熱温度は160℃〜180℃である。

6.3.3 多官能モノマー型

この系では熱分解可能なユニットと光（熱）重合する官能基を1分子中に複数個有するモノマーを用いる。分子内にアセタール結合を有する多官能アクリル型モノマー22〜25は、熱あるいは光によるラジカル重合により硬化する[17]。そして、これらの硬化樹脂は熱あるいは光により分解し、溶剤に可溶になる（スキーム4）。ラジカル重合開始剤としてのアゾビスイソブチロニトリル（AIBN）とp-トルエンスルホン酸を発生する光酸発生剤（PAG）を添加したモノマーをシリコン板上に塗布（膜厚：1.0-2.0μm）したものは、窒素下、100℃で10分間加熱することにより、硬化する。硬化のし易さは22-25間で大差ないが、アクリル酸エステル型の23は他のものより若干効率よく硬化する。この系は空気下では硬化しない。硬化した樹脂の熱分解温度は、それぞれ、177℃（**22**），204℃（**23**），230℃（**24**），236℃（**25**）である。硬化樹脂に365nm光を照射した後、加熱すると、硬化樹脂は低い温度で分解する。光照射で酸が発生し、その酸の触媒作用により、空気中の水が反応してアセタール部位がアルコールおよびアセトアルデヒドに分解し、樹脂成分はメタノールに可溶なポリ（2-ヒドロキシエチルメタクリラート）となる。室温では、**22**や**23**の硬化物ではほとんど分解しないが、**24**や**25**の硬化物ではかなりの割合のアセタール結合が解裂する。いずれの硬化物も120℃での加熱で完全に可溶化する。一方、光を照射していない硬化樹脂

第2章 材料開発の動向

スキーム 4

は160℃の加熱では全く溶解しない。

また，22～25はジメトキシフェニルアセトフェノンのような光ラジカル重合開始剤と光酸発生剤としてトリフェニルスルホニウムトリフラートを用いると，365nm光照射によって硬化する。硬化樹脂に254nm光照射とそれに続く加熱処理をすると，硬化樹脂が溶解する。リワーク型のアクリル樹脂としての利用が考えられる。

6.4 おわりに

光(熱)により架橋・硬化するが使用後には溶解除去・分離が容易な樹脂はいろいろなタイプが

設計できる。このような樹脂は,接着剤,印刷製版,インキ,塗膜,フォトレジスト,エレクトロニクス関連材料など,広範囲の利用が考えられる。再溶解型架橋・硬化樹脂は,これまでの架橋樹脂とは異なった新しい機能性樹脂であり,環境に優しい架橋樹脂である。今後広い用途での応用が期待される。

文　　献

1) 角岡正弘ほか,高分子の架橋と分解,シーエムシー出版(2004)
2) S. L. Buchwalter et al., *J. Polym. Sci.: Part A: Polym. Chem.*, **34**, 249 (1996)
3) J.-S. Chen et al., *Polymer*, **43**, 131 (2002)
4) L. Wang et al., *J. Polym. Sci. Part A: Polym. Chem.*, **37**, 2991 (1999)
5) L. Wang et al., *J. Polym. Sci. Part A: Polym. Chem.*, **38**, 3771 (2000)
6) H. Li et al., *J. Polym. Sci. Part A: Polym. Chem.*, **40**, 1796 (2002)
7) K. Ogino et al., *Chem. Mater.*, **10**, 3833 (1998)
8) 白井正充,高分子加工, **50**, 290 (2000)
9) H. Okamura et al., *J. Polym. Sci.: Part A: Polym., Chem.*, **40**, 3055 (2002)
10) 岡村晴之ほか,接着, **47**, 396 (2003)
11) H. Okamura et al., *J. Polym. Sci.: Part A: Polym. Chem.*, **42**, 3685 (2004)
12) Y.-D. Shin et al., *Polym. Degrad. Stab.*, **86**, 153 (2004)
13) 白井正充,高分子加工, **50**, 290 (2001)
14) M. Shirai et al., *Chem. Mater.*, **15**, 4075 (2003)
15) 白井正充,接着, **48**, 313 (2004)
16) M. Shirai et al., *Polymer*, **45**, 7519 (2004)
17) M. Shirai et al., *J. Photopolym. Sci. Technol.*, **18**, 199 (2005)

7 ナノ構造硬化材料としての分子累積膜

宮下徳治[*]

7.1 はじめに

近年の半導体の微細加工技術に代表されるトップダウン型ナノテクノロジーに代わり，ナノ物質を集積して，ナノデバイスを創製するボトムアップ型ナノテクノロジーが注目されている。超分子，有機ナノ薄膜，金属・半導体微粒子，ナノチューブなどのナノ物質を合目的に集積・組織化することにより，従来のバルク材料にはない新たな機能材料の開発が期待されている。このナノ物質の集積や組織化の過程では，ナノ構造硬化技術が重要な課題となる。従来の硬化材料とは異なったナノ表面・界面制御，反応性制御が求められてきている。分子レベルでの分子配向・分子配列の制御を可能とするナノ硬化剤やナノコーティングの開発が求められており，有機ナノ薄膜が注目されるようになっている。

このような状況において，ナノメートルサイズの3次元構造を作製することに様々な努力が行われて来た[1,2]。特にここ数十年の間は，デバイスの小型化・軽量化に伴い超分子や高分子などの有機材料を用いた3次元ナノ構造体の作製が強く求められている。これらのデバイスを実現させるために，材料として自己組織化単分子膜（SAM）[3~5]や表面開始（原子移動）ラジカル重合（ATRP，RAFT）[6~9]などの有機ナノ薄膜の作製方法が発展してきた。一方，自己組織化単分子膜やそれを用いたマイクロコンタクトプリンティング法（μCP）[10,11]，TEMやAFMなどの走査型顕微鏡を用いたマイクロ，ナノ構造体を加工する技術も開発され[12,13]，より微細で複雑な構造を構築することに成功している。しかしいずれの手法も，大型で高エネルギーの装置が必要とされたり，積層の厚さや位置の制御が困難であり，自在な3次元ナノ構造体を構築するのは容易ではない。本節では，Langmuir-Blodegtt（LB）法にて作成される分子性超薄膜をナノ構造硬化材料に応用した研究を紹介する。

7.2 LB膜形成能を有するモノマーの重合反応を利用したナノ構造形成

まず，容易に微細パターンを形成するナノ材料としては，重合官能基を有する様々な両親媒性化合物が合成され，そのLB膜形成および重合反応が利用されている（図1）。重合反応としては二重結合，三重結合の付加重合がほとんどである。LB膜形成能を有する反応性モノマーの分子設計が重要である。疎水基—親水基のバランス（両親媒性設計），水素結合などの自己凝集力（組織化設計），重合性基の選択（反応性設計）などの検討が必要である。一般に疎水基として炭素数18のオクタデシル基を用いたものに安定なLB膜が得られている。安定な単分子膜が形成されて

---

[*] Tokuji Miyashita　東北大学　多元物質科学研究所　多元ナノ材料研究センター　教授

UV・EB硬化技術の最新動向

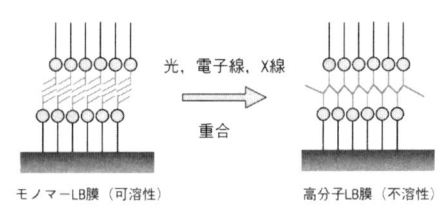

図1　モノマーLB膜の重合によるナノ構造形成

も固体基板に規則正しく，緻密な秩序構造を保持したまま累積されるとは限らない。さらに得られるモノマーLB膜に光や電子線などを照射して重合を行うがその重合性に関しては実際に検討してみないとわからないところがある。一般には，LB膜の安定性には分子凝集性の強い系ほど好都合であるが，重合性に関しては分子パッキングがあまり強く，分子運動の自由度が低い場合には不都合となる。また，重合反応の進行に伴う共有結合形成による分子間距離の変化の歪を考えると重合基は分子の疎水基末端か親水基の末端に位置するほうが自由度があるように思われる。以下具体的モノマーについて記述する。

7.2.1　ビニル系化合物

代表的な例として，長鎖アルキル基を有するステアリン酸ビニル，アクリル酸オクタデシル，メタクリル酸オクタデシル，α-オクタデシルアクリルアミド，フマル酸オクタデシル，マレイン酸オクタデシルなどの固体基板上に形成されたLB膜の光照射による重合反応が検討されたが，重合過程の確認が主であり，微細パターンやナノ構造形成などについては検討されていない。疎水基の末端に二重結合が導入されたω-トリコセン酸(TA)のLB膜は極めて高重合性を示し，高分解能レジストへの応用が検討された(図2)。BarraudらはTAを30層(90nm)累積し，電子線の照射により60nmの微細パターンの描画に成功している[14,15]。

我々の研究室では，長鎖アルキルアクリルアミド化合物(図3)が優れたLB膜形成能を有し，高重合性を有していることを見いだしている[16~19]。種々のアルキル鎖長を有するアクリルアミド化合物の水面上単分子膜の性質，固体基板上のLB膜の重合性を詳細に検討した。安定な単分子膜はアルキル鎖長の炭素数16-20の場合に形成され，そのうちオクタデシルアクリルアミドLB膜が紫外線照射により高効率で重合することが電子スペクトル，赤外吸収スペクトルの変化より確認された。得られる重合LB膜はクロロホルム，四塩化炭素などのハロゲン系溶媒以外には溶解しなかった。このモノマーLB膜と重合LB膜における溶解度の大きな差を利用してフォトレジスト，電子線レジストへの応用が試みられた。特に電子線レジストへの応用では，100nmのラインの描画，コントラスト値 $\gamma = 1.7$，及び感度 $D = 2.2 \times 10^{-6}$ C/cm^2 の結果が得られた(図4)。

図2　LB膜形成能を有するビニル系モノマー

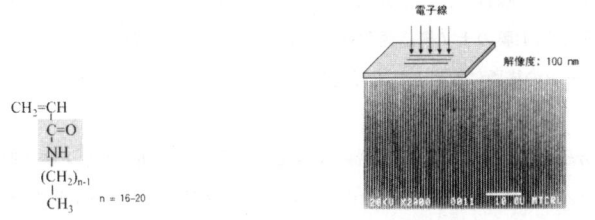

図3　長鎖アルキルアクリルアミドモノマー　　図4　オクタデシルアクリルアミドLB膜の電子線重合による電子線レジストパターン

7.2.2　ジエン化合物

　ジエン化合物のLB膜の重合反応の報告例は少ない。重合により得られる膜は均一性に乏しく，ナノ構造形成材料としては不向きである。Ringsdorfらは種々の親水基を有するオクタジエン，ドコサジエン誘導体のLB膜の重合は2段階で進んでいることを報告している[20]。すなわち，長波長のUV照射では可溶性ポリマーが得られ，短波長のUV照射で架橋化が進行し不溶性ポリマーが生じた。これらジエン系のLB膜は重合の進行により膜構造が大きく変化し，欠陥のある膜が生じていることを指摘している。

7.2.3　ジアセチレン系化合物

　ジアセチレン誘導体のLB膜の重合（図5）については非常に多くの研究がなされている。まず，ジアセチレン構造とLB膜状態での重合性との関係について行われ，種々のジアセチレン誘導体が合成され検討された[21~24]。種々の構造のジアセチレン誘導体の単分子膜，LB膜の安定性，分子の配向性，アルキル鎖の充填性，重合性について考察されている。結論的に総炭素数が20以上で融点が45℃以上のものがLB膜形成には適し，ジアセチレンユニットが分子の中心付近にあるものは，単分子膜とした場合の安定性は低いが重合性は高く，また重合の際の分子配列に乱れが少なく，強度，耐熱性，絶縁性に優れている高分子LB膜が得られる。ジアセチレンユニットがカ

図5　ジアセチレンモノマーの重合

ルボン酸基付近に近づくとアルキル鎖のパッキングが良くなり，単分子膜は安定化する．下部水相の温度は低いほど単分子膜は安定であるなどが言える．ジアセチレンの重合膜は色を呈する（blue，red型の2種類の膜）ことから，光素子や光メモリーへの応用も期待される．

以上，重合性LB膜のナノ構造硬化材料への応用について紹介してきたが，レジスト材料となる線状パターンの描画に使用される程度と思われる．

7.3　高分子ナノシートの3次元架橋，および分解反応を利用したナノ構造形成

前項のモノマー分子のLB膜の重合の場合は，未重合部分がナノ構造形成の欠陥となる可能性があり，完全に重合するモノマーLB膜の例は少なく，その汎用性は低い．これに比べ，線状高分子でLB膜を形成する高分子の一部に光架橋反応性を有するアクリレートグループなどを導入し，高分子LB膜を3次元的に固定化することにより，より安定なナノ構造形成が期待される．

7.3.1　高分子ナノシートの光架橋による3次元ナノ構造の形成

我々は，N-ドデシルアクリルアミドポリマー（PDDA）が優れたLB膜を形成し，固体基板上に膜厚1.72nmの均一な分子性超薄膜の高分子ナノシートを形成することを報告している[25]．この構造を発展させ，図6に示したようにアルキル鎖長の末端にアクリレート基を導入したアクリルアミドポリマーを合成し，そのLB膜形成能，光架橋反応について検討した[26]．PDDAの優れたLB膜形成能により，このポリマーは安定なY型のLB膜を形成した．Y型のLB膜の層構造は，疎水部—疎水部，親水部—親水部が接触する2分子膜構造を有しているので，疎水部に位置するアクリレート基同士は層間での反応に都合の良い構造となっている．また，線状高分子のわずかな架橋反応が進行するだけで容易に不溶化は実現できる．現実に，2分子膜の厚さわずか3.4nmの超薄膜状態でもナノ構造が形成されている（図7）．

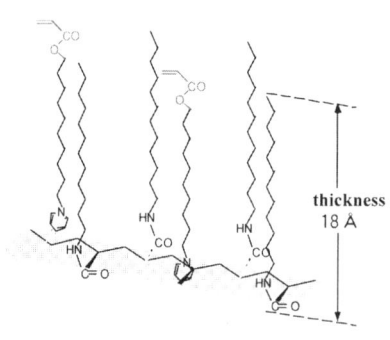

図6　光架橋反応性を高分子ナノシート

第2章 材料開発の動向

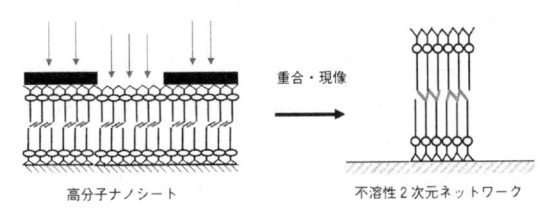

図7 光架橋反応によるナノ構造形成

7.3.2 高分子ナノシートの光分解反応を利用したナノ構造形成[27]

PDDAの高分子ナノシートは，アクリルアミドポリマーに存在するアミド基間に形成される水素結合により，2次元のネットワークが形成され，その累積により3次元のナノ構造が形成されている。このポリマーは，両親媒性ポリマーであり，分子量が小さい場合は水溶性に変換することが考えられる。図8に示したような分子構造の高分子は光分解反応により，親水性が増大することが期待される。この高分子を用いて高分子ナノシートを形成し，光照射を行い，純水にて現像を試みた。ポジ型の線状パターンの描画に成功している。水で現像できることは，環境にやさしい，グリーンケミストリーに基づいたナノ構造形成技術として興味がもたれる（図9）。

図8 水現像可能な高分子LB膜

図9 環境調和型高分子ナノシートの光分解反応

7.3.3 固体基板上への固定化[28]

上述した高分子ナノシート単分子膜間の光架橋反応による溶剤不溶性のナノ構造形成はポリマー間の反応に基づいているが，固体基板上への固定化技術がさらに安定な3次元ナノ構造形成には重要な技術となる。基板表面を光反応性のシランカップリング剤で修飾することにより，よ

UV・EB硬化技術の最新動向

り強固なパターンを基板に作製した研究を紹介する。

高分子ナノシートを基板上に固定する光反応として，ベンゾフェノンの345nm付近の光励起（n-π*遷移）により，生じる三重項biradicalの水素原子引き抜き反応を利用するナノシート間の反応には，先に紹介したアクリレート基の光架橋による固定化する反応を利用する設計を行った。まず，ベンゾフェノン基を有するシランカップリング剤（BP silane）を基板上に修飾し，その上に光反応性ナノシート（pDDA-M）（図10）を積層し（以下，この系をBP/pDDA-Mと記述する），deep UV光を照射した。積層したpDDA-Mナノシートは240nm付近の波長の光を吸収すると，ナノシート中のメタクリル基がナノシート層間およびナノシート層内で光架橋する。したがって，UV光を照射し両者の光反応を誘起することにより，積層多層膜を基板上に固定することができる。架橋したナノシートは架橋されていないものと比較して，機械的強度や溶媒耐性が向上すると期待される（図11）。

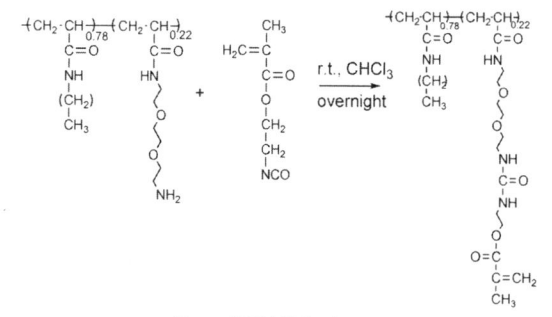

図10 光反応性ナノシート

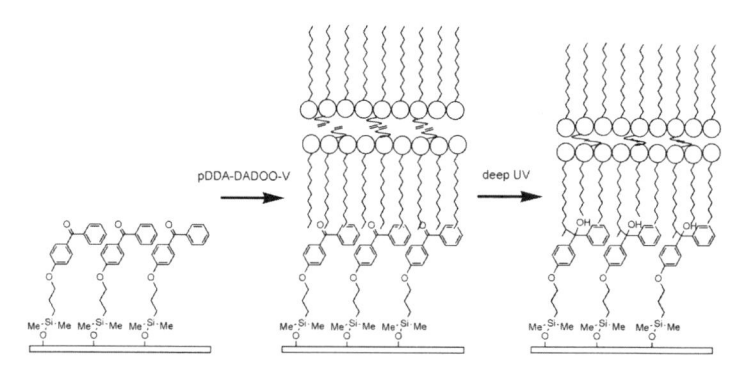

図11 高分子ナノシートの固体基板上への固定

第2章 材料開発の動向

まず始めに，BP/pDDA-M 20層の試料についてUV光照射前後，現像後，超音波洗浄後のUVスペクトルを観察した。190nm付近の吸収はナノシートのアミド結合部分に由来する吸収なので，そのままナノシートの膜厚変化として考えることができる。

固定化の過程を調査するために，UVスペクトルの196nmにおける吸光度を，UV光照射時間に対してプロットした(図12)。現像後の吸光度変化に注目すると，10分まで吸光度が上昇し全体の約76%の強度で飽和に達した。このことから，ナノシート層間および層内での光架橋反応は約10分で完了することが示された。次に超音波洗浄後の吸光度変化に注目すると2段階の変化が見られた。最初の2分で約20%のナノシートが固定化され，さらに5〜10分で吸光度が再び上昇し，飽和に達した。この結果は，約2分ではBP界面付近のナノシートは光固定化されるが，基板から遠くにある上層のナノシートは光架橋が不完全なため超音波洗浄で溶解してしまうことを示している。しかし光照射時間が長くなるにしたがって，光架橋されたナノシートが十分な溶媒耐性を持ち上層のナノシートも固定化されていく。したがって，超音波洗浄後の吸光度は5分以降で再び上昇し，ナノシートの光架橋の完了と同時に飽和に達する。以上の結果より，ナノシートの光架橋反応および積層されたナノシートの固定化は約10分で完了すると示された。ビニル基を持つ高分子ナノシートの光架橋だけではなく，BP silaneによる光固定化を組み合わせることにより，より強固に積層されたナノシートを固定化した。

続いて，フォトパターニングの描画を検討した。pDDA-MナノシートはUV光照射された部分は光架橋され，未照射部分は不活性である。この光反応性を利用してUV光照射によるパターニングを行った。UV光照射領域ではナノシート間およびナノシート内で架橋反応が起こり，架橋

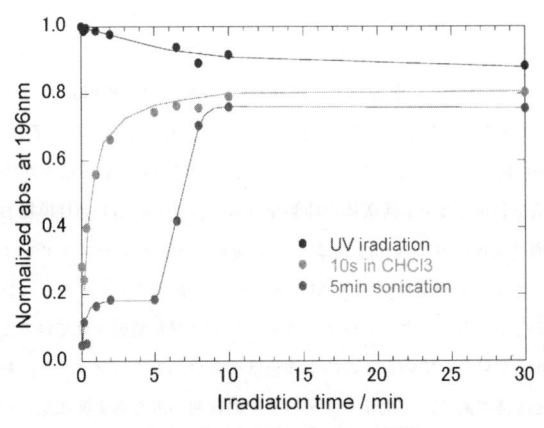

図12 光固定化反応プロセスの解析

前にナノシートが溶解する良溶媒にも不溶になる。一方，UV光未照射領域ではナノシートが良溶媒によって溶解する。したがって，この溶解度の差を利用し，クロロホルムやトルエンなどの良溶媒での現像によりネガ型のパターンが得られる。BP/pDDA-M 40層へのUV光照射を15分，およびクロロホルム中での現像を10秒行い，ネガ型のフォトパターンを得た(図13)。

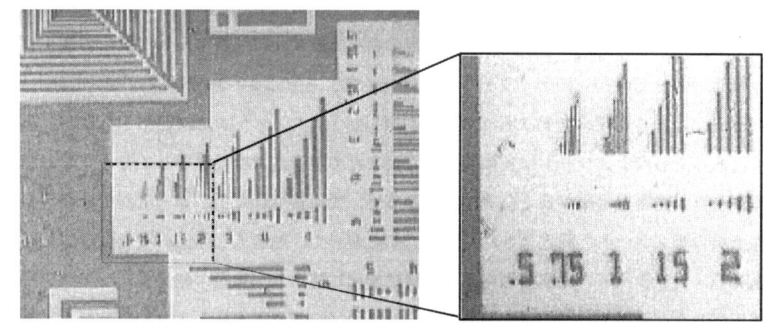

図13 光固定化反応によるネガ型パターン

7.4 高分子ナノシートの多段階フォトパターニングによる3次元構造体の作製

前述のフォトパターニングを繰り返すことにより，高分子ナノシートの多段階フォトパターニングを行った。銅製のTEM gridをフォトマスクとしてpDDA-Mナノシート40層に作製したパターンを光学顕微鏡およびAFM(tapping mode)で観察した。さらにこのパターンの上にpDDA-Mナノシート40層を積層し，フォトパターニングを繰り返し，多段階パターニングを行った(図14)。はじめに作製されたパターンは次のナノシートの積層，UV光照射，現像の操作によって乱されることなく，次のパターンが描かれた。またAFMにより1段階目のパターンの高さが約20nm，2段階目のパターンの高さが約40nmと示された。したがってそれぞれの段差が約20nmと見積もられ，各段階で均一な高さのフォトパターンが作製されていることが示された。

さらにこの手法を利用して3D構造体の作製を行った。図15に3D網目模様およびピラミッド構造を示した。網目模様はpDDA-Mナノシート30層のフォトパターニングを3回繰り返して作製した。また，ピラミッド構造はpDDA-Mナノシート40層のフォトパターニングを5回繰り返して作製した。またこれらのパターンはナノスケールで膜厚が制御されているため，それぞれの膜厚に応じた干渉色が見られている。この干渉色はチョウ，玉虫，クジャク，熱帯魚などの体に見られる構造色と同様であり，3次元ナノデバイスの作製のみならず興味深い機能である。この多段階パターニングでは，それぞれのパターニングの過程においてパターンの膜厚，形，サイズ，

第2章　材料開発の動向

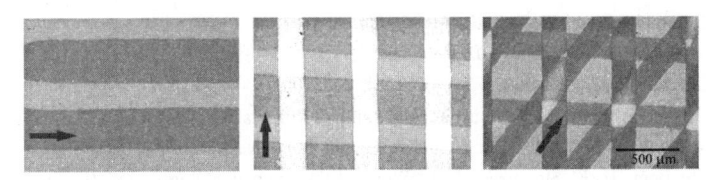

図14　ナノ構造の多段階描画

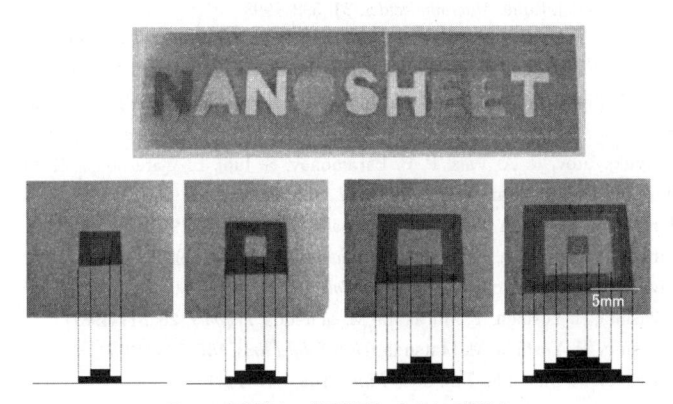

図15　多段階ナノ構造描画によるナノ構造色

位置などを選択することが可能であるため，より複雑で独創的な3D構造体を構築する方法であることが実証された。

以上の結果から，これまでの反応性高分子ナノシート単分子膜の固定化で得られた知見をナノシート多層膜の固定化へと応用し，2次元から3次元構造体の構築へと展開した。この3次元構造体の作製技術は，より複雑でかつ独創的な3次元ナノデバイスを高分子材料で自在構築する手法となりうる。

文　献

1) M. Yan, and M. A. Bartlett, *Nano Lett.*, **2**, 275 (2002)
2) K. Aoki, H. Miyazaki, H. Hirayama, K. Inoshita, T. Baba, K. Sakoda, N. Shinya, and Y. Aoyagi, *Nature Mater.*, **2**, 117 (2003)

3) S. Edmondson, and W. T. S. Huck, *Adv. Mater.*, **16**, 1327 (2004)
4) J. Sagiv, *J. Am. Chem. Soc.*, **102**, 92 (1980)
5) S. Liu, R. Maoz, and J. Sagiv, *Nano Lett.*, **4**, 845 (2004)
6) M. Ejas, S. Yamamoto, K. Ohno, Y. tsujii, and T. Fukuda, *Macromolecules*, **31**, 5934 (1998)
7) Y. Chen, E. T. Kang, K. G. Neoh, and K. L. Tan, *Macromolecules*, **34**, 3133 (2001)
8) B. de Boer, H. K. Simon, M. P. L. Werts, E. W. van der Vegte, and G. Hadziioannou, *Macromolecules*, **33**, 349 (2000)
9) O. Prucker, and J. Rühe, *Macromolecules*, **31**, 592 (1998)
10) W. T. S. Huck, L. Yan, A. Storoock, R. Haag, and G. M. Whitesides, *Langmuir*, **15**, 6862 (1999)
11) L. Yan, X. -M. Zhao, and G. M. Whitesides, *J. Am. Chem. Soc.*, **120**, 6179 (1998)
12) Richard D. Piner, Jin Zhu, Feng Xu, Seunghun Hong, Chad A. Mirkin, *Science*, **283**, 661 (1999)
13) S. F. Lyuksyutov, R. A. Vaia, P. B. Paramonov, S. Juhl, L. Waterhouse, R. M. Ralich, G. Sigalov, and E. Sancaktar, *Nature Mater.*, **2**, 468 (2003)
14) A. Barraud, C. Rosilio, A. R-Teixier, *Thin Solid Films*, **68**, 91 (1980)
15) A. Barraud, C. Rosilio, A. R-Teixier, *Thin Solid Fims*, **68**, 99 (1980)
16) T. Miyashita, K. Sakaguchi, M. Matsuda, *Polymer*, **31**, 461 (1990)
17) T. Miyashita, H. Yoshida, T. Murakata, M. Matsuda, *Polymer*, **28**, 311 (1987)
18) T. Miyashita, H. Yoshida, M. Matsuda, *Thin Solid Films*, **155**, L11 (1987)
19) T. Miyashita, M. Matsuda, *Thin Solid Films*, **168**, L47 (1989)
20) A. Laschewsky, H. Ringsdorf, *Macromolecules*, **21**, 1936 (1988)
21) B. Tieke, G. Lieser, *J. Colloid. Interface Sci.*, **88**, 471 (1982)
22) G. Lieser, B. Tieke, H. Wegner, *Thin Solid Films*, **68**, 77 (1980)
23) C. Bubeck, B. Tieke, G. Wegner, *Ber. Bunsenges. Phys. Chem.*, **86**, 495 (1982)
24) B. Tieke, G. Lieser, *Macromolecules*, **18**, 327 (1985)
25) T. Miyashita, Y. Mizuta, and M. Matsuda, *Br. Polym. J.*, **22**, 327 (1990)
26) A. Aoki, M. Nakaya, and T. Miyashita, *Macromolecules*, **31**, 7321 (1998)
27) Y. Guo, F. Feng, and T. Miyashita, *Bull. Chem. Soc. Jpn.*, **72**, 2149 (1999)
28) Y. Kado, M. Mitsuishi, and T. Miyashita, *Adv. Mater.*, **17**, 1857 (2005)

8 感光性ポリイミド・ポリベンズオキサゾール

上田　充*

8.1　はじめに

スーパーエンジニアリングであるポリイミド・ポリベンズオキサゾールに感光性を付与した高耐熱性感光性ポリイミド(PSPI)・ポリベンズオキサゾール(PSPBO)は，半導体分野における配線部分の層間絶縁膜，保護膜およびその形成プロセスを簡略化するための重要な役割を果たしている。高耐熱性感光性レジストはパターン形成後も最終製品に搭載されるため，①パターン形成に関わる諸特性(感度，解像度，現像システム，熱処理(閉環)条件等)と共に，②最終的に得られるポリマーの特性(機械強度，電気特性，寸法安定性，接着性，純度)が要求される。前者の特性は感光化という機能設計に由来し，後者の方はポリマーの骨格に由来する特性であり，高耐熱性感光性レジストの分子設計をする上で，この二つを両立させることが極めて重要である。本節では，上記の高耐熱性感光性レジストの合成に関する最近の研究例を紹介する(紙面が限られているので代表例のみ記す)。これまでのPSPI・PSPBOに関する研究は総説[1～5]を是非参照されたい。

8.2　感光性ポリイミド

8.2.1　ポジ型PSPI

テトラカルボン酸二無水物と芳香族ジアミンの開環重付加により生成するポリイミド前駆体であるポリアミック酸(PAA)に感光剤などを添加して，PSPI系を構築するのが最も簡便である。しかし，ポリアミック酸のアルカリ水溶液に対する溶解性が高すぎるために，ジアゾナフトキノン(DNQ)および類似の機能を有するアルカリ現像溶解抑止剤を加えても露光部と未露光部の溶解コントラストを得るのが難しい。そこで，この問題を解決するために，以下のPSPIが開発された。

(1)　全脂環式ポリアミック酸シリルエステル/DNQ系[6]

低誘電性PSPIとして，全脂環式ポリアミック酸シリルエステル/DNQ系が良好な感光性ポリイミド前駆体になることが見出された。ポジ型パターン形成は露光部と未露光部へのテトラメチルアンモニウムヒドロキシド(TMAH)水溶液の浸透性の違いを利用して行われている。DNQへの光照射で生成したインデンカルボン酸部にはアルカリ水溶液が浸透し，シリルエステル部を加水分解する。一方，未露光部へはDNQの疎水性のためにTMAH水溶液が浸透できない。全脂環式ポリイミドの特徴は低誘電性($E=2.45$)に加えて，ガラス転移温度が250℃以上で透明性(カットオフ波長：230nm)も高く，しかも光学異方性がほとんどないことである(式1)。

---

*　Mitsuru Ueda　東京工業大学　大学院理工学研究科　有機・高分子物質専攻　教授

（2） 反応現像画像形成[7]

反応現像画像形成によるポジ型感光性ポリイミドが開発された。レジスト構成はポリイミドとDNQで，現像液はエタノールアミン／NMP／H_2Oである。その画像形成の原理を式2に示す。

式1

式2

化学増幅系露光部のDNQから生じたインデンカルボン酸部に酸一塩基相互作用によりエタノールアミンが浸透し，イミド基へ求核攻撃する。その結果，イミド環の開環反応が起きアミドを生成する。さらに，エタノールアミンがアミドを求核攻撃し，分子量を低下させる。従って，露光部は現像液に溶解する。一方，未露光部はエタノールアミンの浸透が起こらないので，不溶のままである。すなわち，露光により，アルカリが浸透して，主鎖切断が起こり露光部のみ可溶化する。

8.2.2 ネガ型PSPI

現在市販されているネガ型PSPIは主にPAAにヒドロキシメタアクリレートをエステルで結合させたものであり［ポリ（アミド-エステル）］，光照射でアクリル部位が橋かけにより有機溶媒現像液に不溶化し，ネガ型パターンを与える。その後の熱処理により，橋かけ部を分解しイミド化される。しかし，マトリックスであるポリ（アミド-エステル）合成は煩雑であり，より簡便なPSPI調整法が望まれた。以下に重合溶液に直接添加剤を加えてPSPI溶液にする方法を紹介する。

（1） PAA／光酸発生剤／架橋剤

PAAをマトリックスに用いて，これに光酸発生剤と架橋剤を組み合わせたアルカリ現像可能なネガ型化学増幅ポリイミドが開発された[8]。光酸発生剤から生じた酸が架橋剤と反応し，ベン

第2章 材料開発の動向

ジルカチオンを生成し，これが架橋剤と反応してオリゴマーを形成，およびポリアミック酸のフェニル骨格に親電子反応し，橋かけポリマーを与える．マトリックス，光酸発生剤，架橋剤を重量比で，65：25：10で混合し，フィルムキャスト後，UV照射，露光後加熱（PEB）を130℃で3分行い，2.38wt%TMAH水溶液で現像すると良好なネガ型パターンが得られる．感度は30mJ/cm^2（膜厚1.8μm），コントラストは3.0である（式3）．

式3

同様なコンセプトで脂環式のネガ型感光性ポリイミドも報告されている[9]．芳香族ジアミンに低誘電性を狙って，かさ高いアダマンチル基が導入されている．このポリイミドの誘電率は屈折率1.57から2.72と算出されている．

（2） PAA/光塩基発生剤[10]

PAAに光塩基発生剤を添加し，露光/PEBを行うと露光部に生成した塩基の触媒作用によりイミド化が加速され，露光部はアルカリ水溶液に溶けなくなる．これを利用してアルカリ現像可能なネガ型感光性ポリイミドが得られている．さらに，塩基の作用により低温イミド化（200℃以下）も同時に達成されている（式4）[10]．

式4

感度，コントラストはそれぞれ220mJ/cm^2，12である．解像度は図1に示すようにきれいな8μmのネガ像が得られている．

（3） 感光性ポーラスポリイミド[11]

ポリイミドの低誘電率化には空孔を導入することが有効である．PAA，1,4-ジヒドロピリジン，ポリエチレングリコールジアクリレート系からなるネガ型の感光性ポーラスポリイミド前駆体が報告された．上記の3成分からなるフィルムを作成後，

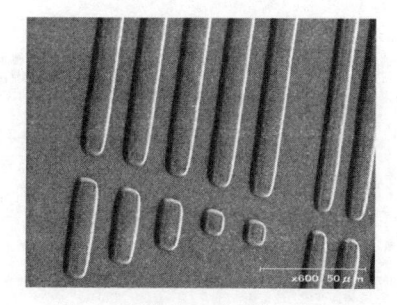

図1　ネガ型のSEM像（ポリイミド）

加熱(90℃, 15分)することで相分離したフィルムに変換する。これにUV照射(700mJ/cm^2), 露光後加熱(180℃, 10分), さらに超臨界流体(CO_2)処理, そして現像(5％ TMAH水溶液／イソプロパノール)を行い, ネガ型パターンを作成する。さらに, 380℃で2時間, 熱処理を行うとポーラスポリイミドが得られる(式5, 図2)。10μmの厚さで20μmの線幅のパターンが得られ, その誘電率は1 MHzで2.0である。このポリイミドフィルムを用いると空孔のないポリイミドフィルムに比べて20％程度の信号伝送速度の改善が図られる。

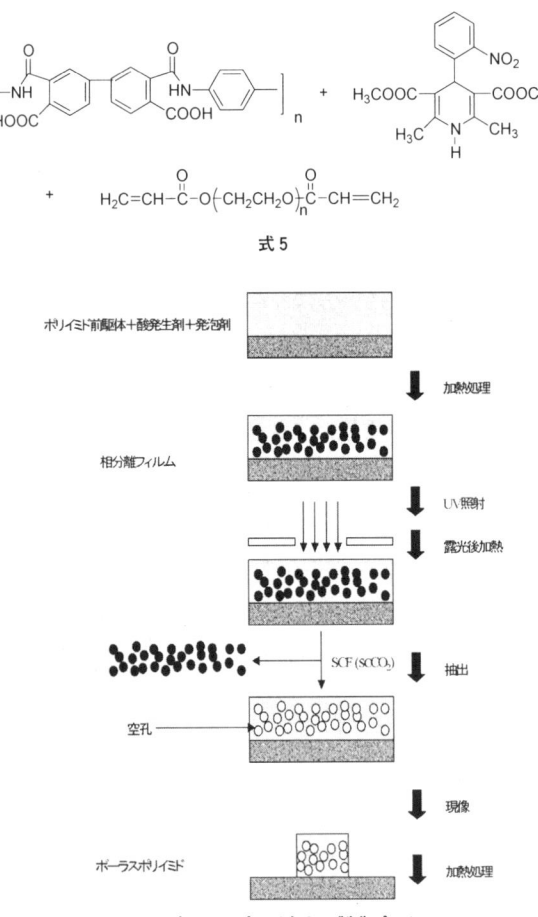

式5

図2　ポーラスポリイミドの製造プロセス

第2章　材料開発の動向

8.3　感光性ポリベンズオキサゾール

　PSPBO系の調整はハロゲンフリー合成法で行われている。まず、ジカルボン酸と縮合剤との反応で活性ジエステルを合成する。次にビス(o-アミノフェノール)との重合によりポリ(o-ヒドロキシアミド)(PHA)を得る(式6)。

式6

　このPHAを溶媒に溶かし、これにアルカリ溶解抑止剤であるDNQを加えてPSPBO系を構築する。このプロセスは煩雑であり、簡便なPSPBO調整法が望まれた。

8.3.1　簡便なPSPBO調整法[12]

　ジカルボン酸誘導体の代わりにジアルデヒドを用い、ビス(o-アミノフェノール)との重合を行うとポリ(o-ヒドロキシアゾメチン)(PHAM)が得られる(式7)。

式7

　PHAM溶液にDNQを加えSiウエハー上に塗布すると膜厚3μmのフィルムが得られ、これにg線露光、現像を行うとポジ型パターンが得られる。レジストの感度は120mJ/cm^2、コントラストは2.2である。このパターンを空気中300℃で熱処理するとPBOのパターンなる。
　さらに、現行の微細加工用フォトレジストで用いられるキャスト溶媒は、環境低負荷性のものに置き換わっており、脂肪族エステル系が中心である。そのような溶媒系から乳酸エチルを選んでPHAMの重合を行うと、数平均分子量は11,000程度となり、N-メチルピロリドン(NMP)などのアミド系溶媒を用

119

いた場合と同等のポリマーが得られる[13]。このように，重合の脱離成分が水のみで，かつ，汎用レジスト溶媒を用いた直接パターニング法の確立は，工業的に非常に大きな意義をもっている。

8.3.2 化学増幅系[14]

厚膜でパターンを形成するため，および，信号遅延を低減するような絶縁膜に応用するためには，PSPBOの高透明性と低誘電性が必須である。これらを同時に実現するような半脂環式PSPBOが開発された。それは，PHA主鎖骨格中に嵩高い脂環式構造のアダマンタンを導入し，芳香環(sp^2)とは異なるsp^3炭素を含んだ構成にすることで，モル分極率および分子密度を効果的に低減している。実際に，アダマンチル基を有するPHAは，300nm以上に吸収はなく，膜厚2.3μmのフィルムのi線(365nm)における透過率は99%と非常に高い透明性を示す。また，屈折率換算による1.0MHzにおける誘電率は，2.55と見積もられ，低誘電性を示している。その一方で，PBOとして求められる高耐熱性は維持されており，ガラス転移温度，および5%重量減少温度は，それぞれ302℃，518℃である(式8)。

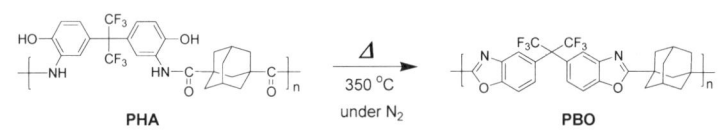

式8　半脂環式PHA(PAHA)およびPBO(PABO)

このPHAを用いたPSPBOは酸分解型架橋剤TVEB，光酸発生剤DIASの三成分系からなる化学増幅機構を導入したポジ型PSPBO(PAHA/TVEB/DIAS＝80/15/5(wt)，膜厚2.0μm)が開発され，感度およびコントラストはそれぞれ40mJ/cm^2，4.0である。このレジスト系ではまず120℃の加熱でTVEBのビニルエーテル部とPHAの水酸基とでアセタール結合が生成する。次に，露光部のDIASより発生する酸が，この弱いアセタール結合を切断することでPHAを再生し，アルカリ現像液に対する溶解性を与えて画像形成を可能にしている(式9)。

8.3.3 化学増幅系／低温環化[15]

PHAからPBOへの変換は350℃の熱処理が必要である。PSPBOの広範囲な展開には低温環化が必要である。そこで，部分t-BOC化されたPHAと光酸発生剤(PTMA)からなるアルカリ現像可能なPSPBO系が開発された。光酸発生剤から発生した酸により脱t-BOC化を行うと，露光部がアルカリ水溶液に可溶となり，高感度でポジ像が得られる。このポジ像を熱処理すると光酸発生剤から酸が発生し，ポジのPHA像がポジのPBO像に変わる。すなわち，酸の作用により低温PBO化(250℃)も同時に達成されている(図3)。

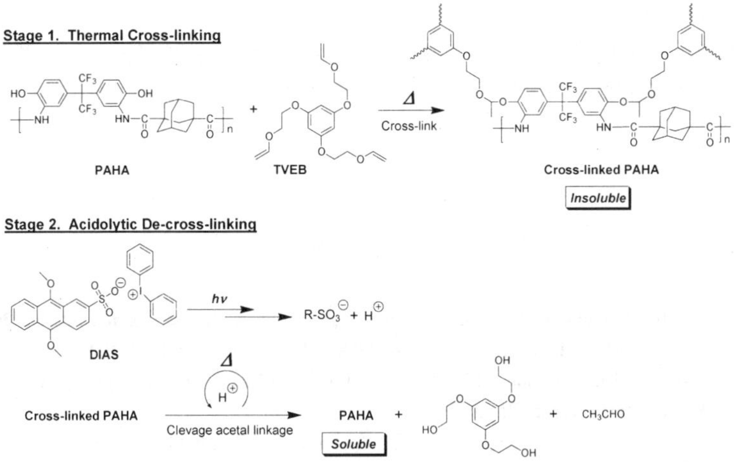

第 2 章 材料開発の動向

Stage 1. Thermal Cross-linking

PAHA + TVEB → (Δ, Cross-link) → Cross-linked PAHA (Insoluble)

Stage 2. Acidolytic De-cross-linking

DIAS → (hν) → $R\text{-}SO_3^-$ + H^+

Cross-linked PAHA → (Δ, H^+, Clevage acetal linkage) → PAHA (Soluble) + HO-Ar-OH誘導体 + CH_3CHO

式 9　酸分解型架橋剤を用いた化学増幅ポジ型 PSPBO のメカニズム

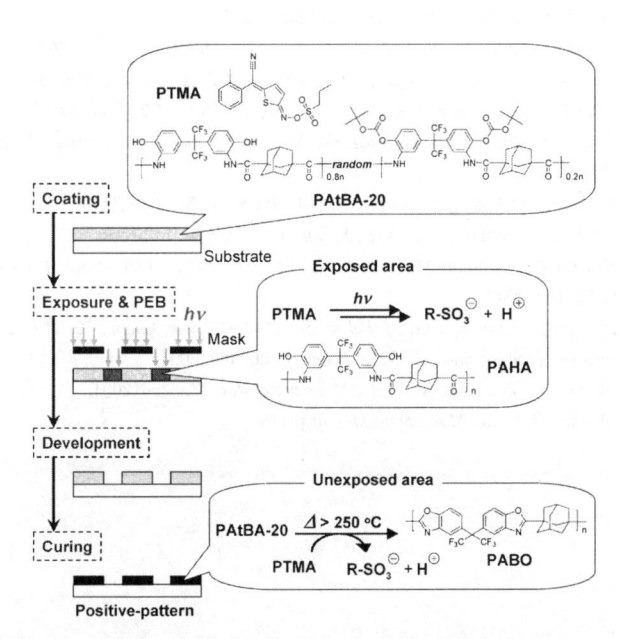

PTMA
PAtBA-20

Coating → Substrate

Exposure & PEB (hν, Mask)
Exposed area: PTMA →(hν)→ $R\text{-}SO_3^-$ + H^+
PAHA

Development

Curing
Unexposed area: PAtBA-20 →(Δ > 250 ℃, PTMA, $R\text{-}SO_3^-$ + H^+)→ PABO

Positive-pattern

図 3　PHA/光酸発生剤からなる PSPBO のパターン形成と低温環化プロセス

8.4 おわりに

PSPIやPSPBOの用途は今後さらに広がると予想される。それに伴い，今後とも多く要求に応えるPSPIやPSPBOがより簡便に，そして環境負荷の少ない形で開発されることを期待する。

文　　献

1) T. Omote, "Polyimides: Fundamentals and Applications", *Plastics Engineering Ser.*, **36**, ed. by M. K. Ghosh, K. L. Mittal, Ed, Marcel Dekker, Inc., New York p.121 (1996)
2) M. Asano and H. Hiramoto, "Photosensitive Polyimide" ed. by K. Horie and T. Yamashita, *Technomic*, Lancaster, p.121 (1995)
3) 望月周，最新ポリイミド・基礎と応用，今井淑夫，横田力男編，エヌ・ティー・エス，p.339 (2002)
4) 上田充，日本写真学会誌，**66**, 367 (2003)
5) 福川健一，上田充，高分子加工，**54**, 346 (2005)
6) Y. Watanabe, Y. Shibasaki, S. Ando, M. Ueda, *Chem. Mater.*, **14**, 1762 (2002)
7) T. Fukushima, T. Oyama, T. Iijima, M. Tomoi and H. Itatani, *J. Polym. Sci. Part-A, Polym. Chem.*, **39**, 3451 (2001); 福島誉史，友井正男，高分子加工，**50**, 553 (2001)
8) Y. Watanabe, K. Fukukawa, Y. Shibasaki, M. Ueda, *J. Polym. Sci. Part-A, Polym. Chem.*, **43**, 593 (2005)
9) Y. Watanabe, Y. Shibasaki, S. Ando, M. Ueda, *Polym. J.*, **37**, 270 (2005)
10) K. Fukukawa, Y. Shibasaki, M. Ueda, *Polym. Adv. Technol.*, in press
11) A. Mochizuki, T. Fukuoka, M. Kanada, N. Kinjou and T. Yamamoto, *J. Photopolym. Sci. Technol.*, **15**, 159 (2002)
12) K. Ebara, Y. Shibasaki, M. Ueda, *J. Polym. Sci. Part-A, Polym. Chem.*, **40**, 3399 (2003)
13) K. Fukukawa, Y. Shibasaki, M. Ueda, *Polym. J.*, **36**, 489 (2004)
14) K. Fukukawa, Y. Shibasaki, M. Ueda, *Macromolecules*, **37**, 8256 (2004)
15) K. Fukukawa, M. Ueda, *Macromolecules*, in press

第3章 硬化装置および加工技術の動向

1 EB硬化装置の現状

鷲尾方一*

1.1 はじめに

　EBの工業利用の歴史は古く，1957年のレイケム社によるポリエチレンの熱収縮チューブ製造，また1960年のGE社による架橋ポリエチレン絶縁テープの製造に始まる。日本でも1961年に住友電気工業㈱がGE社と同様の技術を実用化した。放射線化学の歴史の中で最も大きなエポックの一つであった水和電子の発見（加速器を使った歴史的な発見，HartとBoagによる）が，1962年であったことを考え合わせると，加速器の産業利用が如何に早い時代に始まっていたかについて改めて驚かされる。このレイケム社及びGE社による工業化は，イギリスの故Charlesby博士によるポリエチレンの放射線架橋の発見（1952年）が引き金になっている。

　以来40年余の日時を経た現在では，EBの利用の形態は非常に多岐にわたるようになってきた。産業用に利用されるEBのエネルギーの範囲も上は10MeVから下は数10keV程度まで非常に広く，このエネルギーの範囲で画期的な応用が数多く行われている（10MeVという上限値は，おもに物質の放射化を避けることを目的として設定されている）。

　産業界においては，上記の範囲のエネルギーを持つ加速装置を3つに分類している。10MeV～5MeVを高エネルギー装置，5MeV～300keVを中エネルギー装置，300keV以下を低エネルギー装置と分類しているが，これらは概ね加速器の形式の違いに対応していると同時に，用途もこの3つの範囲で大別することができる。本節では，まずEBの産業応用に利用される加速装置に関連する情報，特に低エネルギーEB装置について紹介し，その後EBの応用を行うにあたって重要となる事実，特に物質に対するエネルギー付与の基本的な考え方について紹介し，更にEBの産業応用について，例を挙げて簡単に解説し，終わりに今後の展望を簡単に述べる。

　なお参考のため以下にレントゲンのX線発見以降の主なイベントを簡単に記載しておく。

1895年	レントゲン	X線の発見
1896	ベクレル	ウランからの放射線発見
1897	トムソン(J. J. Thomson)	電子の発見

＊　Masakazu Washio　早稲田大学　理工学術院　理工学総合研究センター　教授

1898年	マリー・キューリー	ポロニウム，ラジウムの発見
1931	ローレンス，スローン	線型加速器発明
1932	ローレンス	サイクロトロン発明
1932	コッククロフト，ウォルトン	静電型加速器発明
1948	ドール	ドールによる放射線架橋の論文
1952	チャールズビー	ポリエチレンの放射線架橋発見
1957	レイケム社	ポリエチレン熱収縮チューブ開発
1960	GE社	架橋ポリエチレンテープ実用化
1961	住友電工	電子照射ポリエチレン電線製造開始
		電子照射熱収縮チューブ製造開始
1963	日本原子力研究所	高崎研究所設立
1967〜	ヨーロッパ	電子滅菌実用化
1970〜	電子照射技術を適用した，タイヤ，発泡プラスチックの生産開始	
	各種(架橋フィルム，リリースコート等)の電子硬化プロセス実用化	
1980〜	FAO/IAEA/WHO	食品照射の健全性宣言(＜10kGy以下)
1986〜	フランス	電子線を用いた食品照射実用化
1991〜	日本で医療用具のEB滅菌実用化(初の厚生省認可)	
1990〜	各種電子線プロセスの実用化	
	自動車用電線，トンネル内装鋼板，半導体への欠陥導入，PTFE分解，電池隔膜，	
	高機能グラフト膜，生分解プラスチック，電子線装置の小型化	
2000〜	VOC，ダイオキシン除去テスト，各種機能材料の実用化	
	電子線装置の超低エネルギー化	

1.2 EB照射装置の概要 [1〜10]

1.2.1 低エネルギーEB装置

上で述べたように低エネルギー装置は，エネルギーが300keV以下程度の電子を取り出すもので，通常高電圧の変圧器を用い直流で幅の広いカーテン状の電子流を得ることができるようになっている。カソードの構造や電子の発生方法等が異なる種々の装置が実用化され，実生産ラインや実験に利用されている。

このエネルギー領域の装置はEBを大量に取り出すものの，エネルギーが低く，構造も自己遮蔽となっているため，放射線発生装置には該当しない。そのため設置に際しては，所轄の労働基準監督署に設置1ヶ月以上前に届出を済ませればよく，放射線取り扱い主任者も必要ない。なお

第3章 硬化装置および加工技術の動向

最近、パルスEBを使う低エネルギー装置で、加工効率が連続EBよりも良いケースがあることが報告されている。

1.2.2 中エネルギーEB装置

この領域では通常の変圧器では電圧的に高すぎ対応できない。そこで特別な昇圧回路（コッククロフト―ウォルトン型、ダイナミトロン型等）を使い、電子銃と加速管及び走査用の電磁石を組み合わせた形で、幅の広いものまでプロセスできるように工夫している。

1.2.3 高エネルギーEB装置

高エネルギー領域では10MeV～5MeVの範囲で電子を加速するため、中エネルギー領域で用いられる特別な昇圧回路を用いても、放電等の問題が深刻となるため採用しにくい。一般的に高エネルギー加速を行うためには、高周波を用いた加速装置が一般的になる。この形式で最も一般的な装置はライナックであり、最近では平均電流で2mAのものが実用化されている。また最近では、ロードトロンと呼ばれる新しい加速器が実用化され、10MeV・20mAといった大出力の装置が稼動を始めている。

表1に種々の電子加速器の分類とその用途例を示す。

表1 加速器の分類

	装置名	特徴	主用途
静電型加速器	Min-EB	超小型	インキ硬化
	WIPL キュアトロン リングビーム EZ-V 等	小型・高出力	プロセシング
	コッククロフト ダイナミトロン	大出力	プロセシング一般
	バンデグラーフ ペレトロン	高安定	研究用（年代測定等）
高周波加速器	ライナック	高エネルギー	滅菌、素粒子物理、物理化学、その他
	サイクロトロン	大出力	加工、医療用、核物理
	シンクロトロン	高エネルギー	放射光発生、新ビーム発生

なお、1.4で述べるが、EBのエネルギーの高低が反応の中身に影響することは、ほとんどない。エネルギーの高いEBは透過力が、低エネルギーのものより大きいという点がポイントであり、高エネルギーのEBが特別な反応を起こすことは、特に10MeVまでのEBエネルギーでは考えなくてよい。

また，装置の値段も一昔前に比べると，格段に安価になっており，一部で誤解が残っているようなので，是非，メーカー各社に販売価格を問い合わせてほしい。

1.3 低エネルギーEB装置とは？

上で述べたように，一般に低エネルギーEB装置と呼ばれるものは，電子エネルギーで300keV以下の装置の総称ということになる。因みに300keVを超え5MeV以下のエネルギーを持つ装置を中エネルギーEB装置，5MeVを超え10MeV以下の装置を高エネルギー装置と分類しているが，これは装置の形態がこれらのエネルギー境界付近で大きく変わってくることに起因している。低エネルギーEB装置では通常変圧器を使って高電圧を発生させ，DC的に電子を加速するというものが一般的になる。

1.3.1 低エネルギーEB装置の機能と構成

低エネルギーEB装置は，プロセスを行うべき物質に対して電子流を当て，物質の中に化学反応や物理反応を誘起し，物質の化学的状態，物理的状態を変化させそのものの持つ機能や特性を変化させるために利用される。さてここで，低エネルギーEB装置から取り出される電子流には，どんな特性があるのだろうか？　その辺のことをここでできるだけ分かりやすく解説してみよう。

まず，最初に電子そのもののことを考察してみよう。プロセス装置で使われる電子流は何か特別な物なのだろうか？　否，これは普通に我々が電気として利用している電子の流れと基本的に同じ物といえる。違う点は電気として利用している電子の流れは電線の中を移動しているが，我々がプロセスに使う電子流は空間を自由に飛んでいる完全な自由電子であるということに尽きる。したがって，通常の低エネルギーEB装置で電子流を作るためには，金属のカソードを加熱して表面に湧き出してくる自由電子を電界の力で引き出し，加速して物質の束縛から解き放つ，ということを行っているのである。そのイメージを図1に示した。

ここで注意が必要なのは，電子は通常の大気中では，窒素や酸素などの気体分子と頻繁に衝突してしまうので非常に短い距離で消滅してしまうため，EB装置では電子流を取り出し更に加速を行う空間を真空に保つ必要がある。次に，ここで取り出された電子流をプロセスに必要なエネルギーにまで加速する必要がある。このため，EB装置ではカソードをマイナスの高電圧に保ち，電子にとって加速の電界がカソードからアース電位に向かって出来上がっている状態を作るのである。次に，プロセスを行うためには電子を大気中に取り出さねばならない。そのため，非常に薄い金属箔(場合によっては半導体膜等も使われる)を真空容器と大気の間に設置し，

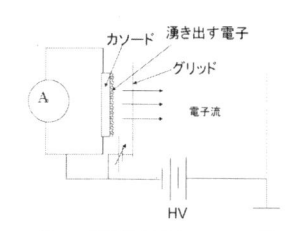

図1　電子取り出しのイメージ

第3章 硬化装置および加工技術の動向

電子がこの箔を通り抜けることで電子流を大気中に取り出すのである。

さて，このようにして電子流が大気中に取り出されるシステムが構築されているのであるが，実際にプロセスに利用するためにはプロセスにあった幅のEBを安定に大気中に取り出されていなければならない。この時の安定という意味は，プロセス中のエネルギーの安定性，電子電流（電子流の量）の安定性，そしてプロセス幅内での安定性である。プロセス幅とは，例えば幅1mのシートを処理しているとした場合にその幅の中での電子流の量がどの程度均一かということである。

これらのパラメータが安定に保たれていると，プロセスは順調に進むと考えて良いだろう。

1.3.2 EB装置開発の新しい潮流

すでに述べたように，線源となる加速電子ビームを発生させるためには，加速器が必要となる。昨今の加速器開発の状況を見ると，明らかなキーワードがある。すなわち「超小型化」である。これは電子線装置のみならず，シンクロトロン，サイクロトロン，イオンビーム装置共通の流れである。従来の加速器は，巨大で大変高額な装置であることが，ひとつのステータスになっていたようであるが，実際の産業向けの装置としては，占有スペースを如何に小さくできるか，如何に安全にしかも安価にできるか，こういった観点からの開発が続けられた結果，現在のように，実用的に極めて有用な装置群が現出したと考えられる。

1.3.3 各社の装置の状況

低エネルギーEB装置の製造会社については，現状で情報の入るいくつかの会社の製品について，以下で説明を行う。具体的には，商品としての低エネルギーEB装置を製造販売しているのは次の各社である。

① 株式会社NHVコーポレーション
② 岩崎電気株式会社（ESI社）
③ 電気興業株式会社
④ ウシオ電機株式会社

㈱NHVコーポレーションでは専用の低エネルギーEB装置として，キュアトロンと自己シールド型EPS装置を持っている。特にキュアトロンには研究用の小型のパッケージ型装置と生産用の装置の2系列がある。研究用の装置は150keV～250keVの，また生産用装置は150keV～300keVの加速エネルギーまで対応できるようになっている。基本的にはユーザーの仕様に合わせた受注生産で対応しているようである。またNHVでは粉体等を照射するための特別な装置ソフトエレクトロン装置を実用化している（図2）。

図2 ソフトエレクトロン装置

岩崎電気㈱(ESI)の商品は大きく分けて実験機と生産機に分類できる。実験機はウェブ幅(プロセスを行うものの幅)15cm〜30cm，加速エネルギー50keV〜300keV，出力電流10mA〜30mAのものが用意されている。このうち実験用の超低エネルギー装置としてビームサット(図3)を，また，生産用の超低エネルギー装置としてEZ-V(図4)を実用化している。また岩崎電気ではウェブ照射のみならず，立体的な照射(3方向からビームを内側に向けて照射)を行うリングビーム装置(図5)も実用化している。

電気興業㈱では低エネルギーEB装置(及び中エネルギーEB装置)としてエレクトロンシャワーを持っている。この装置は上記3社の装置と異なり，RF(高周波)により電子を加速するシステムとなっているため，比較的コンパクトな装置構成となっている。また，この装置は加速エネルギーを300keVから1MeVまで1台の装置で連続可変できる。

ウシオ電機㈱では，超低エネルギーEB装置，Min-EBを商品化している(図6)。この装置は加速エネルギー30〜70keV，最大電流1mA(電子管1個当たり)の性能を持っている。この装置で

図3　超低エネルギーEB装置　ビームサット

図4　EZ-Vとマイクログラビアコータ

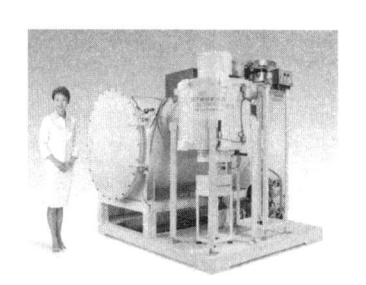

図5　リングビーム装置

図6　Min-EB装置

第3章　硬化装置および加工技術の動向

は標準で5本組込みタイプとなっており，装置全体が極めて小型化されている．

1.4 EB照射の物理化学的理解
1.4.1 EBエネルギーの吸収

　EB加速器から取り出されたEBは，照射対象物に入射されて初めてその役目を果たしはじめる．物質中に入射したEBは，物質中に多数ある核外電子と相互作用し，その結果物質中に多量の2次電子を発生させる．この2次電子の平均的なエネルギーは100eV程度と言われている．例えば入射電子が200keVのエネルギーを持っていたとすると，1個の電子から約2,000個の2次電子が発生することになる．

　実際にイオン化や励起反応に寄与するのはこの2次電子であり，最初に入射したEBのエネルギー（5MeVとか10MeVとか表現されている）は透過力と発生2次電子の数に影響を及ぼすものの，入射電子のエネルギーによって誘起されるイオン化や励起反応の本質が変わることはない．

　また，加速電子と物質の相互作用が核外電子とが支配的で，原子核との相互作用によるものではないということは，後で述べるように比重が同じであっても，透過力が異なる場合があるという点において特に重要である．つまり，比重が同じものでも電子密度が高ければ高いほど電子を止める力が大きい，すなわち透過力が小さくなることを意味している．

　分子量（あるいは原子量）当たりでもっとも電子の存在比率の高いものは水素分子であり，この場合は分子量2に対し電子数が2である．一方炭素は原子量12であり電子数は6と水素に比べて半分の電子密度になる．つまり種々の材料のEB加工に際して，対象材料の中にある水素分子の多少により，エネルギー吸収の多少が生じ，更にEBの透過力にも影響を与えることになるので，厳密な線量制御が必要な場合には，この点の考慮を十分にしておく必要がある．

1.4.2 EBの物質中での吸収線量分布

　EBのエネルギーの物質への賦与のしかたは，上で述べたように物質の電子密度に大きく依存する．これを計算するためには，あらかじめ対象物の構成元素の各種エネルギーのEBに対する断面積に相当する値（STOPPING POWER）が分かっていなければならない．現在では多くの元素について，広い電子エネルギー範囲でこの値が求まっている．これをベースに開発された線量分布計算ソフトEDMULT[11]を用いると実際に対象とする物質中での線量分布を計算することができる[12]．

1.4.3 EB反応の基礎

　まず，EBが物質に入射し，その物質の単位体積当たり（放射線化学の分野では，mole/l単位で表す．）にどの程度の活性種が生成するかについての計算方法について説明する．まずこれを計算するためには，吸収線量D（単位Gy：グレイ＝J/kg），放射線化学のG値（100eV当たり，生成する

活性種の数），及び物質の密度 ρ (g/cm³) の３つの量を知る必要がある。Dの値は，一般には物質の深さ方向の各点で異なるが，ここではある１点での吸収線量がDであるとして，その点でどの程度の活性種が生成したかを計算する。

さてD[Gy]をeV単位で表すと，$6.24 \times 10^{18} \times D$ [eV/kg]となる（これは単純にJからeVへの単位系の変更）。更にG値と ρ を使って活性種の濃度cを求めると，次に示すような式となる。

$$c = \frac{6.24 \times 10^{18} \times D \times G \times \rho}{100 \times 6.02 \times 10^{23}} \quad [\text{mole/l}]$$

$$= 1.037 \times D \times G \times \rho \times 10^{-7} \quad [\text{mole/l}]$$

ここで吸収線量Dが30kGyで，活性種の生成G値が３であると仮定し，更に被照射物の比重が１であったとすると，活性種の生成濃度は10［ミリmole/l］となる。

放射線化学反応の基本メカニズムは概略下記のようにまとめることができる。

$$M \rightsquigarrow M^+ \cdot + e^- \quad (1)$$

$$M \rightsquigarrow M^* \quad (2)$$

$$M^+ \cdot + e^- \rightarrow M^* \quad (3)$$

$$M^+ \cdot \rightarrow A^+ + B \cdot \quad (4)$$

$$M + e^- \rightarrow M^- \cdot \quad (5)$$
$$\quad \rightarrow C \cdot + D^- $$

$$M^* \rightarrow R_1 \cdot + R_2 \cdot \quad (6)$$

ここでMは被照射物中でプロセス上重要な役割を果たす分子と考える。

我々が対象とする被照射物は多岐にわたり，物質ごとに反応の詳細は変化する。そこでここではMとして低分子量の飽和炭化水素系のものを想定し，反応の時間スケール等について現在まで分かっている部分について説明する。上記反応の内イオン化（反応(1)）及び励起（反応(2)）はほとんど物理現象であり，10^{-15} 秒程度で起こる。反応(1)に引き続く対イオン再結合は，電子の熱化を経て拡散とクーロン相互作用を受けながら親イオンと再結合する過程であり，シクロヘキサンのような液相飽和炭化水素系ではこの反応は１ピコ秒以内にほぼ完了してしまう。一方この過程は液

第3章 硬化装置および加工技術の動向

体の粘度が大きい長鎖アルカンでは数100倍程度遅くなり，ピコ秒パルスラジオリシスシステムで測定が可能になっている。またある種の固体中(エチレンプロピレンゴム)では，イオン化時に発生した電子と思われる活性種がごく短時間(照射後2ナノ秒程度)の間，測定されている。更に，アルキルラジカルと思われる反応中間体もナノ秒の時間領域ですでに生成が確認されている。

このような事実から，通常の意味での拡散が抑制されている固体高分子中でも上記反応の(1)〜(6)は非常に早い反応であり，ラジカル生成は基本的に吸収線量に比例して，被照射物の中に生成されると考えても問題がないと考えられる(ただし反応(5)は官能基として電子親和力の強いハロゲン等を含む場合に重要で，飽和炭化水素系では，殆ど無視して良い。したがって，ラジカル発生については反応(4)及び(6)が重要である。反応(4)でのラジカル発生ではプロトンの脱離が起こることになるし，反応(6)でのラジカル発生では水素原子が脱離することになる)。このようにして発生したラジカルがポリエチレン等では架橋反応へ向かうことになる。

1.5 EB照射の産業応用の概要

EBによって，有機・無機材料の改質を行うことはすでに多方面で広く行われている。高分子の改質では，ポリマーの架橋，分解を用いたプロセスが実用化[13,14]されている。またEB重合も表面キュアリング[15〜21]という形で広く実施されている。特に50keV程度の超低エネルギー電子線では，これまでにない新しい応用の可能性も指摘され始めている[12]。つまり，極端にエネルギーが低いため，材料のごく表面のみを修飾できるため，例えば1枚のフィルムの表と裏に異なる物性を付与することが容易にできるようになる。また，電子線が表面の非常に薄い領域で止められてしまうため，エネルギー吸収(吸収線量)が劇的に大きくできるといった，新しい使い方ができるようになる。すでに東洋インキ製造㈱では，この超低エネルギー電子線装置を顔料濃度の極めて高いインキに適用して，インキの厚みが薄くても，極めて色味のよい印刷技術を確立している。

また高分子以外でも例えば半導体の特性制御[22]や環境保全の分野で画期的な応用展開が見られる。更にEBを使った医療用具・実験用具の滅菌[23]も非常に活発な動きを見せるようになってきており，EB応用の広がりは今後も目の離せないものとなりそうである。

1.6 今後の展望

産業用の電子加速器は，すでに述べたように高周波をパワー源としたライナックやロードトロンといった高エネルギー装置，コッククロフト—ウォルトン，ダイナミトロン等を用いた中エネルギー装置，更に通常の高電圧変圧器を電源とした低エネルギー装置が一般的である。しかしこれらの装置は原理的には1930年代に加速器が発明されて以来進歩していないと極論することが出来る。もちろん，装置の構成要素の進歩には目をみはるものがあるが，原理的に変化があったの

は電子発生方法におけるWIPLの登場のみであろう。

最近，EB発生装置に光電子発生と高周波加速を組み合わせた新しい加速器が登場し，科学技術の分野で話題となっている。この装置はよく制御された光（レーザー光を用いる）を高周波加速管の中に直接導入し，カソードから光電子を発生させることで，高品質のEBを得るというものであり[24, 25]，装置サイズが非常に小さく（本体は高々10数cmしかない），エネルギーが4MeVを超える高性能なものである。但し現時点では出力が小さく，産業用という訳には行かず，理化学用の加速器の入射器として利用されているに過ぎないが，近いうちに高いデューティーの運転が可能な装置が開発される可能性もあり，今後の発展に注目をする価値があろう。

1.7 おわりに

以上EB装置について概説してきたが，もちろんここで述べたものはEB利用のごく一部の技術に過ぎない。ここで述べた他にも低エネルギーから高エネルギーまで非常に広い範囲でEBが利用されており，もはや決して特殊な技術ではない，と言うことができるほどに利用形態が広がってきている。EBを使った重合システム（特にキュアリングの観点）も着々と成果を上げはじめており，今後更にEBの産業応用の範囲が広がって行くことが期待されている。

文　献

1) 鷲尾方一，低エネルギー電子線照射の応用技術，シーエムシー出版，pp.223-224(2000)
2) H.Tanaka, Proc. RadTech Asia, pp.509-514(1991)
3) 鷲尾方一，合成樹脂工業，6号，188-191(1991)
4) D.A.Meskan et al., Proc. RadTech Europe, pp.93-103(1991) ; D.A. Meskan et al., Proc. RadTech North America, 1, pp.375-380(1992)
5) 上原昇平ほか，合成樹脂工業，6号，181-183(1991)
6) B.Thorburn, Proc. RadTech North America, 2, pp.411-424(1992)
7) 吉田安雄，合成樹脂工業，6号，184-187(1991)
8) P.M.Fletcher, Proc. RadTech North America, 1, pp.398-410(1992)
9) S.V.Nablo, ibid., pp.425-439
10) 熊田幸生，ISOTOPE NEWS, No.477, 16-18(1994)
11) 多幡達夫，放射線化学，No.53, 2-10(1992)
12) 市村國宏，UV・EB硬化技術の現状と展望，シーエムシー出版，pp.91-103(2002)
13) K.Ueno et al., Radat.Phys.Chem., 46(4-6), 1011-1014(1995)
14) S.Tokuda et al., Radat.Phys.Chem., 46(4-6), 905-908(1995)

第3章 硬化装置および加工技術の動向

15) 向吉俊一郎,放射線と産業, No.61, 8-11(1994)
16) 大庭敏夫,放射線と産業, No.61, 12-14(1994)
17) 上野長治,放射線と産業, No.52, 22-28(1991)
18) 上野長治,ラドテック研究会年報, No.9, 53-58(1995)
19) 神谷昌博,繊維と工業, **53**(10), 334-338(1997)
20) 公開特許公報,平2-602,平2-306550,平3-129665;日経マイクロデバイス,8月号, 136(1996)
21) 久保田悠一,放射線と産業, No.41, 10-15(1988)
22) 望月康弘,放射線と産業, No.64, 14-18(1994)
23) 山瀬豊,クリーンテクノロジー, **6**(5), 32-36(1996)
24) X. J. Wang et al., *Nucl. Instr. Meth. In Phys. Res.*, A356, 159-166(1995)
25) 鷲尾方一ほか,表面科学, **19**(2), 23-29(1998)

2 UV装置の現状

木下　忍*

2.1　はじめに

近年,環境汚染の問題から無溶剤塗料や水性塗料の硬化技術が注目されている。その代表的な処理技術がUV(=紫外放射(線))硬化技術である。実際に利用する前に,各々の処理技術の特徴を知ることが非常に重要である。本節ではUVの基礎とUV装置の現状について紹介する。

2.2　UVの基礎

2.2.1　光の分類

光というと目に見える可視光線(380nm～780nm)を思い浮かべるが,「光」とは『広辞苑』(第五版)によると「目を刺激して視覚をおこさせる物理的原因。…可視光線を主に赤外線・紫外線をふくめ,波長が約1nmから1mmの電磁波。」と定義されている。この電磁波というとγ線やX線も同じ仲間であり,我々は波長により図1のように分類した。特に今回のUVは,UV-A,UV-B,UV-Cに分類されている。

2.2.2　光のエネルギー

光のエネルギーは光子の1つ1つが持つエネルギーの総和で,ジュール(J)あるいは1秒当た

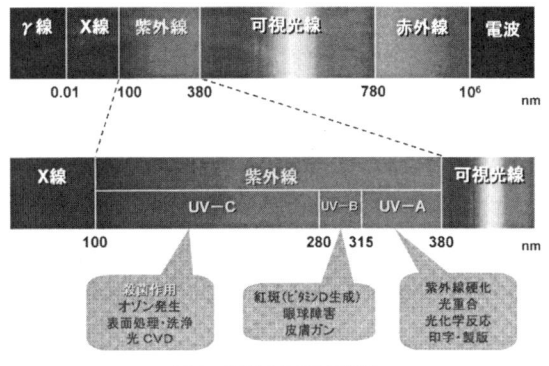

図1　電磁波とUVの分類

---

*　Shinobu Kinoshita　岩崎電気㈱　光応用事業部　光応用営業部　技術グループ　次長
　　　　　　　　　　　兼　技術グループ長

第3章 硬化装置および加工技術の動向

りにしたワット（W＝Js^{-1}）の単位が使われ，エレクトロンボルト（eV）として表すこともある。

　光のエネルギー（E）は，その光の振動数（ν）に比例し，νにプランク定数（h）を掛けたもので求められ，振動数（ν）は光速（C）を波長（λ）で割ることで求められる。

$$E = h\nu = hC/\lambda \tag{1}$$

　(1)式のプランク定数および光速は分かっているので，波長が決まればエネルギーも決まる。つまり，短波長になるほどエネルギーは強くなる。また，エネルギーをeVで表す場合には，1240/λ（波長〈nm〉）で求めることができる。

2.2.3　UV硬化反応を考えるのに重要な法則

　物質の光化学反応は，光化学の第1法則と第2法則が非常に重要である。

　光化学の第1法則（Grotthuss-Draperの法則）は「光化学変化は投射光量のうち，吸収された光によってのみ起こる。」であり，UV硬化を考える場合には，光重合開始剤の吸収特性とランプの発光特性（波長）が一致することが重要である。

　また，光化学の第2法則（光の量子性）は「光の吸収は光量子単位で行われ，1個の分子が1個の光量子を吸収し，それにより1個またはそれ以下の分子が反応する（このとき，分子が反応する確率を量子収率，または量子収量という）。別名Stark-Einsteinの法則。また，光当量則とも呼ばれる。」

　更に，塗膜厚さ方向の硬化を予測するのに重要なランベルト・ベールの法則がある。この法則は次のとおりである。

　塗膜厚さd濃度cの塗膜に光が入ってきたとする。この時入射光の強度I0と透過光の強度Iとの間に，一般にランベルト・ベールの法則と呼ばれる次の関係がある。

$$-\log(I/I0) = \varepsilon\,cd \tag{2}$$

　ここで$-\log(I/I0)$は吸光度，εは吸光係数である。塗膜の場合，塗料濃度cも一定と考えられるので，一定の塗膜厚さで入射光と透過光の強度比（透過率）を測定することで，ε・cの定数が求められる。そこで実際の塗膜厚さでの硬化状態は，表層のUV強度から塗膜透過後のUV強度が推定できるので，塗膜全体の硬化状態も推定できる。

　以上の法則は装置選定に対しても非常に重要であるので参考にしてほしい。

2.2.4　光量

　UV硬化を行う場合，そのUV量として次の用語（単位）が使用される。

① 照度：単位面積当たりに受ける照射強度で，W/m^{2}又はmW/cm^{2}で表される。時にはランプ直下等で集光されて得られる最大の照度値をピーク照度という。この照度およびピーク照度はUV硬化用照度計で計測でき，市販されている。ただし，照度計には受光感度があり，測定したい波長領域の受光器を選定する必要がある。図2は，260nm付近をピーク，365nm付近

135

UV・EB硬化技術の最新動向

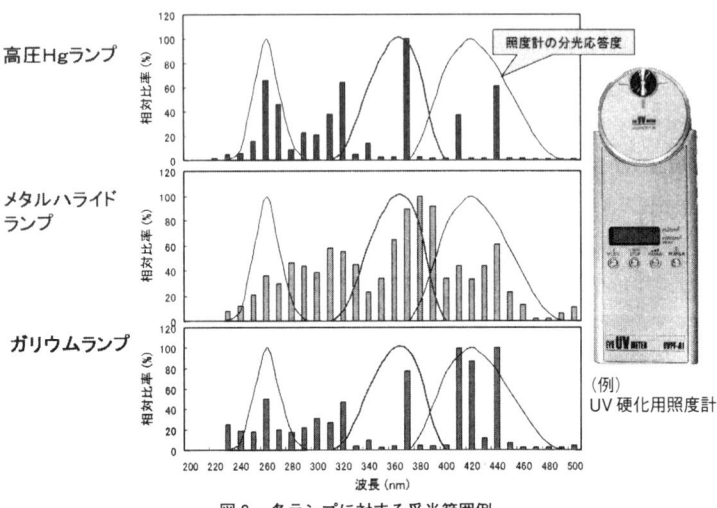

紫外線ランプ・分光スペクトルの代表例

高圧Hgランプ

メタルハライドランプ

ガリウムランプ

(例)
UV硬化用照度計

図2　各ランプに対する受光範囲例

をピーク，420nm付近をピークにした各々の受光器による各ランプに対する受光域を示したものである。

② 積算光量：単位面積当たりに受ける照射エネルギーで，その表面に到達する光量子（フォトン）の総量である。先の照度と時間との積でもある。J/m^2又はmJ/cm^2などで表される。これも，UV硬化用照度計で計測可能である。

2.3　UV硬化装置

表1[1]に示したとおり，UV硬化装置はコスト面等の特長も多く，広く身近なところに使用されている。

UV硬化装置はランプ，照射器，電源装置および冷却装置，場合によってはUV樹脂塗工装置や搬送装置などで構成される。それでは心臓部となるランプから紹介する。

2.3.1　光源

(1) UVランプ

UVを放射するランプの分類を図3に示した。その中でも表2に示したランプが一般的に使用されている。このランプは，石英ガラス製の発光管の中に金属を封入して，蒸気状として外部エネルギーを加えて発光させる。発光させる金属やその蒸気圧によって種々の分光特性を持ったラ

第3章 硬化装置および加工技術の動向

表1 UV 硬化技術の応用例(コーティングを中心に)[1]

分野	用途	使用目的	UV 選択の理由
木工	フローリング	シーラー(下地調整,気泡止め),上塗(耐摩耗性,耐汚染性)	コストダウン(生産性) VOC 規制
	家具	高級感の付与,傷つき防止	ホルマリン規制
プラスチックフィルム	デスクマット,テーブルクロス(PVC)	可塑剤移行防止,耐擦傷性	硬化に熱を要しない高生産性
	床材(PVC)	耐摩耗性,汚染防止	高架橋密度の塗膜が形成できる
	タッチパネル(PET)	耐摩耗性,耐電防止	
	ディスプレイ(PET, TAC)	傷付防止,アンチグレア,反射防止	
	自動車ガラス(アクリル,PC)	耐擦傷性,耐候性	
プラスチック成形品	自動車ヘッドライト蒸着下塗(BMC)	平滑性,耐熱性	軽量化,デザインの自由度からプラスチック部品に転換 UV 選択の理由はプラスチックフィルムと同じ
	ランプ蒸着下回り(ABS, PP など)	平滑性	
	ヘッドライトレンズ(PC)	耐擦傷性,耐候性	
	化粧品容器ハードコート/蒸着下・上塗(ABS, AS, PP など)	耐擦傷性,耐薬品性 同上+平滑性	プラスチックフィルムと同じ
	置時計/装飾品の蒸着下・上塗(ABS, AS, PP など)	平滑性,耐擦傷性	
	電気機器/情報機器のハードコート	耐擦傷性,耐薬品性	
金属	鋼管一時防錆コーティング PE/PP 被覆鋼管プライマー	防錆性,アルカリ脱膜性 防食性,防錆性	高生産性(インライン処理),作業環境改善
	潤滑鋼板	プレス性,アルカリ脱膜性	高生産性
	2P 缶プライマー	耐摩耗性,耐レトルト性	環境対応性
	2P 缶リムコーティング	耐摩耗性,耐レトルト性	搬送装置の汚れ軽減
	スイッチプレート端面塗装	防錆性	高生産性,厚膜塗装
紙	紙器(洗剤,化粧品,菓子など) 出版物(雑誌,単行本の表紙,カバー,シール)	高級感の付与,紙・印刷の保護	プラスチックフィルムと同じ
	蒸着紙(ビールラベル)	高光沢,剥離性	
光ファイバー	プライマリーコート セカンダリーコート テープ材	低ヤング率,低水蒸気発生性 高ヤング率,低水蒸気発生性 高ヤング性	高生産性
光ディスク	CD, CD-ROM, CD-R	表面・反射膜の保護,レーベル印刷適性	プラスチックフィルムと同じ
	MD MO	反射膜の保護,保護膜の潤滑性 反射膜の保護,読み取り面の保護,耐電防止	
	DVD	表面保護,貼り合わせ接着性	

表2 ランプの種類

ランプ名	特徴	分光特性
高圧水銀ランプ	石英ガラス製の発光管の中に高純度の水銀(Hg)と少量の希ガスが封入されたもので，365nmを主波長とし，254nm，303nm，313nmの紫外線を効率よく放射する。他のランプよりも短波長紫外線の出力が高いのが特徴。	●高圧水銀ランプ（図中の実線はスタンダードタイプ，点線はオゾンレスタイプ）
超高圧水銀ランプ	高圧水銀ランプと同様に水銀と希ガスが封入(ガス圧約1気圧)されているがガス圧が10気圧以上で作業させるのでスペクトルが線でなく連続スペクトルになる。	
メタルハライドランプ	発光管の中に，水銀に加えて金属をハロゲン化物の形で封入したもので，200～450nmまで広範囲にわたり紫外線スペクトルを放射している。水銀ランプに比べ，300～450nmの長波長紫外線の出力が高いのが特徴。	●メタルハライドランプ（図中の実線はスタンダードタイプ，点線はオゾンレスタイプ）
ハイパワーメタルハライドランプ	メタルハライドランプとは異なった金属ハロゲン化物を封入しており，400～450nmの出力が特に高いのが特徴。	●ハイパワーメタルハライドランプ（図中の実線はスタンダードタイプ，点線はオゾンレスタイプ）

ンプとなっている。この中から，前述したとおり樹脂の光反応特性と合う光源を選定する必要がある。

また，外部エネルギーを加える方法により，有電極と無電極のランプがある。それぞれのランプ形状例を図4に示した。このランプのパワーを表す単位として，単位発光長当たりの入力電力〈負荷〉(W/cm)で表し，80W/cm～240W/cm（メタルハライドランプは320W/cmまで）の負荷のものがあり，近年，UVは高出力化が進められ使用されている。

第 3 章 硬化装置および加工技術の動向

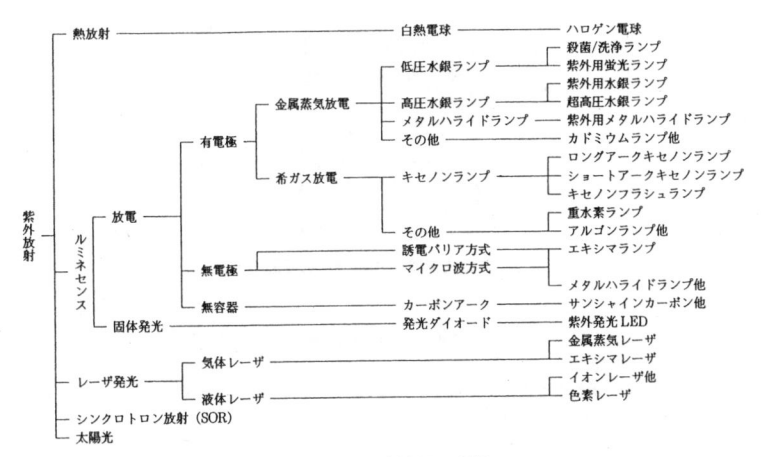

図 3 紫外放射光源の分類

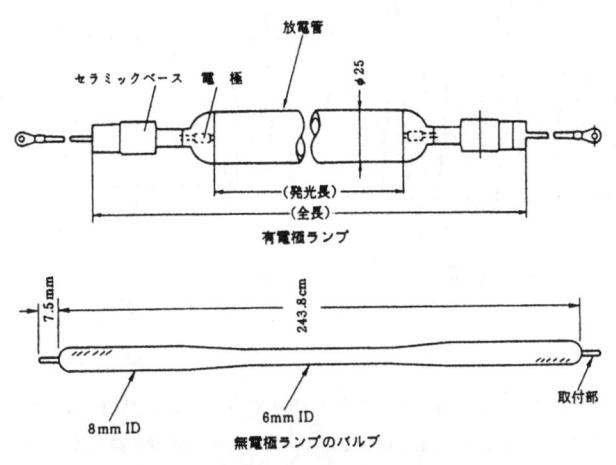

図 4 有電極・無電極のランプ形状例

　後者の無電極ランプはマイクロ波のエネルギーの制御でランプを発光させるもので，構造は図 5 のとおりである[2]。

　ここで，接着，貼り合わせ等に使用されている新しいランプの紹介をしたい。それはUVから可視光まで高照度の光を放射するパルスドキセノンランプである。本ランプは，カメラのフラッシュと同じように瞬間（1 回の発光の半値幅：数百マイクロ秒）に発光（図 6）させることで，図 7

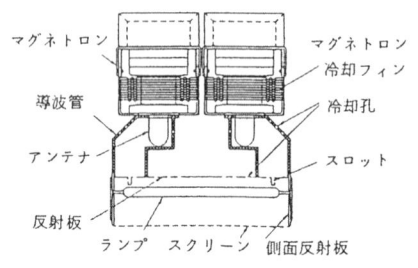

図5 無電極装置(240W/cm)の断面図例

パルスド Xe 照射装置

・パルス発光
　→紫外線から可視光まで幅広く，パルス発光するランプを搭載
・高照度
　→瞬間的なエネルギー(ピーク照度)は，メタルハライドランプの約100倍

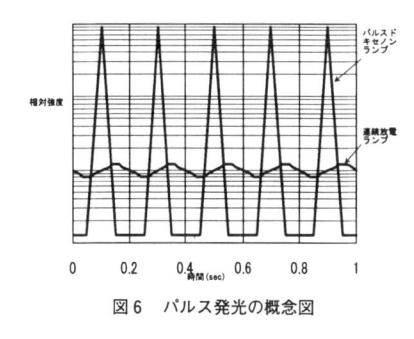

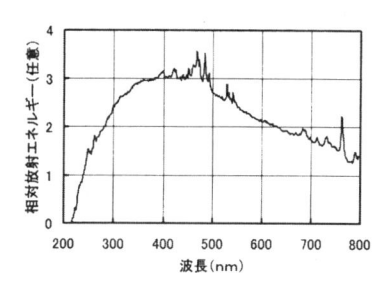

図6 パルス発光の概念図　　図7 パルスドキセノンランプからの分光エネルギー分布

　の分光エネルギー分布のとおり連続スペクトルでUVから可視光まで放射し，そのピーク照度も高圧水銀ランプで得られるmW/cm^2に対して1000倍のW/cm^2の照度が得られる。従って隠蔽度の高い塗膜や厚膜などに対して，非常に有用なランプである。また，1秒間に複数回のパルス発光であるため，短時間であれば基材の温度上昇も抑えられる特長もある。

(2) LED〔発光ダイオード〕光源

　LEDとはLight Emitting Diodeの頭文字をとったもので，そのLEDチップはP型半導体(正孔(＋)が多い半導体)とN型半導体(電子(−)が多い半導体)が接合された「PN接合」で構成されている。LEDチップに順方向の電圧をかけると，LEDチップの中を電子と正孔が移動し電流が流れる。移動の途中で電子と正孔がぶつかると結合(再結合)するが，このときに余分なエネルギーが光と

第3章 硬化装置および加工技術の動向

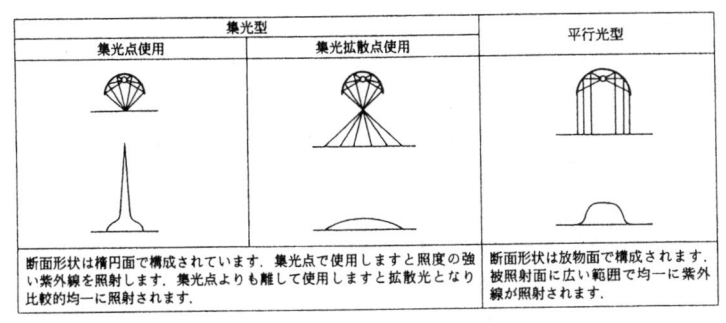

集光型		平行光型
集光点使用	集光拡散点使用	
(図)	(図)	(図)
断面形状は楕円面で構成されています。集光点で使用しますと照度の強い紫外線を照射します。集光点よりも離して使用しますと拡散光となり比較的均一に照射されます。		断面形状は放物面で構成されます。被照射面に広い範囲で均一に紫外線が照射されます。

図8 反射板形状

表3 反射板の種類・低温キュアーシステム

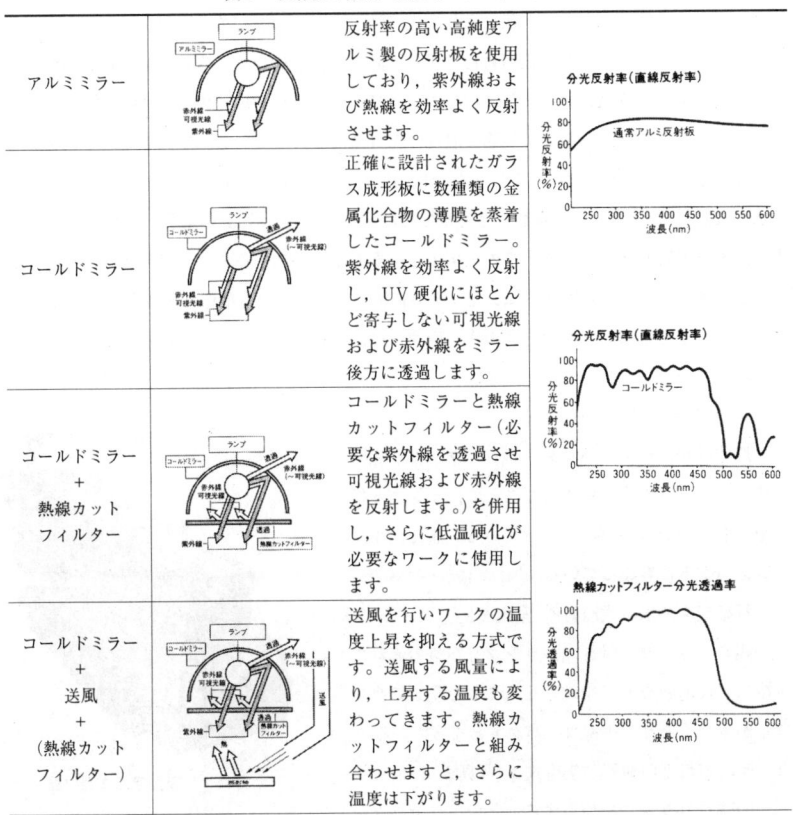

アルミミラー	(図)	反射率の高い高純度アルミ製の反射板を使用しており，紫外線および熱線を効率よく反射させます。	分光反射率(直線反射率) 通常アルミ反射板 250 300 350 400 450 500 550 600 波長(nm)
コールドミラー	(図)	正確に設計されたガラス成形板に数種類の金属化合物の薄膜を蒸着したコールドミラー。紫外線を効率よく反射し，UV硬化にほとんど寄与しない可視光線および赤外線をミラー後方に透過します。	分光反射率(直線反射率) コールドミラー 250 300 350 400 450 500 550 600 波長(nm)
コールドミラー ＋ 熱線カット フィルター	(図)	コールドミラーと熱線カットフィルター(必要な紫外線を透過させ可視光線および赤外線を反射します。)を併用し，さらに低温硬化が必要なワークに使用します。	熱線カットフィルター分光透過率 250 300 350 400 450 500 550 600 波長(nm)
コールドミラー ＋ 送風 ＋ (熱線カット フィルター)	(図)	送風を行いワークの温度上昇を抑える方式です。送風する風量により，上昇する温度も変わってきます。熱線カットフィルターと組み合わせますと，さらに温度は下がります。	

して発光するのである。

このLEDは次のような特長を持つ。

①省エネルギー，②熱ダメージが少ない，③長寿命（ランプ方式の10倍以上），④波長365nmピークの狭い範囲の光以外の光を含まない，⑤小型，コンパクト化が可能，など。

これらの特長により次世代の光源として注目されている。しかし，現状は高価であり，出力不足の問題があるので，実際の使用には十分確認する必要があろう。

以上のとおり，ランプ（光源）の種類も多く用途に応じた最適なランプ選定がエネルギーの有効利用の面からも非常に重要と考えられる。

2.3.2 照射器

照射器は，内部にUVランプを収納し被照射物に対して有効にUVを照射するもので，反射板，ランプホルダー，ランプおよび反射板の冷却機構，シャッター機構などから構成されている。

特に，反射板は図8のとおり形状により配光特性を変えることができ，用途に合ったものが選定される。また，表3のとおり被照射物に対して熱の影響を少なくなるように可視光線および赤外線をミラー後方に透過させるようにしたコールドミラーなどを組合せた反射板の種類がある。

照射器はランプを冷却し発光に最適な温度に保つ機能も持っている。空気の流れを利用して冷却する照射器（空冷式照射器），ランプを空気の流れで冷却し反射板を水で冷却する照射器（空冷・水冷式照射器），ランプと反射板とも水で冷却する照射器（水冷式照射器）の種類がある。

更に，被照射物が照射器の真下で停止すると，その温度が上がることや過剰処理となるなどの問題となるケースがあり，照射器にシャッター機構を装備した物も標準で用意されている。

この照射器が印刷機のユニット間の狭い空間に設置されることなどから次のような新型の照射器が登場している。

① 新型空冷式照射器（写真1）

　灯体外箱，ランプハウス，シャッター部が完全独立ユニット方式を採用したことで，ランプ交換やメンテナンスが容易となっている。また，小型コンパクトにもなっている。

② 新型空冷・水冷式照射器（写真2）

　観音シャッター付きで，ランプを空気の流れで冷却し反射板を水で冷却させることで空気の排気量が少なくなり，小型コンパクトとなっている。

③ 瞬時点灯型照射器＜空冷式＞（写真3）

　瞬時点灯ランプを使用することで，シャッター

写真1　新型空冷式照射器

第3章 硬化装置および加工技術の動向

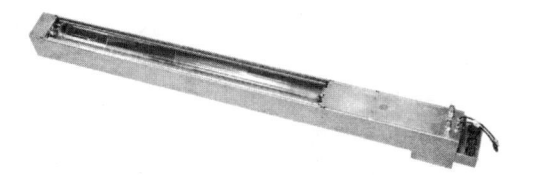

写真2 新型空冷・水冷式照射器

構造が不要となり超薄型の照射器のため，印刷機のユニット間の狭い空間に設置可能。また，ランプも新しい瞬点メタルハライドランプが登場し，従来の瞬点高圧水銀ランプに比べ紫外線出力がアップしているので省電力と高効率となっている。

写真3 瞬間点灯型照射器

2.3.3 電源装置

電源装置は電源部と操作部で構成されている。電源部は放電ランプを点灯するために必ず必要な安定器とランプの点灯，調光，シャッター，冷却装置，その他生産設備との信号による関連機器の制御を行う制御回路で構成されている。操作部はランプの点灯，消灯，調光等の操作および各種表示による監視を行う。近年では，銅―鉄安定器からインバータ式電子安定器を搭載した電源装置となり，小型・軽量，供給電力の安定化制御，自動調光等の信頼性の向上が図られている（写真4は3kW級インバータ式電子安定器）。

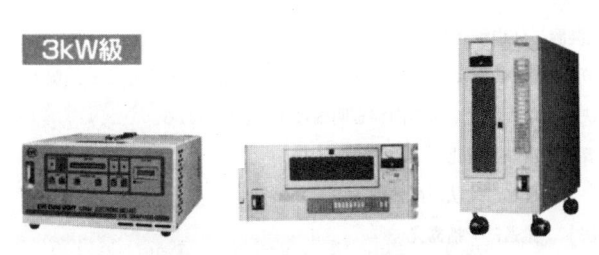

写真4 3kW級インバータ式電子安定器

2.4 UV硬化装置の変動要因

第2.3項でUV硬化装置を構成している各部の紹介をしたが，実際に使用する場合は，最適条件（必要なUV量）を維持するために，それに対する変動要因を認識し対策を行わなければ硬化不良等の問題を起こすことになる。そこで，その変動要因を紹介する。

2.4.1 ランプの経時変化

年末の大掃除で蛍光灯を交換したら,非常に明るくなった経験をみなさん持っているかと思うが,蛍光灯と同じようにUVランプは時間経過とともに減光するので,使用にあたってはその減光率(維持率)を考えることが必要である。この減光率はランプの種類やメーカーによって異なるので,最初に確認し有効なものを選定すべきである。ランプの維持率特性例を図9に示した。ランプ寿命は,ランプ不点および維持率で決定されているので,その時間が経過したらランプ交換しなければならない。

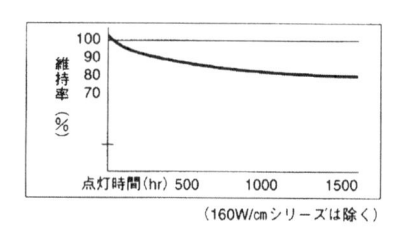

図9 UV出力維持特性例
(160W/cmシリーズは除く)

2.4.2 反射板,ランプ,フィルタの汚れ(UV硬化樹脂の揮発成分付着)

装置を実際に使用すると,反射板,ランプ,フィルタが汚れてくるので,分光透過率,反射率の低下を招くことになる。その原因としてUV硬化樹脂の揮発成分付着が予測されるので,装置導入前にはよく確認すべきである。特に,空冷式(排風冷却)の装置は汚れを持ち込みやすいので注意が必要である。本対策としては,定期的なメンテナンスが重要である。

2.4.3 1次側供給電源・電圧変動

電源の1次側の供給量により光出力も変動するので注意が必要である。特に胴鉄式電源装置の場合,1次側の供給電圧:±10%の変動で光出力は±20%も変動する。しかし,インバータ式電源装置では,常に±0.1kW以内に抑えられ安定した光出力が得られる。

2.5 UV硬化装置・仕様検討のポイント

以上のとおりUV硬化装置について分かっていただいたと思う。そこで,個々の要望にあった装置の仕様を決めるためには,次の内容を明確にする必要がある。

① 用途/要求事項の明確化
- ワーク　　　:形状,寸法,耐熱性
- 照射方法　　:搬送,一括露光
- 照射雰囲気　:クリーン度,溶剤雰囲気

② 適合するUV装置の仕様検討
- 硬化条件　　:硬化樹脂の分光感度,ワークの耐熱性に合致したランプ,照射器による硬化試験
  → 実機を想定したスケールダウン試験
  　　硬化塗膜のタック,硬度,耐溶剤性,反応率などの確認

第3章　硬化装置および加工技術の動向

・配光　　　：照度分布，均斉度
・ワーク温度：フィルタ選定，送風冷却など

2.6　UV照射装置例

2.6.1　コンベア付UV硬化装置＜4KW標準コンベア＞[3]

コンベアと一体型としインバータ式電子安定器を搭載したことで小型コンパクトなUV硬化用コンベアシステム（写真5）となっている。光源も発光長250mmの高圧水銀ランプとメタルハライドランプの2種類選択可能で，2KW（80W/cm），3KW（120W/cm），4KW（160W/cm）の切り替えも可能である。そのため，小サイズ製品の生産や研究開発用にも最適であり，各用途に利用されている。

2.6.2　木工用UV装置[3]

木工用UV照射システムは，平板から立体物まであらゆる製品に対応できる。写真6は水銀ランプ4kW2灯と3kW2灯により平板を処理する装置例である。

また，図10に示した装置は，箱もののワークに対して6面全体を均一に照射するシステムであり，全部で11灯のUVを利用するが，照射炉外UV1灯はワークがコンベアベルトに来る前に下面を硬化させ，次に下面照射UV3灯で完全にワークの下面を硬化させる。

更に，斜め照射UV4灯でワークの側面を硬化させ，最後に上面照射3灯でワークの上面を硬化させることで箱ものの6面全体の硬化が完成する。また，この時のUV灯は，ワークサイズや硬化樹脂の特性により都度選定される。

写真5　コンベア付UV硬化装置

2.6.3　液晶滴下工法・シール材硬化装置[3]

身近になった液晶だが，その作成工法も大きく変化している。従来までは，2枚のガラス基板の一方にシール材塗布後，他方のガラス基板と重ね合わせ，長時間加熱して空セルを作成し，その後真空中で液晶をセル中に注入するのであるが，セルの隙間も5μmと狭くサイズにもよるが，数時間から十数時間が必要であった。そして，最後に加圧・UV孔をUV硬化樹脂で封止して液晶パネルが完成していた。

そこで，従来の問題を改善した液晶滴下工法が近年登場した。この工法とは，従来と同じようにガラス基板の一方にUV硬化型シール材を塗布し，その型枠内に液晶を適量滴下した後，真空

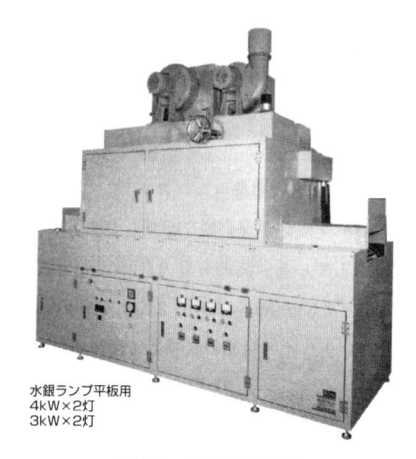

写真6　木工用UV装置

水銀ランプ平板用
4kW×2灯
3kW×2灯

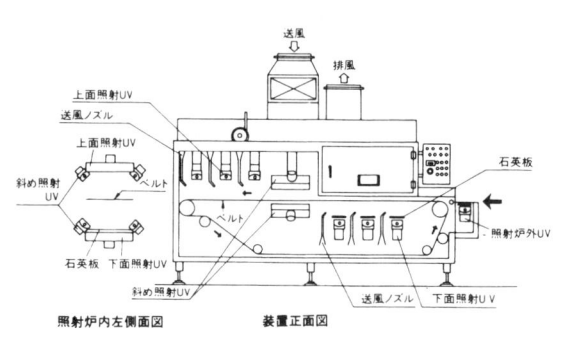

図10　木工用UV装置

中でもう一方のガラス基板と重ね合わせ，UV照射によりシール材を硬化させる工法である。UV照射の後に更に加熱させて完全硬化させることで完成する。その結果本工法は従来方法と比較し次の特長が得られた。

　○工程数削減（所要時間の大幅な短縮）
　○設備コストの低減
　○ライン長の短縮　　　ほか

写真7にメタルハライドランプ14kW3灯用でサイズ730mm×920mmの処理用装置例として紹介する。

第3章 硬化装置および加工技術の動向

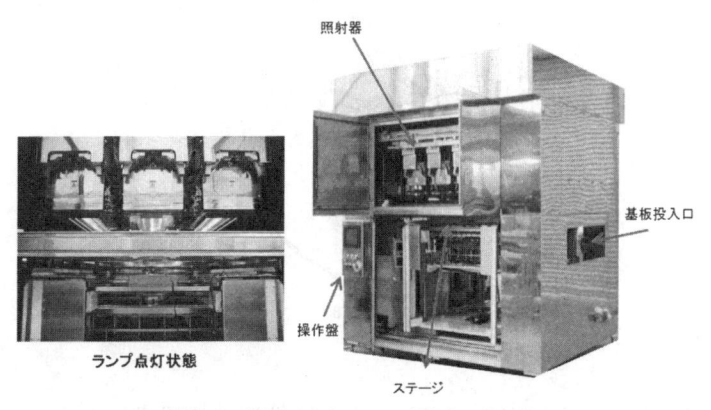

写真7 液晶滴下工法・シール材硬化用UV装置

2.6.4 スポット型UV照射器[3]

電子部品の小型軽量化,高機能化のため,簡単に工程中で使用できるので,光ピックアップレンズ等の小型部品の接着に多く用いられている。

ランプはショートアーク型の超高圧水銀ランプやメタルハライドランプ,ライトガイドは石英製の光ファイバーを用いているのが大部分で,一般的に図11のような光学系となっている。

ランプからの光をできるだけ多く光ファイバーに入射させるために補助ミラーを使用し,集光

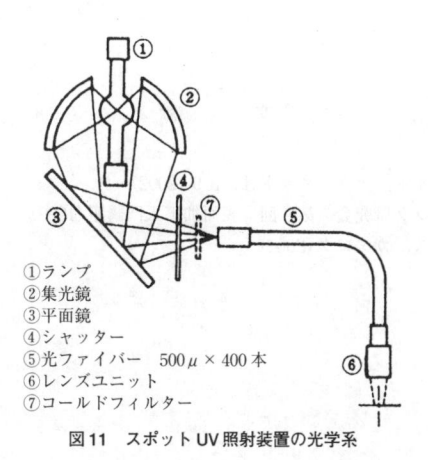

①ランプ
②集光鏡
③平面鏡
④シャッター
⑤光ファイバー 500μ×400本
⑥レンズユニット
⑦コールドフィルター

図11 スポットUV照射装置の光学系

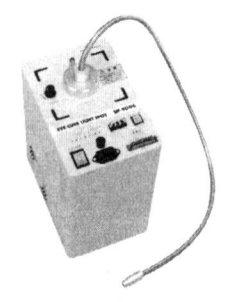

写真8

による温度上昇を抑えるためにコールドミラーを2段使用するなどの工夫がされている。写真8は超高圧水銀ランプ200Wを使用した装置の外観である。

2.7 おわりに

UV装置選定の基礎と装置例を紹介したが，UV利用はより一般化し身近なものになっていることを認識していただけたと思う。UV処理の最適条件を明確にした後，最適装置を選定することで省エネルギーも含め無溶剤処理の環境負荷の低減に一役を担うことになると考えられる。最後に，本装置に興味を持たれた読者の方がいれば，是非，実際にUV照射してその効果を体感していただきたい。

文　献

1) 光硬化技術実用ガイド，テクノネット社，p.9 (2002)
2) 瀬尾直行，ラドテック研究会　第9回　表面加工入門講座 (1999)
3) アイグラフィックス，カタログ (2004)

3 レーザー装置の現状

新納弘之*

レーザーは，EB装置やUV装置と比較して，
① 単色性（短波長性，波長選択性）
② 高指向性
③ 高強度性
等の特徴があり，表1のように反応プロセスの制御を行うことができる。とくに，特定部位の位置選択的な反応制御や分析等を行いたいときには，レーザーを活用することが効果的である。さらに，パルスレーザー装置では上記の特徴に加えて時間制御性も向上する。したがって，レーザーによって"空間"と"時間"の両制御因子を精密に取り扱うことが可能になり，微小領域における材料制御技術をマイクロメートル〜ナノメートルサイズで行うことができるようになってきた。これは，現在最先端の高密度集積回路がレーザー縮小マスク露光技術によって製造されていることからも理解される。レーザーを用いた製造技術が高度情報社会を支える鍵技術であることは明らかである。また，レーザー照射は，温度やガス雰囲気などの照射環境因子を自由に選ぶことができるのも特徴である。

表1 レーザー化学プロセスの特徴

単色性	特定のエネルギー準位への励起，副反応の抑制
高指向性	局所場反応，パターン状微細加工
高強度性	活性種の高濃度生成，短時間処理
短パルス性	多光子励起，熱効果の抑制

また，レーザー装置の特徴として，大気中における伝送減衰が少なく，光源装置本体は大きな騒音や振動を発生しないことが挙げられる。小型高出力のレーザー装置の開発も進んでいる。しかしながら，レーザープロセスは他の製造技術と比較すると，装置やシステムが複雑・高価になるためにしばしばコスト高を誘引することになる。したがって，レーザーを実用的な生産・分析手段として用いる場合には市場価値に見合う経済性の確保は重要な課題である。安価な大量生産品に用いるよりは，高付加価値化が期待される特定部位への局所場反応や最適波長照射による基質選択的反応，ナノ秒からフェムト秒にわたる極短時間領域での反応制御がレーザー化学反応の

---

* Hiroyuki Niino ㈱産業技術総合研究所 光技術研究部門 レーザー精密プロセスグループリーダー

UV・EB硬化技術の最新動向

特徴を最大限に発揮することができる主たる応用分野と考えられる。表2にレーザープロセスの実用例を示す。各々の実用例はレーザーの特徴を複合的に利用しているので，最も重要と思われる特徴に分類している。また，表3には主要なレーザー装置がどのような産業用途に使用されているのかをまとめている。

表2　レーザーを用いた実用化技術の例

特徴	用途
単色性(短波長)	高精度微細加工，露光用ステッパ光源，果実糖度計
高指向性	印刷製版，レーザー造形，3D内部彫刻，レーザー縫製
高強度性	電子回路基板微細加工，レーザークリーニング，ポリマー溶接
短パルス性	分光分析，質量分析，レーザーアニーリング

表3　主要なレーザー装置から分類した産業応用例

レーザー装置	産業応用例
炭酸ガスレーザー	回路基板微細加工(ビアホール加工)，レーザー加工機，布の切断加工
固体レーザー(含 高調波)	分光分析，微細加工・溶接，マーキング，ガラスの3D内部彫刻，レーザー縫製
エキシマレーザー	半導体露光用ステッパ光源，シリコン・アニーリング，古美術品表面のドライクリーニング，視力矯正角膜加工
OPOレーザー	高分解能分光分析，レーザー誘起蛍光分析
波長可変レーザー	ライダー，レーザー冷却，同位体分離
イオンレーザー	印刷製版，レーザー造形，干渉露光，ラマン分光光源，DVD・CD原盤作製
半導体レーザー(LD)	印刷製版，樹脂溶着，DVD・CD再生／記録
LD励起全固体レーザー	高精度微細加工，高微細マーキング，発色マーキング，印刷製版，レーザートラッピング
フェムト秒レーザー	露光マスク修整，高アスペクト比ノズル加工，多光子顕微鏡，時間分解分光分析，非線形材料分析

　台数ベースで俯瞰した場合，炭酸ガスレーザー(波長10.6μm)とYAGレーザー(基本波長1.064μm)に代表される固体レーザーの2種類のレーザーが最も製造業分野で利用されている。また，固体レーザーは，非線型光学素子を用いてその波長を1／2，1／3，1／4に短波長変換することもよく用いられ，可視グリーン光(2倍波532nm)や紫外光(3倍波355nm，4倍波266nm)が使用されている。フォトポリマーの硬化には紫外光照射が効果的であることから，固体レーザーの3倍波などの紫外レーザーは，短時間処理に有効である。エキシマレーザーはガスレーザー特有の高出力性を特徴に，半導体露光用ステッパ光源や液晶ディスプレー用の多結晶シリコン薄膜アニーリングに応用されている[1,2]。また，近年装置開発が急速に進むフェムト秒レーザーに代表される超短波パルスレーザーは，容易に多光子吸収過程を誘起させることができるため，従来の一光子吸収プロセスでは不可能であった，透明材料の内部精密加工や3D微細重合に検討が進んでいる。

150

第3章　硬化装置および加工技術の動向

レーザープロセッシングの魅力の一つに，所定の位置にプロセスを限定することができる高い空間位置制御性が挙げられる。ここで，波長λのレーザー(ビーム径D)の断面強度分布がガウス型(ガウシアンビーム，TEMoo)を仮定し，これを焦点距離fのレンズで回折限界まで集光したときの集光径dは球面収差によって，

$$d = 1.27 \lambda M^2 f/D \tag{1}$$

で表される。M^2 (M squared)は，レーザービームの品質を表すパラメータで，$M^2 = 1$は理想的なガウス型分布を有していること示す。また，定数1.27は単色光ガウシアンビームのときのもので，白色光ビームの場合には定数は2.44になる。M^2値は装置に大きく依存する。近年，高性能化が急速に進んでいるダイオード励起の固体レーザー(全固体レーザー)やファイバーレーザーの光源はビーム品質が優れ，シングルモード$M^2 < 1.5$の装置が市販されている。しかしながら，ランプ励起YAGレーザーではM^2値は50を超える。どれだけの領域で焦点が合っているのかを示す指標である焦点深度(DOF：Depth of Field)は，

$$DOF = 2.5 \lambda (f/D)^2 \tag{2}$$

で，波長とFナンバー(F値=f/D)に比例する。(1)式と(2)式の比較から，集光径を小さくすることと，焦点深度を深くすることは相反する関係にあることがわかる。集光径を小さくなるように設計した場合，精密な焦点位置合わせ機構が同時に必要になる。また，実用されている光学系やレーザー装置の特性を(1)式に当てはめると，集光ビームの最小寸法径は，およそ波長程度になる。したがって，dを小さくするには，短波長のシングルモード・レーザーを短焦点大口径のレンズを使って集光すれば良く，例えば，シングルモードの紫外レーザーを使うことでサブミクロンサイズの空間分解能での光照射が可能になる(図1)。

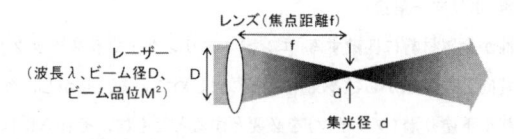

図1　レーザービームの集光特性(ガウス型)

一方，エキシマレーザー照射等で用いる投影光学系の限界解像度RとDOFは，露光装置のレンズの性能指標である開口数をNA(Numerical Aperture)とすると，幾何光学理論からのレイリー(Rayleigh)の式から，

$$R = k_1 \lambda /NA \tag{3}$$

$$DOF = k_2 \lambda /NA^2 \tag{4}$$

と定義される。ここでk_1やk_2はプロセスファクターと呼ばれ，レジストの解像性能やλとNA以外の光学系の特性に依存する定数であり，これの理論限界値は$k_1=0.25$である。(3)式からわかるように，解像度の進歩は光の短波長化，投影レンズの高性能化(高NA化，液浸露光)，および，超解像技術の改良(斜入射照明法，位相シフトマスク，光近接効果補正，レジスト性能の向上など)による低k_1化によってなされている。最先端リソグラフィ技術ではk_1値は理論限界値に近づきつつあり，NA値は液浸露光法の利用によって1を超える。しかしながら，一般のレーザー加工分野ではリソグラフィ分野のような高価な光学系を使うことができないので，空間分解能はやはり波長程度になる。

レーザープロセッシングが対象とする光分解プロセッシングでは，入射光量に対して非線型に収量や加工量が応答する系があり，とくに高強度光照射時特有の光分解プロセッシングはこの非線型性が顕著になることが多い。ここでいう非線型性とは，現象発現に強度しきい値があるプロセスや相反則不軌特性のことを指している。一方，ガウス型ビームを集光する場合には，集光点においても断面強度はガウス型になることが知られている。強度しきい値があるプロセスにガウシアンビームを用いると，しきい値以下の低強度領域は不感領域となり，集光径dよりも小さなサイズで加工を行うことができる。また，n光子吸収過程に対する等価ビーム径d'は，$d'=d/\sqrt{n}$であるので，高次の多光子吸収過程を用いる場合には極小サイズでの加工寸法を得ることができる可能性がある。実際にサブミクロンやナノサイズの加工分解能を得るには光吸収過程の制御だけでは不十分で，熱緩和に代表される種々の緩和現象との競合を緩和過程の拡散長を考慮したうえで，プロセスを設計する必要がある。

以下，レーザーを利用したこの他の注目すべき産業界での応用例を紹介する。

○レーザー樹脂溶着(ポリマー溶接)

力学的な強度特性が金属材料に匹敵する「エンジニアリング・プラスチック」が自動車や航空機などに軽量化や燃費向上の観点から数多く用いられはじめている。しかし，多くのポリマーを接着する場合，接着剤や下塗り層(プライマ)を必要とするとともに，それらには有機溶剤が含まれているために乾燥時に溶剤が大気中に放散することから，労働安全衛生や環境保全上の問題点があった。レーザーによる樹脂溶着(ポリマー溶接)は接合部分を瞬間的に熱融着するもので，接着剤を必要としない。超音波溶着法や振動溶着法と比べても，非接触，静音，無振動での高品質処理が可能であることから，自動車部品・医療用品・電子部品を中心に急速に広まりつつある[3]。本用途には高出力の半導体レーザーが用いられている。

○表面改質

材料の表面機能を用途に応じて自在に制御することは，材料の応用・適用範囲を広げる方法と

第3章　硬化装置および加工技術の動向

して効果的である。エキシマレーザー等の紫外レーザーを材料の表面層へ照射し，光化学反応による薄膜形成や改質処理に用いることにより，高価なフォトンを表面層のみに有効に作用させて高付加価値製品をレーザープロセスによって作製することができる。また，ポリマー表面を試薬の共存下で光化学作用により化学的に表面改質することによって，母材の特性を損なうことなく表面層の親水性または撥水性を向上させて，濡れ性，接着性，防汚性などを向上させることができる[1]。本法は溶液処理に比べて，製造コストや処理時間の点で大面積均一処理には不向きであるが，微細なパターン状の処理ではマスキング工程を省略して局所的な加工ができることを特徴としている。レーザー波長を最適化し，材料内部への浸透度を上げることで多孔質体内部の表面改質も可能である。

　多くの工業製品にとって，現時点の機能や性能が向上するとともに微細化や小型化が同時に達成されれば，省スペース性，可搬性等の諸特性も向上するので，高付加価値化製品の製造に寄与することになる。レーザープロセスはこのような目的に最も適した手法であり，今後も短波長・短パルス化，全固体化(LD励起化)したレーザー装置の開発によって微細化レーザープロセス技術が産業技術の発展に大きく貢献することになると期待される。

文　　献

1) レーザー学会編，レーザーハンドブック(第2版)，オーム社(2005)
2) 矢部，杉岡監修，レーザーマイクロ・ナノプロセッシング，シーエムシー出版(2004)
3) F. G. Bachmann, U. A. Russek, *Proc. of SPIE*, **4637**, 505-518(2002)

応用技術の動向編

第1章　塗料

1　自動車向けUV硬化型塗料

光宗真司[*]

1.1　はじめに

　従来から，UV硬化型塗料は，主にUV光が透過するクリヤー塗料の分野で使用されており，机・家具・システムキッチン・ピアノ・フローリング等の木工製品や金属（飲料）缶の内面＆外面コーティング・塩ビ床材・印刷紙の表面加工や鋼管の一次防錆等に使用されてきた。現在は，プラスチック製品のハードコート，特にCD・DVDに代表される光ディスクのコーティング材として，UV硬化型クリヤーは使用されている。また，携帯電話にもUVコーティングが用いられ，UV硬化型クリヤーの使用量は，毎年順調に拡大し続けている。

　しかしながら，自動車ボディ用クリヤーへのUV硬化型クリヤーの適用は，未だ量産化には至っていない。現在，ドイツを中心としたヨーロッパにおいて，精力的にテストプラントにおける実車塗装テスト，さらに走行耐久テストを実施中である。自動車ボディに先立ち，2輪車においては，ガソリンタンク用オーバーコートクリヤーにUV硬化型クリヤーを量産中[1]である。本節では，2輪車用UV硬化型クリヤーの技術と特徴について述べると共に，UV硬化型クリヤーの自動車ボディ用クリヤーへの今後の展開について考える。

1.2　UV硬化型クリヤーの長所と短所

　表1には，UV硬化型クリヤーの長所と短所を示した。

　長所としては，ラジカル重合のため，短時間・低温硬化が可能であることが挙げられる。UV照射に要する時間は秒単位であり，従来の熱硬化型塗料の硬化形式である付加重合・縮重合と比較すると，大幅な硬化時間の短縮・ショートプロセス化が可能となる。

　近年，深刻化している地球環境保護における揮発性有機化合物VOC（Volatile Organic Compounds）削減・CO_2削減にも，UV硬化型クリヤーは有効である。自動車用塗料分野においては，2006年施行される改正大気汚染防止法，2010年迄に30％削減目標である自主規制に対応するため，溶剤型塗料から，ハイソリッド塗料・水系塗料・粉体塗料・UV硬化型塗料等への開発・

---

　[*]　Shinji Mitsumune　BASFコーティングスジャパン㈱　研究開発本部　塗料研究所
　　　　自動車塗料開発部　マネージャー

表1 UV硬化型塗料の長所／短所

長 所	短 所
短時間硬化	複雑形状は不適
低温硬化	耐候性の不足(黄変・クラック)
硬化エネルギーはクリーン	黄変性
排出溶剤量削減(0も可能)	密着力不足(硬化時の残留応力大)
平滑で高鮮映性の塗膜外観	ソリッド色は硬化不良(UV光遮断)
高硬度	可とう性の不足
設備費安価	塗料の皮膚刺激性

置換えを進めている。この中でもUV硬化型クリヤーは，低分子量，低粘度のUV硬化成分を使用することにより，塗料中のVOC量が削減されるだけでなく，硬化システムから排出されるCO_2量も同時に削減可能な最も有効な技術手法である。

また，平滑な鮮映性に優れる塗膜外観を得ることができることもオーバーコートクリヤーとして重要な要件である。

最後に設備費であるが，UV硬化は，EB(電子線)硬化のような莫大な設備投資を必要としない。UV硬化専用ラインとなるが，非常にコンパクトであり，設備投資はイニシャル・ランニング共に熱硬化型ラインよりも安価である。

短所はいくつかあるが，この中で，自動車・2輪車外装用途への適用を考えた場合，本質的な欠点が3つある。

UV硬化型クリヤーの場合，被塗物(パーツ)全ての部位に同一量のUV光(照射エネルギー)を照射することが理想である。しかし，立体(3D)形状の場合，UV照射時に必ず，構造に伴う陰影とUVランプからの距離の違いが発生する。複数のUVランプを使用してUV光が未照射な凹部位をなくすことは可能であるが，この場合，凸部は過剰なUV照射エネルギーが照射されるため，後述する黄変色が発生する。全ての凹凸部位に同一量のUV照射エネルギーを照射することは困難である。

2つ目の欠点はUV硬化時の黄変性である。黄変発生のメカニズムは，Rad Techなどの学会で多くの論文が発表されているが，光開始剤に起因することはほぼ明らかである。「光開始剤が，UV照射時に副生成物を発生し，これが発色団となる」のが一般論である。自動車・2輪車の塗色には，高級感のある白パール色や金属感のあるシルバーメタリック色の適用も多い。これらの塗色の上に黄変発生するUV硬化型クリヤーを塗装することは難しい。

3つ目の欠点は，耐候性の不足である。UV硬化形式自体はラジカル重合で，架橋密度は密であり，光・熱・水によって容易に劣化・分解するものではない。しかし，UV照射時に全ての光

第1章 塗料

開始剤が消費されるのが理想であるが，UV照射後も，多くの光開始剤が硬化塗膜中に残留している。この残留した光開始剤が，天然界のUV光により励起され，ラジカル発生する。これが黄変発生や塗膜劣化の原因となる。さらに塗膜中の残留応力に起因するクラック発生がある。UV硬化は秒単位のラジカル重合であり，大幅な硬化時間の短縮になる反面，硬化時に発生する塗膜中の残留応力は，熱硬化型塗料と比較し数10倍となる[2]。この残留応力が，光・熱のサイクル試験によって塗膜中に歪を生じ，クラックを発生するのである。

以上，UV硬化型クリヤーの特徴を述べたが，自動車・2輪車外装用途に適用するためには，解決すべき課題が多いことは明白である。

1.3　2輪車UV硬化型クリヤーの硬化システム

2輪車外装用へのUV硬化型クリヤーの適用に際して，2つの技術的なブレークスルーポイントがあった。まず，1つ目のブレークスルーポイントである硬化システムについて説明する。

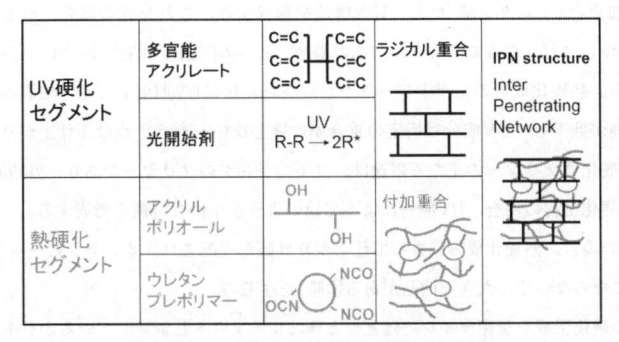

図1には，2輪車用UV硬化型クリヤーの硬化メカニズムを示した。UV硬化と熱硬化のハイブリッド(併用)システムである。UV硬化成分が，UV照射によりラジカル重合のネットワークを形成する。同一塗膜中で，熱硬化成分が熱エネルギーにより付加重合(ウレタン結合)のネットワークを形成し，IPN(Inter Penetrating Network：2成分の高分子量体の単なる絡み合いではなく，1つの高分子架橋ネットワークの中を貫通するように他の硬化成分が架橋する)構造となる。図1では，熱硬化システムの代表例としてアクリルウレタン硬化システムを表記しているが，アクリルメラミン硬化システム・酸-エポキシ硬化システム等でも何ら問題がない。

このUV硬化と熱硬化との併用硬化システムにより，1.2項で示した本質的な欠点3点は全てカバー可能である。まず，複雑(3D)形状の凹凸部位へのUV照射量(エネルギー)の不均一につ

UV硬化 セグメント	多官能 アクリレート	C=C C=C C=C C=C C=C C=C	ラジカル重合	IPN structure Inter Penetrating Network
	光開始剤	UV R-R → 2R*		
熱硬化 セグメント	アクリル ポリオール	OH | OH	付加重合	
	ウレタン プレポリマー	NCO OCN NCO		

図1　2輪車UV硬化型クリヤーの硬化メカニズム

いては，UV成分の硬化不足を熱硬化成分の架橋により補い，塗膜性能を満足することができる。UV硬化時の黄変性については，UV成分量およびそれに付随する光開始剤量濃度が支配的である。UV硬化と熱硬化の併用システムにより，UV成分量およびそれに付随する光開始剤量を低減でき，黄変性も抑制できる。耐候性の不足は，上記と同様に光開始剤量の低減により，UV照射後の硬化塗膜中に残留する光開始剤量も抑制できる。さらにクラック発生の抑制については，UV硬化と熱硬化の併用システムにより，UV硬化時のラジカル重合による塗膜の残留応力を緩和することが可能である。

では，UV硬化と熱硬化との併用硬化システムは，UV硬化と熱硬化のどちらが先に硬化するのか，また，同時に進行していくのかとの疑問が生じる。

1stステップは，塗膜中に含有する溶剤を蒸発させるプレヒート工程である。本工程は，UV硬化と熱硬化との併用硬化システムの硬化工程において非常に重要な役割を占めている。塗膜中に溶剤が残存したままUV照射された場合，塗膜表面層のみUV硬化し内部は未硬化となる。著しい場合は，塗膜にシワが発生し塗膜硬度も爪で押すとへこむ程に柔らかい。この場合は塗膜欠陥として硬化不足であることが明らかであるが，軽微な蒸発不足の場合，表面上の塗膜欠陥として表れない。しかし，この場合も長期の耐湿性・耐候性試験を実施した場合，完全に溶剤を揮発した後にUV照射した塗膜と比較すると，顕著な塗膜物性の差異が生じる。1stステップでは，塗膜中に含有する溶剤を充分に蒸発させる必要がある。

2ndステップは，塗膜中にUV照射し，UV硬化成分をラジカル重合のネットワークを形成する工程である。UV硬化に充分な積算UVエネルギーを与えるのは言うまでもない。

3rdステップは，アフターヒートにより，熱硬化成分を熱エネルギーによって付加重合(ウレタン結合)のネットワークを形成する工程である。

以上の工程から明らかなように，先にUV成分を硬化させ，UV硬化のネットワークの間を熱硬化成分が付加重合(ウレタン結合)し，IPN構造を形成する。これを逆の順番，つまり熱硬化→UV硬化した場合はどうなるであろうか。この場合，2つの問題点が生じる。1つはUV成分の硬化不良である。熱硬化成分のネットワークが形成された後にUV照射しても，塗膜の高分子化により分子運動が低下し，UV成分は所定の重合率に達しない。もう1点は，仕上がり外観の低下である。UV硬化型クリヤーの主たる用途は，フィニシングのクリヤーであり，外観向上である。UV硬化→熱硬化工程の場合，UV照射によって鏡のような平滑な外観を形成する。しかし，熱硬化→UV硬化の場合，熱硬化成分によって仕上がり外観が支配され，オレンジピール(ゆず肌：平滑な塗装面にならないで，大きな凹凸がある塗膜)を生じる。

では，この硬化工程を量産ラインではどのようにレイアウトし量産しているかを1.4で説明する。同時にもう1つの技術ブレークスルーポイントであった「回転塗装・回転硬化」についても説

第1章 塗料

明する。

1.4 2輪車UV硬化型クリヤーの塗装レイアウト例

図2には，UV・熱ハイブリッド硬化型クリヤーの量産ラインレイアウト例を示した。

このレイアウトで特徴的な点は，被塗物であるタンクを「回転塗装・回転硬化」させることである。この「回転」は，タンク全部位へ均一なUV光(照射エネルギー)を照射し，影の部位を無くすために考えついたものである。バーベキューを焼く時と似ているため，一般にB.B.Q.システムと言われている。さらに，硬化を「回転」するなら，同時に塗装も「回転」してはどうかと拡張して考えた。回転塗装は，塗装欠陥であるタレ・スケ・タマリを防止するメリットがある。厚膜塗装可能であるため仕上がり外観も向上し，塗装も熟練したスプレーマンではなくとも，ロボットによる自動塗装も可能となった。

量産における2輪車ガソリンタンクは大小さまざま・複雑形状もあり，50種類以上のタンクを1つのラインで生産している。タンクの回転方法とタンク全部位にいかに均一にUV照射していくかは，2輪車各メーカーのノウハウとなっている。

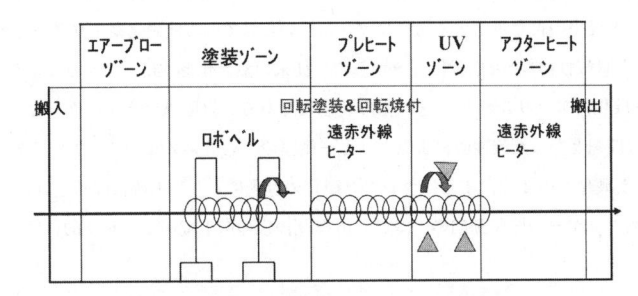

図2 2輪車UV硬化型クリヤーラインレイアウト

表2 熱硬化型クリヤーラインとの比較参考例

	UVライン	熱硬化型ライン
ライン全長	21m	53m
工程時間	20分	66分
外観(PGD)	1.0	0.5
工程人員：スプレー	0(無人)	2名
：ポリッシュ	1名	3名
エネルギーコスト指数	40	100
再塗装率指数	70	100
ゴミ不良率指数	70	100

表2には，UV・熱ハイブリッド硬化型クリヤーラインと従来の熱硬化型クリヤーラインとの比較参考例を示した。

ライン全長・工程時間は従来の熱硬化型ラインの約1/3になり，非常にコンパクトなラインである。仕上がり外観を，塗膜の写像性を測定するPGD-IV (東京光電㈱製の携帯用鮮明度光沢度計) にて評価した。PGD-IVにて測定される数値は，試料が平滑かつ鮮映性に優れる場合，高い値を示す。UVクリヤーの仕上がり外観は，鏡面状態である1.0ポイントを示し，2輪ライダーから見ても違いが判ると評判である。ライン工程人員は，オールロボットの無人塗装のために大幅な人員削減となる。エネルギーコスト・再塗装率・ゴミ不良率も従来の熱硬化型クリヤーを100とした場合の指数で，表2のように下がっている。以上の結果から，被塗物 (タンク) 1単位に要する加工コスト (塗料コストも含む) は，半分以下になることは明白である。

1.5 自動車ボディ用クリヤーへの展開

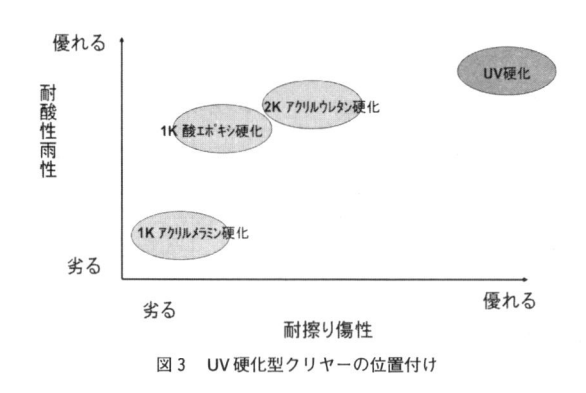

現在，UV・熱ハイブリッド硬化型クリヤーの自動車ボディ用クリヤーへの適用が注目されている。その最大の理由は，工程短縮やVOC削減ではなく，UV・熱ハイブリッド硬化型クリヤーが持つ塗膜物性の向上，即ち，耐擦り傷性の著しい向上である。図3にUV・熱ハイブリッド硬化型クリヤーと従来の自動車ボディ用クリヤーに用いられている熱硬化型クリヤーとの塗膜性能 (耐擦り傷性と耐酸性雨性) の位置付けを示した。従来の熱硬化形式は，アクリルメラミン硬化，酸-エポキシ硬化，アクリルウレタン硬化の3種類である。自動車ボディ用クリヤーにおいて，10年以上前に問題となった酸性雨によるクリヤー塗膜のエッチングは，アクリルメラミン硬化から酸-エポキシ硬化への変遷，またはウレタン硬化の導入により，大幅に改善された。現在，自動車ボディ用クリヤーの開発動向の一つは，耐擦り傷性の向上である。具体的には，「黒や濃紺

図3　UV硬化型クリヤーの位置付け

第1章　塗料

図4　UV硬化型クリヤーの耐擦り傷性試験結果

等の濃色でもガソリンスタンドの洗車機で，傷がつかない。オフロード走行時に木の枝によって傷がつかない。傷がついた場合も復元し，傷が消失する。」などが，目標とされている。図4に自動車ボディ用クリヤーの代表的な擦り傷試験の一つであるAMTEC試験結果の写真を示す。左側のテストパネルが従来のアクリルウレタン硬化クリヤー，右側のテストパネルがUV・熱ハイブリッド硬化型クリヤーである。UV・熱ハイブリッド硬化型クリヤーの耐擦り傷性が優れていることがはっきりと判る。UV・熱ハイブリッド硬化型クリヤーが耐擦り傷性に優れる理由は，架橋密度が非常に高く，さらに弾性セグメントを規則的に分子内に配列することが可能であるため，分子鎖の絡み合いを抑制し，弾性特性を高めることができるためである。得られた塗膜は，傷の応力を分散＆緩和し，破壊されることなく，弾性回復するのである。このようにUV・熱ハイブリッド硬化型クリヤーは，充分な塗膜物性・耐候性，さらに優れた擦り傷性を有しており，自動車ボディ用クリヤーに最適である。

　図5に自動車ボディの3D形状を示す。外板部位にUV光を均一に照射をすることは容易であるが，どうしても内板部位を中心に影の部位(Shadow zone)が存在する。しかし，自動車ボディを2輪ガソリンタンクと同様に「回転塗装・回転硬化」することは困難である。現在，Shadow zoneをできる限り少なくするために，UV設備メーカーによるコンピューターシュミレーションによる対応が進んできている。また，Shadow zoneにおけるUV成分の硬化が不充分な場合，熱硬化成分のみでの耐久性も継続試験中である。

図5 自動車車体の3D形状

　近年，ドイツにて小型車「スマート」が量産された。「スマート」の生産工程は，フレームは従来の生産工程と同じであるが，ドア・フード等は全て部品として生産し，最後にアッセンブルする工程である。このシステムなら，UV硬化型クリヤーを適用してもUV照射時の影になる部位が少ない。実際，「スマート」の多くの部品でUV硬化型クリヤーが適用されていると聞いている。
　UV・熱ハイブリッド硬化型クリヤーの自動車ボディ用クリヤーへの量産適用は，もうすぐそこまで来ていると思われる。

文　　献

1) 特許1960210号
2) 大浜宜史，本田康史，1988年RADTECH発表会要旨集

2 建材用UV塗料

河添正雄*

2.1 はじめに

1960年代後半，ドイツで木工用目止塗料として不飽和ポリエステル系UV塗料が市場に投入されたのが，UV塗料の実用化の最初と言われている。日本にも数年遅れて紹介されたが，当時は塗料や周辺技術も不十分で，すぐには普及しなかった。その後，アクリル系UV塗料の開発や周辺技術の進歩もあり，ここ20年余りの間に大きな発展を遂げた。80年代後半には，折からの住宅ブームで住宅着工件数が増え，また生活スタイルの変化も手伝って，畳から木の床が増え，UV塗装した木質フローリングの需要が増大してきている。その背景には，UV塗料が元来持つ速乾性などの長所の他に，VOC規制による溶剤フリーの動きや，シックハウス対策に見られるホルムアルデヒドフリーの動きなども追い風となっている。

われわれの身の回りを見渡しても，CDや携帯電話，化粧品容器などのキャップ類，メガネレンズ，学習机の天板から内装建材に至るまで，UV塗料で塗装された製品が溢れている。直接目にすることは難しいが，光ケーブルの普及にも陰で一役買っている。

現在，日本の市場では，塗料を始め，インキ・レジスト・接着剤など多くの業界でUV硬化システムが導入されているが，ここでは主として，内装木質建材，とりわけ床材用のUV塗料を例に取り，最近の動向について述べる。

2.2 建材用UV塗料

2.2.1 業界の概要

UV塗料の国内市場動向を図1に示したが，木工を始めとした建材用途に多く用いられているのが分かる。

建材でUV塗料の塗装対象となるのは，床材・階段・ドア・巾木等があるが，塗料の使用量は床材用が圧倒的に多い。平板であることや生産量が多いことなどが，UV塗料の特徴とよくマッチしている。

床材は意匠性も重要ではあるが，生活の場でもあるため，家具類を引きずったり過酷な使われ方をする。従って，塗膜に要求される性能も，仕上り感に加えて，硬さや耐汚染性など，ますますハードルが高くなる傾向にある。

---

* Masao Kawazoe 中国塗料㈱ インダストリアル ディビジョン バイスプレジデント
兼 工業用塗料技術センター 所長

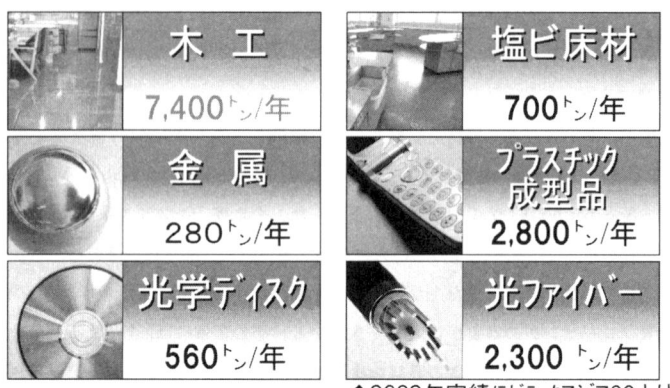

木工 7,400トン/年
塩ビ床材 700トン/年
金属 280トン/年
プラスチック成型品 2,800トン/年
光学ディスク 560トン/年
光ファイバー 2,300トン/年

◆2002年実績/ラドテックアジア03より

図1 国内UV塗料市場の動向

表1 UV塗料の特徴

長　　所	短　　所
超速硬化(秒単位)	一般的に高粘度
生産性が高い	塗料コストが高い
ラインの小型化が可能	用途に制限がある
揮発分の低減	モノマーの刺激性
塗膜硬度が硬いものが可能	硬化塗膜の収縮率が大きい

2.2.2 UV塗料について

(1) 特徴

UV塗料は、塗装後、紫外線(UV)を照射し、瞬時に硬化させる塗料である。溶剤を含まない固形分100%の塗料設計が可能で、VOC対策に適した塗料と言える。

秒単位で硬化するため生産性の向上など多くの利点を持つが、反面、紫外線が当たらないと硬化しないため、被塗物の形状に制約があるなどのマイナス面もある。有機溶剤を使用しないので省資源につながり、溶剤の揮散もないため大気汚染を生じないメリットもある。また、従来の熱硬化型塗料のように、大型の熱風乾燥炉を必要としないため、エネルギーコストも安価である。表1にUV塗料の特徴をまとめた。

(2) 塗装と硬化方法

① 塗装方法

UV塗料の塗装には通常の塗装機が使用できる。建材のライン塗装でよく用いられているのは、ロールコーター、カーテンフローコーター、スプレー、真空塗装機などである。このうち、ロー

第1章 塗料

ルコーター，カーテンフローコーター，真空塗装機は無溶剤塗料に簡単に対応でき，塗料も循環して塗装されるため，塗料ロスもほとんどない。スプレー塗装の場合は，適正粘度にするため，有機溶剤などによる希釈が行われている。このためUV照射の前に溶剤を蒸発させるためのセッティングゾーンが必要となる。またスプレー塗装は塗着効率が悪いため，塗料ロスが多い。しかしながら，ドアや立体状の被塗物にはスプレー塗装が適しているため，UV塗装でもよく使われている。

・ロールコーター

　木質フローリング，塩ビタイルのような平板，長尺塩ビ床材やプラスチックフィルムのようなシート物の塗装に適している。塗装膜厚は一般に薄膜となる。

・カーテンフローコーター

　平板の厚膜塗装に適している。平滑で肉持ち感のある鏡面仕上げが得られるが，カーテンの膜切れや発泡など，塗装作業性に配慮した塗料設計が必要である。

・スプレー

　建材には床材のような平板ばかりではなく，ドアや階段，カウンターや巾木などの形状が複雑な物もあり，木口やR面の塗装にはスプレーが用いられることが多い。希釈溶剤に有機溶剤が使われてきたが，蒸発した溶剤は大気中に放出されることになり，環境対策上問題がある。溶剤の代わりに水で希釈した水性UV塗料を使用するか，やむをえず有機溶剤を使用する場合も，今後はトルエン，キシレン以外の(TXフリー)溶剤に切り替わって行くと思われる。溶剤の代わりに熱をかけて粘度を下げスプレーするホットスプレーという手法もある。

・真空塗装機

　ドア枠や窓枠のような棒状の被塗物を塗装するのに適した塗装方法。減圧されたチャンバー内を被塗物が通過することにより，4面同時に塗装することもできる。塗料ロスもほとんどなく，UV照射器との組合せで使用する例が多い。

これらの塗装方法を図2に示す。

② **硬化方法**

　UV照射には，通常，高圧水銀ランプが用いられることが多い。透明な石英管に水銀ガスが封入されており，強度は単位長さ当たりの入力で示される。50，80，120，160W/cmなどのランプがあるが，80W/cmか120W/cmのランプが用いられることが多い。

　厚膜やエナメルの乾燥に適したメタルハライドランプと呼ばれる長波長ランプもしばしば使用される。

　図3に紫外線の波長領域を示したが，UV硬化に使用される波長領域は200～400nmのことが多く，UV塗料にはこの領域で作用する光開始剤が配合されている。

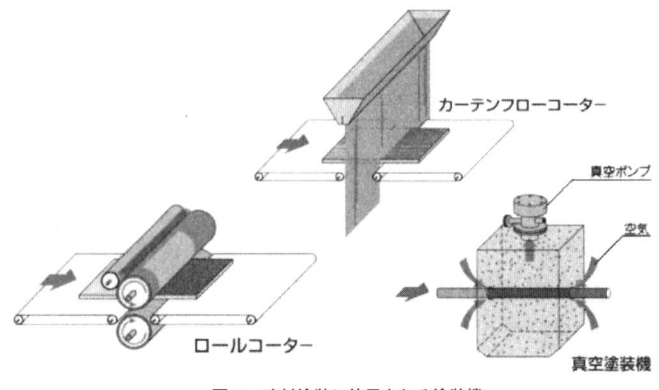

図2 建材塗装に使用される塗装機

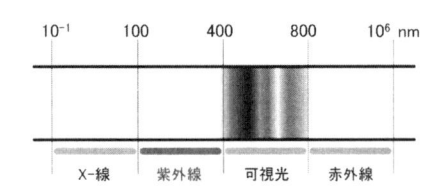

図3 紫外線(Ultra Violet)の波長域
(nm＝ナノメートル＝百万分の1ミリ)

　一般のUVランプから照射される紫外線は，実際には20％前後であり，その他は可視領域及び赤外領域の光である。そのため，ランプから受ける熱の影響も無視できないものがあり，木質素材の場合，導管からの熱発泡などの不具合が生じることがある。また，素材温度の影響から，夏場と冬場で微妙に硬化性が変化することがあるので，注意が必要である。

　なお，UV照射により，空気中の酸素がオゾンに変わるため，UV照射装置には排気設備が設置してある。オゾンを発生させる低波長領域の紫外線をカットしたオゾンレスランプも市販されているが，硬化性は若干低下する。図4に照射装置の概要を示す。

2.2.3　建材塗装システム

　ここでは建材用UV塗料の代表例として，木質カラーフロア用のUV塗装システムを取上げ，その概略について紹介する。

　木質カラーフロアに用いられる素材は，一般に1×6フロア(1尺×6尺)と呼ばれる物が多い。12mm厚の合板に，突板と呼ばれる0.2～2mm厚のスライスした天然木のシートが貼られた物が大半を占める。

第1章　塗料

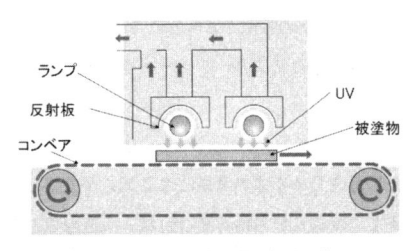

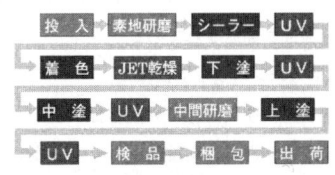

図4　UV照射機の構造(2灯型)

図5　木質フロア塗装工程の一例

　木質カラーフロアの代表的な塗装工程を図5に示す。
　従来はアミノアルキッド塗料が多く用いられてきたが，ホルマリンの問題から（いわゆるシックハウス症候群）国内のフロア塗装ラインからはほとんど姿を消し，大半がUV塗料に切替えられた。通常，投入から梱包までの一環ラインで，数分から10分程度で塗装工程が終了する。ラインスピードは，40〜100m/分程度が多く，ひとつの塗装ラインで，2000〜5000坪/日の生産能力がある。
　フロア用塗料に要求される条件は，
・速乾性で作業性が良いこと
・仕上り感が良好なこと
・付着性，耐衝撃性，耐傷性などの機械的強度が良好なこと
・耐汚染性，耐磨耗性が良好なこと
・適度なスベリ性（歩行感）を持つこと
などが挙げられるが，これらの条件がUV硬化システムと合致し，多くの建材メーカーに採用されている。

2.3　建材への機能性付与
　フロア用塗料を例に取ると，前項に示した性能に加えて，さまざまな機能性をうたって，商品の差別化が進んでいる。従来，機能性の一環として付与していた性能も，一般化してくると陳腐な物になり，さらなるプラスαが求められる。例えば，抗菌性や床暖房対応（耐干割れ性）は今や当たり前で，それだけで消費者の目を引くことは難しい。

2.3.1　スリ傷防止
　床材は，その上を人や物が常時移動するため，建材の中でも最も傷を受け易い。また内装工事では，床を最初に施工し，その後天井や壁の施工をすることが多いが，最近ではコストダウンや現場でのゴミ削減の一環として，養生シートなしで内装工事をすることが増え，傷のトラブルも

起こり易くなっている。従って，スリ傷防止について従来以上の性能が求められるようになった。塗膜硬度を上げるだけではなく，特殊な充填剤を組合せることにより，スチールウールでも傷付かない製品が開発されている。

2.3.2 ノンスリップ仕様

今後ますます高齢化社会が進行するに当たって，家庭内での不慮の事故による死亡や負傷が増える可能性がある。階段からの転落事故や，フロアでの転倒も打ち所が悪ければ，大きな事故につながりやすい。

フロアの滑り易さを表す係数に動摩擦係数があり，一般のフロアは0.2前後，滑りにくいフロアの場合は，0.3～0.35程度と言われている。この数値が大きくなり過ぎると，逆につんのめって歩きにくくなる。上塗塗料に粒径の粗い特殊な顔料を入れ表面を粗くして滑りにくくしたり，塗料樹脂そのものに工夫を加えて，ノンスリップ性を得ることが多い。

2.3.3 低汚染性付与

キッチンは，調味料や食用油等が飛散し，住宅の中でも特に汚染され易い場所である。また，屋内でペットを飼うことも増え，ペットの尿によるフロアの汚染もしばしば取り沙汰される。これらに対応するため，最近では低汚染性を売り物にするフロアも市販されるようになった。塗料表面に，撥水・撥油性を持たせ，汚れがつきにくく，ついても簡単に拭き取れるような仕様になっている。この場合，表面にワックスは塗布できない。

2.4 建材のVOC対策

住宅建材用塗料には，従来ウレタンやアミノアルキッドなどの溶剤型塗料が多用されてきた[1]。これらの塗料には多量の有機溶剤が用いられており，ライン塗装・現場塗装にかかわらず，大気中に放出されていた。塗料のVOC対策を検討する場合，まず有機溶剤をどこまで削減できるかが大きなポイントになる。

一方，シックハウス症候群という言葉も最近よく耳にするようになった。住宅建材や合板接着剤などに含まれる揮発性有機物質（VOC）などで頭痛やめまいを起こす現象で，住宅の高気密化・高断熱化に伴い，症状を訴える人が増えてきた。

住宅での室内空気汚染に対処するため，平成14(2002)年7月，建築基準法の一部が改正され，15(2003)年7月から施行された。規制対象となるのは，クロルピリホスとホルムアルデヒドの2物質だが，他のVOC物質も順次追加されるのは間違いなく，塗料の水性化やハイソリッド化，あるいは無溶剤化が進んで行くと思われる。とりわけ無溶剤化も可能なUV塗料は，今後のVOC対策のひとつとして大きな役割を果たすと考えられる。

VOC対策に適応した塗装仕様の例を表2に示す。

第1章 塗料

　表2の低VOC仕様では，水性UVと水性着色剤，そして無溶剤UV塗料が使用されており環境に配慮した塗装仕様と言うことができる。現在行われているVOC測定方法には，チャンバー法やFLEC法などがあるが，測定に要する時間や費用はまだまだ一般的とは言えない。簡易的な装置で，誰でも簡単に正確なデータが取得できる測定方法の確立が待たれる。
　表3に平成14(2002)年10月現在の，厚生労働省が発表している室内濃度指針値を挙げる。

表2　木質フロア塗装仕様の一例

工程	従来	VOC対応
着色	溶剤型着色剤 ステイン C 改，N	水性着色剤 ステイン W EXL
下塗	溶剤希釈UV オーレックス NO.837	無溶剤 UV オーレックス NO.822
中塗	スチレン希釈UV オーレックス NO.630	無溶剤 UV オーレックス NO.673
上塗	無溶剤 UV オーレックス NO.858	無溶剤 UV オーレックス NO.840

表3　厚生労働省の室内濃度指針値

物質名	室内濃度指針値	
ホルムアルデヒド	100	$\mu g/m^3$ (0.08ppm)
トルエン	260	$\mu g/m^3$ (0.07ppm)
キシレン	870	$\mu g/m^3$ (0.20ppm)
パラジクロロベンゼン	240	$\mu g/m^3$ (0.04ppm)
エチルベンゼン	3800	$\mu g/m^3$ (0.88ppm)
スチレン	220	$\mu g/m^3$ (0.05ppm)
クロルピリホス	1	$\mu g/m^3$ (0.07ppb)
フタル酸ジ-n-ブチル	220	$\mu g/m^3$ (0.02ppm)
テトラデカン	330	$\mu g/m^3$ (0.04ppm)
フタル酸ジ-n-エチルヘキシル	120	$\mu g/m^3$ (7.6ppb)
ダイアジン	0.29	$\mu g/m^3$ (0.023ppb)
アセトアルデヒド	48	$\mu g/m^3$ (0.03ppm)
フェノブカルブ	33	$\mu g/m^3$ (3.8ppb)
TVOC	暫定目標値 400	$\mu g/m^3$

(H14.10.15現在)

2.5　今後の動向と課題

　長引く景気の低迷の中にあっても，UV塗料は毎年着実な進展を示している。このことはUV塗料が生産性の向上，省資源，環境対策などの時代のニーズに即していることを示している。特に21世紀は，環境対策が従来以上に重視されることは間違いなく，塗料の分野においても避けては

通れない大きな課題である。国内の塗料生産量約180万トン／年のうち，半分近くは有機溶剤が占めている。その有機溶剤の大半は大気中に放出され，大気汚染の一因となっている。今後，水性塗料や粉体塗料と並んで，UV塗料に代表される放射線硬化型塗料に課せられた役目は大きい。

一方，UV塗料は耐候性に劣るため，屋外用途には適さない。また，エナメル化が難しく，クリヤ塗料が主体となっている。塗料生産量全体の中でもUV塗料が占める割合は，まだ1％前後と思われ，これらの課題が解決されれば，その比率はさらに伸びる余地を秘めている。

文　　献

1) 環境対応型塗料の開発と応用およびコーティング技術，技術情報協会(2001)

3 プラスチック部品用コーティング剤

阿久津幹夫*

3.1 はじめに

プラスチック素材は，成形の容易さ，軽さなどの特徴から，ガラス，金属，磁器に代わってますます広汎に使用されるようになっている。しかしその大きな欠点に，傷つきやすさ，耐摩耗性が低いことが挙げられる。プラスチックを素材として使う製品にとってこれらの欠点は致命的であり，それを改善することは至上命題である。近年，プラスチック素材のこのような欠点を解決する手段として，UV塗装が広汎に採用されるようになった。本節では，プラスチックに対するUV硬化型ハードコートの塗装について述べたい。

3.2 各種ハードコートとUV硬化型ハードコートの特徴

3.2.1 ハードコートの種類と簡単な特徴

プラスチックの耐擦傷性を向上させるために様々なハードコート剤が開発され，現在主に下記のものが使用されている。

① ポリシロキサン系ハードコート剤
② アクリル・シリコン系ハードコート剤
③ UV硬化型ハードコート剤

これらの特徴を概略まとめると表1のようになる。表で判るように，ポリシロキサン系が優れた耐擦傷性と耐候性があるにも拘らず，UV硬化型ハードコートが広汎に使用されてきているのは，既存の塗料にはない高い耐擦傷性を持ちながら優れた作業性を持っていることが挙げられる。殊に，大量生産する製品には非常に向いた硬化システムと言える。

表1 各種ハードコート剤の特徴

ハードコートの種類	UV系	ポリシロキサン系	アクリル・シリコン系
耐擦傷性	○	◎	△
作業性（硬化温度・時間など）	◎	×	△
耐候性	△	◎	○
その他の諸物性	○	○	○

* Mikio Akutsu　カシュー㈱　技術開発部　部長

3.2.2 UV硬化型ハードコートが使用されている主な分野(プラスチック素材)

UV硬化型ハードコートは，表2に示すように化粧品容器，弱電製品部品，携帯電話，自動車部品の保護コートと非常に多くの分野で使用されている。殊に1990年代末から爆発的に普及した携帯電話には，国内外ともにUV硬化型ハードコートが広汎に採用されている。

表2 UV硬化型ハードコートの主な使用分野

分　　野		備　考(塗装工程，塗装方法など)
携帯電話		2コート(着色塗装⇒UVハードコート)，スプレー塗装
弱電製品部品	デジタルカメラ ビデオカメラ	
化粧品容器	コンパクト，スティック関係	
	ボトル関係	1コート，スプレー塗装
自動車ランプ		1コートないし2コート，スプレー塗装
CD，DVD		1コート，スピンコート
キーボード		1コート，スプレー塗装・タンポ印刷(印字の保護)
プラスチックレンズ		1コート，ディッピング塗装

3.3 携帯電話，弱電部品，コンパクトへのUV塗装

3.3.1 一般的な塗装工程とライン構成

一般的な携帯電話，弱電部品，コンパクト(化粧品容器)の2コート仕様のUV塗装ラインの構成を図1に示す。下塗り塗料にアクリルラッカー系塗料(1液型)を使用し意匠性(アルミ・パールなど)を持たせ，上塗りにUV硬化型ハードコート剤を塗装することによって要求される耐擦傷性などの諸物性を出すのが一般的な工程になっている。

3.3.2 具体的な2コート系の塗装工程について(図1：2コート仕様のライン)

図1は，2コート仕様のラインであるが，これが現在の主流となっている。その場合の具体的な工程は以下の通りである。

① 下塗り塗装：1液型アクリルラッカー塗料(当社の場合，プラスラックKD-2600ないし2800)をスプレー塗装。標準膜厚は，5-8 μm。

② 下塗り乾燥：60～70℃，5分～15分以上。

③ 上塗り(UV)塗装：UV硬化型ハードコート剤(当社の場合，表5のコート剤)をスプレー塗装。標準膜厚は表の通り。

④ 上塗り乾燥：60～70℃，3～5分。

第1章 塗料

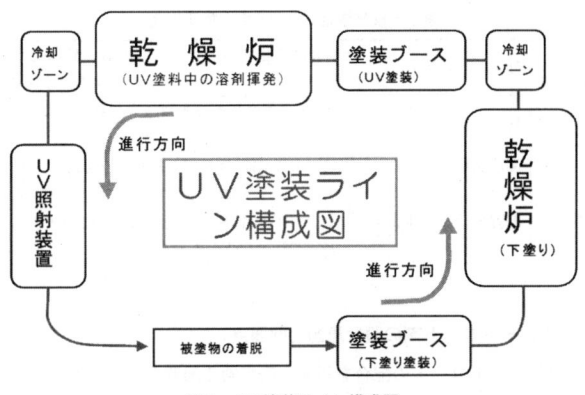

図1 UV塗装ライン構成図

⑤ UV照射：80W/cm高圧水銀灯，1灯。ランプ高さ＝20cm。コンベアスピード＝2m/分。積算照度＝300〜600mj/cm^2。

近年，意匠性の向上，2トーン仕様（塗りわけ）などから，UV塗装の前にもう一層着色層を加える3コート仕様なども出てきている。

3.3.3 素材について

この分野で使用されている一般的な素材は下記の通りである。

① 携帯電話関係：ABS，ポリカABS（PC/ABS），ポリカ（PC），ガラス繊維強化のPCなどが主流である。ノリルが採用されている場合もある。
② 弱電部品：ポリカABS（PC/ABS），ABSが主流である。
③ コンパクト（化粧品容器）：ABSが主流。

いずれの素材も，熱可塑性の素材であり，後述する耐熱性とのからみで，単に硬いだけではなく耐熱試験時にクラックが発生しないようなUVハードコートであることが要求される。

3.3.4 UV硬化型ハードコートに要求される物性（携帯電話向けを中心に）

この分野のUV硬化型ハードコートは，厳しい物性を満足させることが要求されている。殊に，耐摩耗性，耐熱性・耐湿性などである。これは，携帯電話，デジタルカメラ，コンパクトなどがバッグ等の中に入れられ持ち運ばれる（耐摩耗性）ことや自動車車内などに長時間放置される（耐熱性・耐湿性）ことなどを想定してのことである。分野毎に試験方法も様々であるが，携帯電話で採用されている代表的な試験方法を表3に示す。高い耐摩耗性と高い耐熱・耐湿熱性が同時に要求されていることが判る。

175

表3 携帯電話における主な重要物性

耐摩耗試験関係	砂消しゴム摩耗	荷重1Kgで砂消しゴムで擦る。砂消しゴムは、100回毎にリフェースする。素地の出る回数。
	耐スチール試験	#0000番のスチールウールで擦り、塗膜に傷が付かないこと。
耐熱・耐湿試験関係	高温試験	85℃中に96時間放置し、外観を見る。
	温湿度サイクル試験	① -40℃ 1Hr⇒85℃ 1Hrを12サイクル行い、 ② -35℃ 1Hr⇒75℃ 1Hrを12サイクル行い、 ③ 70℃×90%RH×48Hr行う。

3.3.5 従来のUVハードコート剤の設計思想と問題点

表4に一般的なUVハードコートの配合を示す。表で判る通り、図2に示したPETTA、DPHAを多用(40〜70%)することにより高硬度にするのが良く知られている方法である。しかし多官能のアクリレートは、塗膜を高硬度にし、耐摩耗性を向上させるものの、UV硬化時の硬化収縮もあり、付着性が低下すると同時に割れやすく脆い塗膜になってしまうという欠点がつきまとう。このように官能基数を上げることによってだけでハードコートを設計しようとする従来の設計思想では、高い耐摩耗性と耐熱クラック性を両立させることは困難である。

DPHA、PETTAのように官能基の数(架橋密度)で高硬度にするのではなく、低官能基(2〜

表4 ハードコート剤の樹脂成分の一般的な配合

要素	具体的成分	割合	機能
ハード成分	代表的にはDPHA、PETTAなど	40〜70%	塗膜を高硬度にし、耐摩耗性を上げる
セミハード成分	3官能のTMPTAなど	10〜20%	硬度の調整
単官能モノマー	HDDA、TPGDAなど	10〜20%	付着性の向上、硬度の調整

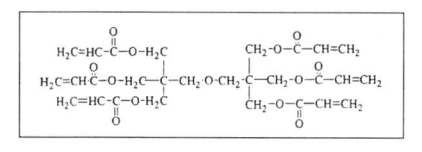

ジペンタエリスリトール・ヘキサアクリレート (5〜6官能、MW:約530)

ペンタエリスリトール・テトラアクリレート (4官能、MW:約350)

図2 代表的なハードコート材料の化学構造

3)でも化学構造自体で高硬度が得られるオリゴマーに着目して,高硬度・高耐殺傷性と耐熱性を両立させるよう設計されたのが,当社のUV硬化型ハードコート＃130P,＃6110である。

3.3.6 UV硬化型ハードコート剤の種類と特徴

前述の設計思想によって開発された＃130P,＃6110の特徴について表5に示す。ユーザーの物性規格によって高硬度のNo. 130Pにするか,セミハードのNo. 6110にするかを選択している。その物性を表6に示す。この他にも何点かの特徴あるUV硬化型ハードコート剤があるが,紙面の関係上割愛させていただいた。

表5 主な携帯電話向けUV塗料(トップコート)の種類と特徴

商品名	乾燥時間	標準膜厚	特徴
カシューハードC No. 130P クリヤー	60～70℃ 3～5 min	15μm前後	高硬度タイプ、高耐摩耗性。高温時・素材変形時の耐クラック性良好。砂消しゴム試験=3600回
カシューハードC No. 6110 クリヤー	60～70℃ 3～5 min	15μm前後	中硬度タイプ。高温時・素材変形時の耐クラック性はNo. 130Pより良好。砂消しゴム試験=2500回

表6 携帯電話・コンパクト向けUV硬化型ハードコート剤の物性

品質項目		試験方法の概要		結果	
				No. 6110	No. 130P
外観		目視にて判定		異常なし	異常なし
膜厚		トップコートの膜厚		15μm前後	10μm前後
密着性		碁盤目セロテープ剥離		剥がれなし	剥がれなし
鉛筆硬度		三菱ユニ 45°手押		2H	2H
耐摩耗性	耐砂消しゴム試験	砂消しゴム、荷重1Kgで擦り素地が露出するまでの回数(100回毎に消しゴム表面をリフェース)		2500回	3600回
	学振磨耗試験	1Kgの荷重をかけ綿布で5万回擦る。		素地露出なし	素地露出なし
耐溶剤性	耐エタノール性	ガーゼにエタノールを染込ませ、1Kg荷重で10往復擦る。		異常なし	異常なし
耐汚染性	コーヒー	常温24時間放置後、拭き取る。		異常なし	異常なし
	コーラ液	常温24時間放置後、拭き取る。		異常なし	異常なし
耐人工汗液性	常温48時間浸漬	酸性	外観	異常なし	異常なし
			付着	剥離なし	剥離なし
		アルカリ性	外観	異常なし	異常なし
			付着	剥離なし	剥離なし
耐熱試験		85℃、96時間放置		異常なし	異常なし
耐湿試験		60℃、96時間放置		異常なし	異常なし

3.4 PETボトル(化粧品容器向け)へのUV塗装

溶液系の化粧品容器(スキンローション,整髪料など)にPET(ポリエチレンテレフタレート)ボトルが使用されており,その擦り傷防止にUV塗装がなされている。

3.4.1 1コート塗装仕様

(1) 塗装の目的

塗装の目的は,主にPETボトル表面の耐擦傷性の向上である。副次的に,艶消し塗料にすることによって擦りガラス調に見せるという意匠的側面もある。

(2) 塗装工程

① UV塗装:図3に示すUVハードコートを用途によって選択し,スプレー塗装する。標準膜厚は約10μm程度。
② UVフラッシュ・オフ:50~60℃,1~3分程度。
③ UV照射:80W/cm高圧水銀灯,1灯。ランプ高さ=20cm。コンベアスピード=2m/分。積算照度=300-500j/cm^2。

(3) 種類と特徴

ハードコート塗装後の印刷の有無,ホットスタンプの有無などによってそれぞれ図3に示す製品がある。

(4) 物性

上記塗装物の物性を,表7に示す。

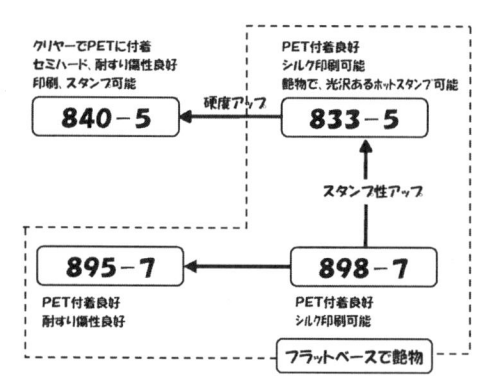

図3 PETボトル用 UV クリヤー系統図

第1章 塗料

表7 PETボトル向けUV硬化型ハードコート剤の物性

品質項目		試験方法の概要	結　果	
			1コート仕様	2コート仕様
塗装工程	プライマー	着色，パール，アルミで意匠	なし	P-5クリヤー（着色，パール，アルミ）
	UVコート剤	クリヤーまたは艶消しクリヤー	No. 895-7A	No. 895-7A or No. 833-5
外　観		目視にて判定	異常なし	異常なし
密着性		碁盤目セロテープ剥離	剥がれなし	剥がれなし
鉛筆硬度		三菱ユニ　45°手押	F～H	F～H
耐摩耗性	耐砂消しゴム試験	砂消しゴム，荷重1Kgで擦り素地が露出するまでの回数(100回毎に消しゴム表面をリフェース)	2500回	2000～2500回
	学振磨耗試験	1Kgの荷重をかけ綿布で5万回擦る。	素地露出なし	素地露出なし
耐溶剤性	耐エタノール性	ガーゼにエタノールを染込ませ，1Kg荷重で10往復擦る。	異常なし	異常なし
耐汚染性	コーヒー	常温24時間放置後，拭き取る。	異常なし	異常なし
	コーラ液	常温24時間放置後，拭き取る。	異常なし	異常なし
耐人工汗液性		常温48時間浸漬	異常なし	異常なし
耐湿試験		50℃，96時間放置	異常なし	異常なし

3.4.2　2コート塗装仕様

(1) **塗装の目的**

塗装の目的は，PETボトルに下塗りを入れることによって意匠性(着色，パール，メタリック)を持たせ，トップにUV塗装することによって耐擦傷性を向上させることである。

(2) **塗装工程**

① プライマー塗装：P-5プライマー(着色，パール，アルミなどで意匠性を持たせる。)スプレー塗装。標準膜厚は5～8μm程度。

② プライマー乾燥：50～60℃，2～3分程度。

③ UV塗装：図3に示すUVハードコートを用途によって選択しスプレー塗装する。標準膜厚は約10μm程度。

④ フラッシュオフ：50～60℃，1～3分。

⑤ UV照射：80W/cm高圧水銀灯，1灯。ランプ高さ＝20cm。コンベアスピード＝2m/分。積算照度＝300-500mj/cm^2。

3.5 キーボード印字部分へのUV保護コート

部分印刷方式によってキーボードの印字の保護を目的として、UVの保護コートがなされている。

3.5.1 キーボード印字保護技術の歴史

コンピューターのキーボードの印字は、文字が無くなればキーボードの役割を果たさなくなることからも、機能上極めて重要な役割を果たしている。当初、印字は2色成型技術でなされていたが、文字が消失することはないが、多色ができないことやコストが高い欠点があった。その後、浸透印刷法が開発されたが、印字の耐摩耗性が浸透させられる素材（一般的にはPBT）に依存することやコストが高いなどの欠点があり、後述するUVハードコートのタンポ部分印刷法に変わった。現在、ほとんどのノート型パソコンのキーボードはこの方法によって作られている。

3.5.2 UVハードコート部分印刷法（No. 300TA-10）の工程

① 印刷：インク（着色）をタンポ印刷法でキーに印字。
② インキの乾燥：60℃×5～10分。
③ UV塗装（ハードコート）：No. 300TA-10をタンポ印刷（乾燥膜厚で10～15μm前後）。
④ フラッシュオフ：60℃×3～5分。
⑤ UV照射：80W高圧水銀灯、1灯。コンベアスピード＝2m/分。積算照度＝300-500mj/cm^2。

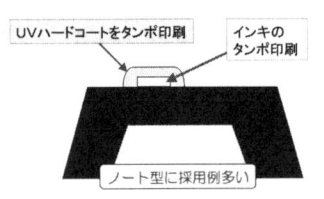

図4　印字の保護コート

3.6 CD，DVDディスク用へのUV硬化型ハードコート

3.6.1 コーティングの目的

CD，DVDなどの光ディスクの記録面側にハードコートが塗装されている。

その目的は、①記録面の擦り傷止、②ホコリの付着防止を目的とした帯電防止機能である。耐

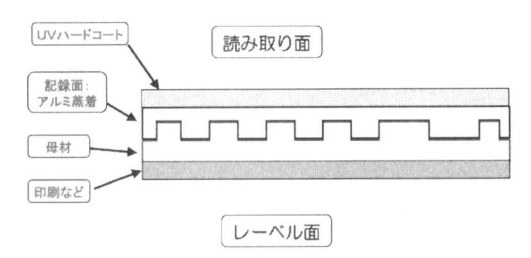

図5　光ディスクの一般的な構成

第1章　塗料

擦傷性ばかりではなく，ディスク盤のソリについても厳しく規制されており，UV硬化特有の硬化収縮を極力少なくしなければならない。

3.6.2　一般的な塗装工程

一般的な塗装工程は下記の通りである。

① UV塗装（ハードコート）：No. 5100クリヤーをスピンコート。A：B：C＝24：24：1（乾燥膜厚で2～3μm前後）。

② フラッシュオフ：40～50℃×1分。

③ UV照射：120W高圧水銀灯，1灯。コンベアスピード＝1.5m/分。積算照度＝約2000mj/cm^2。

4 電子線硬化技術の応用と展開～建材分野への応用

宮下治雄*

4.1 はじめに

電子線(Electron Beam：EB)の工業的利用は，架橋や滅菌，硬化等さまざまな分野で行われてきた(表1)[1]。その中で，塗膜の硬化にEBを利用するEB硬化技術は，他の塗膜形成方法では得られない特徴があり，近年になってこの技術を用いた製品開発も進んできた。

本節では，EB硬化技術をウェブ状のシートに適用した応用事例とその特徴について述べる。

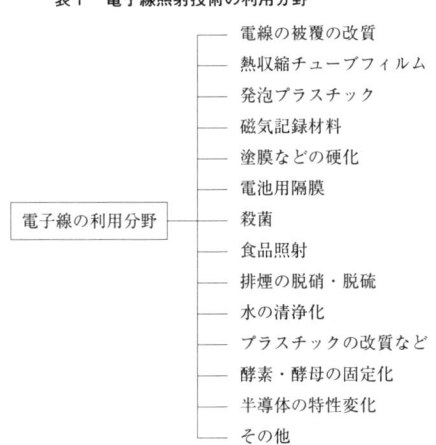

表1 電子線照射技術の利用分野[1]

電子線の利用分野
- 電線の被覆の改質
- 熱収縮チューブフィルム
- 発泡プラスチック
- 磁気記録材料
- 塗膜などの硬化
- 電池用隔膜
- 殺菌
- 食品照射
- 排煙の脱硝・脱硫
- 水の清浄化
- プラスチックの改質など
- 酵素・酵母の固定化
- 半導体の特性変化
- その他

4.2 EBコーティング技術

ウェブ状の支持体にEB硬化型樹脂をコーティングし，それにEBを照射して硬化させるEBコーティング技術は，塗膜形成技術の一つであるが，省エネルギー，「健康・環境」対応，高機能化という観点から，まさに，時代にマッチングしているコンバーティング技術である。

具体的に，その特徴としては，以下のものがあげられる。

4.2.1 従来の塗膜形成方法(熱硬化型，紫外線硬化型)との比較

① エネルギーの利用効率が高いため，省エネルギーの環境対応型処理システムである。
② 無溶剤塗工が可能な環境保全型乾燥システムである。

---

* Haruo Miyashita　大日本印刷㈱　建材事業部　建材研究所　所長

第1章 塗料

③ 瞬時に硬化するため高速大量生産に優れているとともに品質が安定している。

4.2.2 EB硬化塗膜の性能

① EB硬化塗膜は，その架橋密度を上げることができるため，硬化塗膜の性能(高光沢，硬度，耐汚染性，耐傷性等)が優れている。

② EB硬化塗膜中にさまざまな官能基を付与できるため，機能(離型性，防曇性，防汚性等)を固定化することができる。

③ EB硬化はエネルギーが高いため，紫外線硬化では必要な光開始剤が不要となり，耐候性に優れている。

4.2.3 EBコーティングに用いる装置

図1[2]に印刷コーティング機用EB装置例を示す。建材・家具用化粧フィルムは一般的にロール状に巻き取ったものを大量生産するために，装置自体はウェブ状に加工できるシステムとなる。EB樹脂のコーティングは，その樹脂性状および必要塗布量に合わせて，グラビア方式，ロールコート方式等にて基材に塗工組成物を直接塗工する直接コーティング法，又は，剥離性の基材表面に塗工組成物層を予め形成した後，該層を基材表面に転写する転写コーティング法を用いて行う。

当社では，上記EBコーティング技術に着目して，20年以上前から研究開発に着手し，技術を培い，1990年代より，建材・家具用化粧シート用途において製品の実用化を行ってきた。建材におけるEB硬化技術の応用例として，建築物の内装や家具の表面材として用いられる，耐摩耗性に優れた「スーパーイーゴス」，耐汚染性や耐擦傷性に優れた「クリーンイーゴス」「パワーイーゴス」，床材の表面材として用いられる，天然木フロアの問題点である耐候性や耐傷性などを解消した「HT(Hard Top)フロアシート」について述べる。

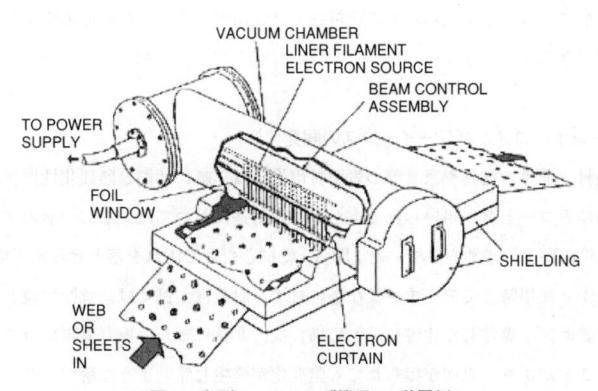

図1 印刷コーティング機用EB装置例[2]

4.3 スーパーイーゴスの開発

従来から，建築物の内装や家具，キャビネット等の表面装飾用の材料として，メラミン化粧板，ダップ化粧板，ポリエステル化粧板，プリント合板，塩化ビニル化粧板等の各種化粧材が用いられている。

これらのうち，耐摩耗性を必要とする用途においては，メラミン化粧板のような硬質の基材を用いた化粧材が使用されてきた。一方，基材として厚みの薄い紙やプラスチックシートのような柔軟性を有するものを用いる場合は，樹脂の塗布量を上げると，カールが激しくなり，取り扱いが不能となってしまったり，樹脂の架橋密度を高くすると，樹脂層の柔軟性がなくなってしまいシート状の基材では形成できなくなってしまったり，表面樹脂層が衝撃によって割れたり，亀裂が発生しやすくなる等の問題がある。これらの方法で改良するには限界があり，耐摩耗性を必要とする用途には使用できなかった。

そこで，当社としては，EB硬化型樹脂コーティング技術を駆使することにより上記のような課題を解決できる紙をベース基材とした超耐摩耗EB硬化型樹脂コーティング化粧シート「スーパーイーゴス」の開発を行った。

基材として柔軟性を有する紙を用い，印刷による装飾処理を施し，その上に高硬度球状粒子を含んだモノマーおよび／又はプレポリマーを塗工し，EBを照射する。「スーパーイーゴス」の構成を図2に示す。

その特徴として，
① 摩耗により高硬度球状粒子が欠落することが少なく，耐摩耗性に優れ，高圧メラミン同等以上の摩耗性能をもつ。
② 紙ベースの製品なので，再生が可能である。

これらの特徴により，従来紙ベースの化粧紙では使用できなかった表面の耐摩耗性が要求される用途に使用できる。

4.4 クリーンイーゴス，パワーイーゴスの開発

建築物内装材，扉等の建具や家具等の表面材用途には，紙に印刷と熱硬化性樹脂コーティングを施したいわゆるコート紙が用いられてきた。この用途においては，なお一層のメンテナンス性の向上や耐久性の向上が求められていた。即ち，乾拭きだけで汚れを落とせる耐汚染性の向上や，或いは，製造から使用時までのさまざまな傷に対する耐久性，例えば，意匠表現として，表面保護層によって表面艶を調整した化粧シートの場合は，非常に細かい擦り傷の集合によって艶が上昇したりすることがあり，表面が擦られても艶変化が発生し難いような耐マーリング性が望まれていた。

第 1 章　塗料

そこで，当社としては，EB硬化型樹脂コーティング技術を駆使することにより上記のような課題を解決できる紙をベース基材とした耐擦傷性EB硬化型樹脂コーティング化粧シート「クリーンイーゴス」「パワーイーゴス」の開発を行った。

基材として紙を用い，印刷による装飾処理を施し，その上にシリコーン（メタ）アクリレートを含んだモノマーおよび／又はプレポリマーを塗工し，EBを照射する。「クリーンイーゴス」「パワーイーゴス」の構成を図3に示す。

その特徴として，

① 油性ペンで書いた文字，落書きなど，しつこい汚れも，乾拭きだけで拭き取ることができる。

② 耐マーリング性に優れ，化粧板製造ライン中の取り扱いに於いて発生する艶変化がほとんど生じない。

また，「スーパーイーゴス」と同様

③ 紙ベースの製品なので，再生が可能である。

これらの特徴により，製造工程上のロスが低減できると共に，製品として，長期使用に耐え，メンテナンスも簡単になる。

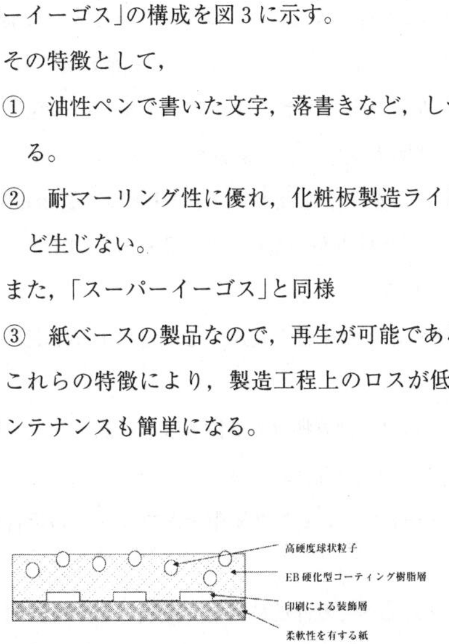

図 2　スーパーイーゴス構成図例 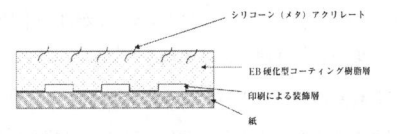　　図 3　クリーンイーゴス，パワーイーゴス構成図例

4.5　HTフロアシートの開発

現在の国内住宅市場において，一般居室用床材には従来の畳・カーペットから木質フローリングが好んで使用されるようになってきている。木質フローリングの主流はカラーフロアと称されるもので，12mm厚のラワン合板の表面に約0.3mm厚の突き板（天然木を薄くスライスしたもの）を貼り合せてその上から塗装を施したもの（図4）である。その品質は，天然木であるが故の色のバラツキや日焼け・干割れから，水平面用途であるが故の耐傷性や耐汚染性・耐薬品性にいたるまでさまざまな課題を抱えていると言える。

そこで当社としては，EB硬化型樹脂コーティング技術を駆使することにより上記のような課題を解決できる工業化フローリング用化粧シート―HT（Hard Top）フロアシートの開発を行った。

住宅用一般内装部材の表面材にはさまざまなスペックが要求されるが，床材（木質フローリン

グ代替)としてはさらに水平面の使用に耐えうるスペックが要求される。

　従って，床材用化粧シートの仕様は前述の一般内装用化粧シートをベースにその表面性能を強化することが必要となる。そこで一般内装用化粧シートの最表層に施している保護コーティング層(アクリルウレタン系2液硬化型)を床用スペックも満足できるように樹脂組成・架橋密度(官能基数・分子量等)を調整したEBコーティング樹脂層に変更した。そうすることにより強靭かつ柔軟性のある塗膜となりスチールウール等で摩擦してもほとんど傷がつかないような表面性能が得られ，耐汚染性や耐候性に関しても天然木の塗装品と比較してはるかに優れた性能が得られた。

　図5にHTフロアシートの構成を記す。基材接着用の裏面プライマー処理を施した着色オレフィンフィルム上に絵柄印刷層を介して保護用の透明オレフィン樹脂層およびEBコーティング樹脂層が積層された状態となる。このHTフロアシートをラワン合板やMDF(中密度木質繊維板)に接着剤を介してラミネートすることによって床材用化粧板が得られ，その化粧板を加工することによって木質フローリング代替のシート床が得られる。

　木質フローリングと比較してHTフロアシートを利用した床材を使用することにより下記のようなメリットが得られる。

① 天然木に付きまとう「色バラツキ」の極小化，石目・抽象柄等の意匠表現も可能
② 白木系フローリングの安定的供給(天然木では材の色が揃わない)
③ ワックス(フロアポリッシュ)がけが不要——EBコーティング樹脂層がワックスの役目を果たし，性能および美観を保つ。

　これらの特徴により，従来の天然木フローリングと比べて意匠的にも全く遜色のない住空間を提供することができると共に，特に③に関しては，施工時はもちろん，メンテナンス時の負担を軽減できる。

　また，上記で述べてきた4製品(「スーパーイーゴス」「クリーンイーゴス」「パワーイーゴス」「HTフロアシート」)は全て，シックハウス症候群の原因とされるホルムアルデヒド・トルエン・キシレンなど厚生労働省の指針対象物質，国土交通省の「住宅品質確保促進法」での測定物質に関して，EBコーティング樹脂層はもちろん印刷インキ等全ての材料に使用していないので安全性・信頼性の高いインテリア部材として積極的に利用可能である。

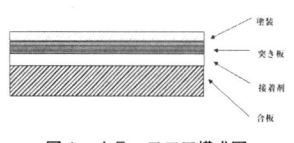

図4　カラーフロア構成図

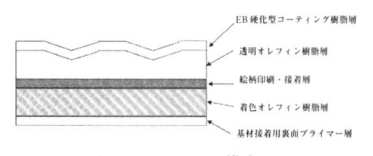

図5　HTシート構成図

4.6 今後の展望

　これからの住空間は,「健康・環境」というニーズがますます増大してくる。その中で，EBコーティング技術は，従来のコーティング技術に比べ，製品の製造においては，省エネルギー，CO_2排出量削減など環境面で大きな効果があり，また，その製品は，耐久性，耐傷性，耐汚染性に優れているため，長期間の使用や簡単なメンテナンスを実現し得る。これらの観点から，本技術は，建材への応用に最適な技術であり，上記用途にとどまらず，さらに広い分野で展開し得る。当社は，今後も，環境と健康に配慮した製品を供給し続けていきたいと考えている。

文　　献

1) 低エネルギー電子線照射の応用技術, シーエムシー出版, p.55 (1999)
2) 高機能・環境対応型床材用化粧シート"HTシート""ハイパーシート"の開発, コンバーテック, 9月号, 50 (2003年)

5 自動車ヘッドランプレンズ用ハードコート

古川浩二[*]

5.1 はじめに

1980年代前半からランプユニットの軽量化,デザインの多様化のために,自動車ヘッドランプレンズにはガラスに代わりプラスチックレンズが使用され始めた(図1)。1990年代に入ると乗用車のヘッドランプレンズのほとんどがプラスチックレンズとなり,その傾向は今やトラック,バスにまで広がっている。プラスチック素材は軽量で透明性,機械的特性に優れ,成型加工が容易であること等から多くの自動車部品に利用され,特にヘッドランプレンズには耐衝撃性,耐熱性の観点からポリカーボネートが使用される。しかし,素材そのものの耐擦傷性,耐薬品性,及び耐候性等が低い等の欠点があるため,これらの欠点を改良する技術として表面加工処理技術であるハードコート加工が実用化されてきた。本節では,耐擦傷性と耐候性を兼ね備えたハードコート材料による表面処理技術について,今後の技術動向も含めて述べる。

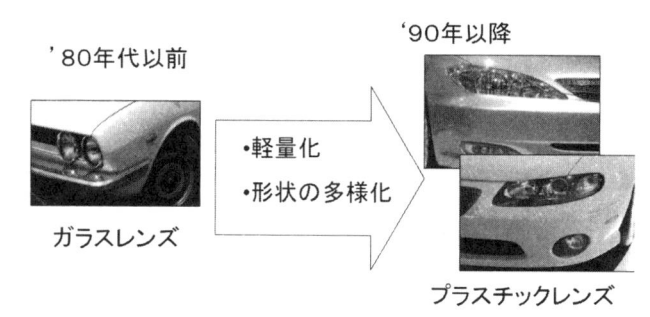

図1 ヘッドランプレンズの変遷

5.2 ハードコート材料の分類と構成

自動車ヘッドランプレンズへのハードコートには,表1に示すように熱硬化方式とUV硬化方式が実用化されている。熱硬化方式の材料はシリコーン系ハードコート[1]であり,塗膜硬度が高い特徴を有しているが,プラスチック基材への密着性を向上させるためにプライマーを必要とし,2コート2ベーク方式となることや硬化時間も2時間程度必要であり大型の処理設備が必要となる。従って,熱硬化方式と比較して小型の設備で高生産性が得られるUV硬化方式が多く採用されている。UV硬化方式の材料はアクリル系樹脂を主成分とするUV硬化型組成物を塗料化したも

[*] Koji Furukawa 三菱レイヨン㈱ 機能化学品開発センター 主任研究員

第1章　塗料

表1　ハードコート材料の分類

硬化方式	熱硬化	UV硬化
樹脂成分	シリコーン系樹脂	アクリル系樹脂 または アクリル樹脂／特殊無機微粒子(ハイブリッド)
硬化時間	2時間	数十秒
特徴	2コート (プライマー必須) 表面硬度に優れる	1コート 生産性に優れる 表面硬度と耐候性のバランスに優れる ハイブリッドは硬度良好

ので，更に表面硬度を高めるために無機成分を配合させた材料も開発されている。UV硬化ハードコートは数秒～数十秒の硬化時間によって優れた硬度，耐久性を発現し，基材との密着性，耐薬品性等の物性のトータルバランスに優れている点において，現在では自動車ヘッドランプレンズの表面処理方法の主流となっている。

5.3　ハードコートへの要求性能

　自動車ヘッドランプ用ハードコートへの要求性能は各国が定めた安全基準を満たすだけでなく，各自動車メーカーが独自の品質基準，要求物性を設定している。また各ランプ部品メーカーはどの自動車メーカーにも対応すべく，より厳しい品質基準を設けている。品質の要求物性には表2に示すように耐擦傷性，耐候性，耐水性，耐薬品性，耐冷熱サイクル性などが挙げられるが，要求物性の中で特に重視される物性が耐候性と耐擦傷性である。

　耐候性の規格の例としては，米国FMVSS108項に定められている規格があり，米国SAEJ576の評価方法に従いフロリダ及びアリゾナでの3年屋外曝露試験を行うものである。規格ではポリカーボネートにハードコートを塗装した試験サンプルの光学特性について，透過率の変化が25％以下であること，曝露後の曇値（ヘイズ値）が30％以下であることを要求しており，1995年以降は更にランプの構成上，反射鏡（Reflex Reflectors）を有するランプレンズには同値が7％以下であることを要求している。加えてハードコートの外観評価においては塗膜の剥離，白化（着色），クラックなどの劣化が生じないことも併せて要求される[21]。

　耐擦傷性を評価する試験方法には，スチールウールによるラビング試験（#0000スチールウール，143g/cm^{2}荷重，10cm/sec.で11往復）やテーバー摩耗試験（ASTM D-1044準拠）などが挙げられ，その要求基準は前述のように各自動車メーカーが独自の規格値を設定している。ハードコートに求められるこの2つの物性は，一般に両立させることが難しく，耐候性を重視すると耐擦傷性が低下し，逆に耐擦傷性を重視すると耐候性が低下する傾向にある。この要因としては，樹脂

表2　要求物性項目(一例)

項　目	試験方法	規　格
耐候性	SAEJ576　屋外曝露試験 フロリダ・アリゾナ　3年	透過率の変化 25%以下 曇価(Haze) 30%以下 (RR配置レンズ 7%以下)
耐擦傷性-1 (SWラビング試験)	#0000 スチールウール 143g/cm²荷重 速度10cm/sec.　11往復	各メーカー毎に規格化
耐擦傷性-2 (テーバー摩耗試験)	ASTM D-1044 (回転数：100回，300回等)	各メーカー毎に規格化
密着性	碁盤目テープ剥離試験	剥離なし
耐冷熱サイクル性	82℃ 24時間 -29℃ 6時間	外観変化なし 密着性変化なし
耐水性	40℃ 240時間　または 60℃ 240時間	外観変化なし 密着性変化なし
耐薬品性	ガソリン，エンジンオイル，クーラント液，ウォッシャー液，希硫酸，Waxリムーバー等	外観変化なし

の架橋密度が塗膜硬度と耐候性能に影響を及ぼすため，塗膜硬度が高い塗膜では硬化反応で生じる収縮による残留応力が大きくなり，塗膜の柔軟性が低くなることが耐候性を低下させると考えている。樹脂の架橋密度は自動車部品であることから，ガソリンを始めとする各種使用液体やケミカル製品等の耐薬品性試験にも影響を及ぼす。

5.4　UV硬化ハードコートの材料構成と物性[3]

ハードコートを構成する材料は表3に示すように，多官能アクリレートを中心としたモノマーと，ウレタンアクリレートやポリエステルアクリレートなどのオリゴマーの他，光重合開始剤，紫外線吸収剤やレベリング剤などの添加剤である。

表3　UV硬化ハードコートの材料構成

分　類	構成成分
樹脂成分	多官能アクリレート(モノマー) ポリエステルアクリレート(オリゴマー) ウレタンアクリレート(オリゴマー) シリカ系反応性微粒子
添加剤	光重合開始剤，紫外線吸収剤，レベリング剤
溶　剤	エステル系溶剤，ケトン系溶剤，アルコール系溶剤　等

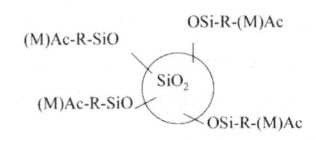

第1章 塗料

```
       (M)Ac-R-SiO      OSi-R-(M)Ac
                  \    /
                  SiO₂
                  /    \
       (M)Ac-R-SiO      OSi-R-(M)Ac
```

図2 シリカ系反応性微粒子(概念図)

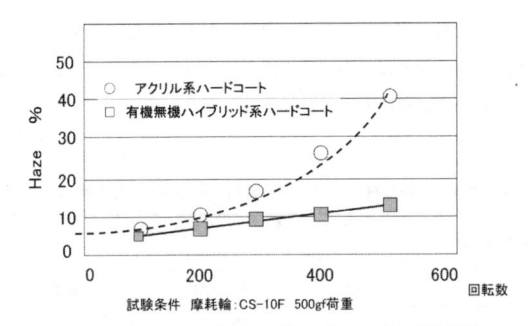

図3 有機無機ハイブリッド系ハードコートの耐擦傷性

少量　←　シリカ系反応性微粒子添加量　→　多量

試験方法：ASTM D-1044
摩耗輪：CS-10F　荷重：500gf　回転数：500 cycle

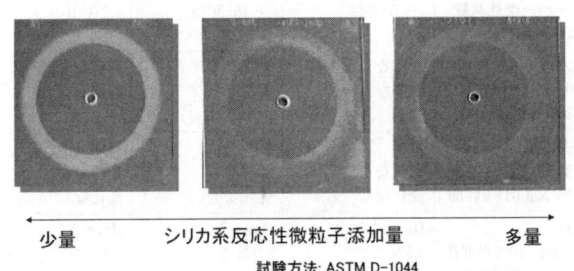

写真1　有機無機ハイブリッド系ハードコートの耐擦傷性

　特に基材を長期にわたり保護するために添加される紫外線吸収剤は，その種類や割合にノウハウがあり，塗膜の耐候性と硬化性や密着性とのバランスを保てるように工夫する。また前述のように耐擦傷性を向上させるために無機成分としてシリカ系反応性微粒子を成分に用いた有機無機ハイブリッドタイプも開発している。

　このシリカ系反応性微粒子の合成方法は，特許で保護された技術[4]であり，図2に示したようにコロイダルシリカの表面にある水酸基と，(メタ)アクリル基を持ったカップリング剤のアルコキシシランとの脱水縮合反応によって得られる。合成されたコロイダルシリカの直径は50nm以下となっており，塗膜の透明性を損なわないように設計する必要がある。有機無機ハイブリッド

191

タイプのハードコートは，図3に示したようにアクリル系ハードコートに比べその耐擦傷性が大きく優れている。特にテーバー磨耗の回転数が増す程両者の耐磨耗性の差が大きいことが分かる。写真1ではシリカ系反応性微粒子の添加量と耐擦傷性（テーバー摩耗試験）の関係を示しており，添加量が増えるに従い耐擦傷性が向上していることが認められる。

この有機無機ハイブリッド系ハードコートの諸物性をアクリル系ハードコート及び熱硬化シリコーン系ハードコートと比較し表4に示した。前述したように耐擦傷性に優れるだけでなく，耐候性やその他の耐久性においても優れた性能を示すハイブリッドハードコートは車載用の次世代ハードコートとして今後の応用展開が期待される。

表4　有機無機ハイブリッド系ハードコートの塗膜特性

評価項目	ハイブリッド系ハードコート	アクリル系ハードコート	シリコーン系ハードコート
硬化方式	UV硬化	UV硬化	熱硬化
生産性	高	高	低
耐擦傷性 テーバー摩耗試験 （300回転）	Δ Haze 5-9 %	Δ Haze 15-30%	Δ Haze 3-10%
耐温水性 60℃ at 240時間 外観／密着性	変化なし／ 剥離なし	変化なし／ 剥離なし	変化なし／ 剥離なし
耐薬品性 5 % H_2SO_4／1時間 5 % NaOH／1時間	外観 変化なし 変化なし	外観 変化なし 変化なし	外観 変化なし 変化なし
耐候性 SWOM　1000時間後 　　　2000時間後	Haze/YI 1.5%/1.2 2.1%/1.4	Haze/YI 5.0%/2.3 8.0%/3.8	Haze/YI 1.9%/0.7 7.1%/3.3

5.5　ハードコート処理工程

一般的なハードコートの処理工程は図4に示すように基材の前処理からスプレー塗装，セッティング，UV硬化となる。近年はランプ形状が複雑かつ大型化の傾向にあり，成形時の応力緩和のためにアニール工程が必要になっており，塗膜の耐久性向上には不可欠の工程である。塗装膜厚（硬化後）は一般に5～15μmとなるように塗装される。硬化工程には高出力タイプの高圧水銀灯が用いられ，UVランプの配置やUV照射条件に各社独特のノウハウがある。プラスチックレンズのサイズにもよるが，1時間に500-2000個のレンズが処理できるので非常に生産性に優れている。塗装方法としてフローコート法も使用可能であるが，近年の大型かつ複雑な3次元立体形状のプラスチックレンズでは均一な塗装膜厚の管理が困難となりスプレー塗装法が広く普及している。

第1章 塗料

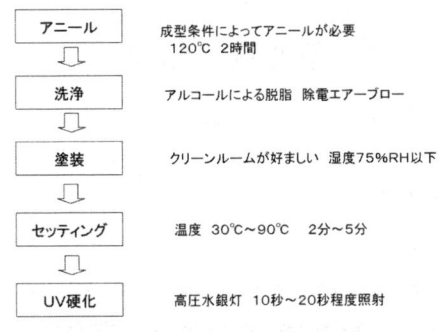

```
アニール    成型条件によってアニールが必要
  ↓        120℃ 2時間
 洗浄     アルコールによる脱脂 除電エアーブロー
  ↓
 塗装     クリーンルームが好ましい 湿度75%RH以下
  ↓
セッティング  温度 30℃～90℃  2分～5分
  ↓
 UV硬化    高圧水銀灯 10秒～20秒程度照射
```

図4 UV硬化ハードコートの塗装工程

5.6 おわりに

　近年，自動車ヘッドランプの形状は自動車ボディの斬新なデザインに合わせて益々複雑化，大型化，かつ多様化している。更にプラスチックレンズが裏面のプリズムを失い，透明化したことから，表面平滑性や異物フリーなど高度な表面外観がヘッドランプレンズに求められるようになった。流線型の自動車ボディになるほどプラスチックレンズは太陽光を直接受ける面が大きくなり更なる高耐候性も必要になっている。このように要求物性が高くなるほど有機無機ハイブリッドタイプのハードコートがその有力候補と思われる。更に，自動車グレージングと呼ばれる車載用の樹脂ガラスへの応用展開も期待される。

文　献

1) 本間精一，プラスチックハードコート材料Ⅱ，シーエムシー出版，p.83 (2004)
2) 福島洋，高分子の表面改質と応用，シーエムシー出版，p.127 (2001)
3) 石居太郎，プラスチックハードコート材料Ⅱ，シーエムシー出版，p.60 (2004)
4) 特許第2783855号報；特許第3096862号報

第2章　印刷

1　UVインクジェット

折笠輝雄*

1.1　はじめに

インクジェット（IJ）システムは近年急速に応用範囲を広げ，単にパーソナルユースのPC出力機として使われるだけでなく，様々な産業用途に利用されるようになった。必要な時に必要な部分に顧客が受け入れられる品質の画像／パターンを塗着する（POD；Print On Demand）技術としてIJ技術は急速な進歩を遂げている。

技術革新を続けているIJ技術とUV硬化技術を融合させたUVIJシステムは，既存の印刷，塗装技術の技術革新とは違ったパラダイムで様々なマーケットへ応用展開され，新たな付加価値を生み出す手段として期待されている。本節では産業用UVIJ技術の概要とマーケットの展開について概括する。

1.2　UVIJ技術への期待

UVIJシステムの理想とするコンセプトは以下のようなものである。

・メディア・フリー
　基材を選ばず，いかなる基材の上でもインク受理層を設けずに画像，パターンをにじみ無く形成できる。

・高画質
　画像／パターンの高品質化は，基本的にIJヘッドから吐出されるインク液滴の微小サイズ化およびインク液滴が基材上に着弾するや瞬時に固相化(定着)することによって再現される。UV硬化技術はUV光によって液相を固相に瞬時の相変化させる技術である。

・高速生産
　IJヘッド，UVインク，UVランプの最適化によって高品質の画像を高速で再現することが可能となる。

・スキルレス——画像安定性，高信頼性
　作業者の経験等の差が画像の再現性に現れず，いつでも安定した画像再現ができる。

---

*　Teruo Orikasa　フュージョンUVシステムズ・ジャパン㈱　代表取締役　社長

第2章　印刷

・コンパクト・サイズ
　IJシステムの特徴は，装置設置スペースが他のシステムに比べ少なくてすむ点にあり，UVIJも同様にコンパクトなサイズが期待される。
・その他
　UVIJシステムに期待されるコンセプトには，他のシステムと同様にメンテナンス・フリー，環境親和性，省エネ性などがあげられる。

1.3　UVIJシステムの主な構成要素と機能

UVIJシステムは，低粘度（例：10mPa）のUVインクをIJヘッドから非常に小さな液滴（例：1.5pl）として吐出し，様々な基材上に着弾させるや，瞬時に液滴を固体化させ，画像／パターン表現を行う技術である。

そして，前項であげたUVIJシステムのコンセプトを実現するためには，主な構成要素であるIJヘッド，UVインク，UVランプ装置，装置化デザインの機能および各構成要素の相関を取ることが重要となる。

以下に各構成要素の主な機能／特性と相関について述べる。

1.3.1　IJヘッド

産業用IJヘッドについては，液滴の吐出方式により連続（Continuous）タイプとドロップオンデマンドタイプに大別される[1]（図1）。

ドロップオンデマンドタイプにおいてはインク液滴を吐出させる機構によってサーマル方式とピエゾ（圧電）方式に分類される。

連続タイプはインク滴を連続して吐出させた後に，そのインク滴に電荷を与え，電界によってインク滴を制御し基材へ誘導させる方式である。ドロップオンデマンドタイプは電気信号により必要に応じてインク滴を吐出させる方式である。応用用途（例えば高画質の程度（ドットサイズ）

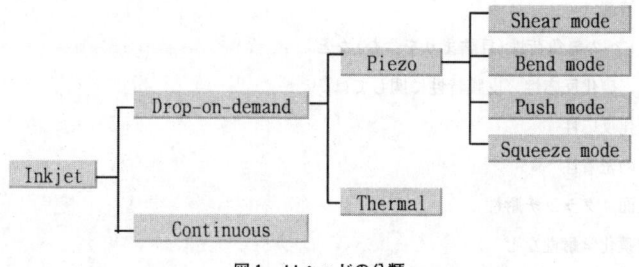

```
Inkjet ─┬─ Drop-on-demand ─┬─ Piezo ─┬─ Shear mode
        │                   │         ├─ Bend mode
        │                   │         ├─ Push mode
        │                   │         └─ Squeeze mode
        │                   └─ Thermal
        └─ Continuous
```

図1　IJヘッドの分類

と印字速度の要求特性)によって最適なヘッドタイプを選択できるが,それぞれのヘッドの特性を把握する必要がある。詳細に関しては文献1)を参照されるのが適切と考える。

UVインクは従来のIJ用インクに比べ粘度が高い範囲で使用するため,UVIJ用ヘッドは従来IJヘッドの要求特性に加えて以下の特性が重要になる[2]。

① 長寿命／高耐久性
② UVインク・フォーミュレーションを構成するモノマーなどの原材料に対する化学的耐性
③ UVインク液滴サイズおよび液滴サイズの変調,液滴飛翔速度,共振周波数などの応用用途に適合する基本特性
④ UVインクの流動特性に合わせた駆動制御の最適化

1.3.2 UVインク

UVインクは,基本的にはモノマーからポリマーにUV光によって化学変化し,相変化する材料である。したがって,一般にIJプリンターに使用されている染料および顔料型インキのような溶媒を蒸発させ固形物を残す蒸発乾燥方式とは全く違った材料である。

表1 IJUVインクの基本組成

光開始剤
モノマー／オリゴマー
着色剤
添加剤

UVインクの基本的組成を表1に示す。

UVインクはUV光を吸収(吸光)することによって化学変化を開始するのであるが,組成中の光開始剤は,UV光を吸光し反応を開始する機能を持つ。モノマー／オリゴマーは光開始剤の反応開始活性種と反応し成長鎖を育みポリマー・ネットワークを形成する。顔料などの着色剤はポリマー・ネットワークの中で均一に分散し物理的に固定化することで画像／パターンが表示される。

UVインクのフォーミュレーションにおける基本的要求項目は,
・低粘度(例えば10mPa),低臭気性
・顔料分散性
・低(無)毒性
・無有機溶剤
・IJヘッドへの無負荷性(目詰まりを含む)など

があげられ,硬化反応性／皮膜特性に関しては,
・高速硬化反応性
・基材との密着性
・硬化表面スクラッチ耐性
・硬化皮膜化学耐性など

があげられる。

第 2 章 印刷

　一般にUVIJ用途に関するUVインク・フォーミュレーションの難しさは，IJヘッドが要求するインク物性と硬化性能／物性を両立させる点にある。例えば，無有機溶剤でIJヘッドから負荷なく微粒子液滴を吐出させるための低粘度性をもたせ，高速で硬化させるために硬化反応阻害を起さないようなフォーミュレーション設計をしなければならない。

　UVインクの詳細に関しては割愛するが，反応機構的にはフリーラジカルとカチオンタイプの2つに大別される。

　アクリレート系フリーラジカルは，原材料の豊富さから様々なUV硬化用途に最も多く使用されているが，UVIJの場合，低粘度でかつ高速硬化を実現するため酸素阻害を，イナート化装置に頼らず，克服しなければならない課題を有している。低粘度を有するモノマーは一般に低分子で，官能性も小さいため，反応性，毒性の問題解決が課題となるが，多官能(高反応性)で低粘度を有するモノマーが市場に紹介され，またIJヘッドからのデザイン上の工夫によって問題解決を図っている。

　カチオンタイプインクは，一般にフリーラジカル系インクに比較し低粘度性を有し，酸素阻害の心配もないので，IJ用途に期待をされている。反応性に関しても，ビニルエーテル，オキセタンなどを含む系の開発により問題解決が計られ，一部のUVIJに使用が開始されている。カチオンタイプインクは酸によって反応が開始されるが，基材中などに塩基性物質が存在すると反応を停止してしまうため，フリーラジカルとは違ったプロセス上の注意を有する。

1.3.3　UVランプ

　前述のように，UV硬化型インクはUV光によって化学反応を開始するのであるから，フォーミュレーション中の光開始剤が効率よく必要なUVエネルギーを吸光しなければ反応効率は上がらない。また，UV光がUV硬化材料に照射される時間は一瞬(ミリ秒単位)のため，その一瞬に吸光される光子(Photon)の数は非常に重要となる。

　画像／パターンの高画質を最終的に再現するには，低粘度の液滴がIJヘッドより吐出され，基材上に着弾するや直ちに固体化し，ドットの形状を維持することが重要である。非吸収性の基材，吸収性基材共に，インクドット形状を保つことは，硬化反応速度が大きく影響する。

　UVランプを検討する上では，UVインクとの相関，装置化した全体デザインとの相関を図らなければならない。

　UVランプとUVインクとの相関についての重要点は；

①　UVスペクトル・マッチング

　UVインクのUV吸光スペクトル領域とUVランプからの発光スペクトル領域の最大限の合致をみなければ，硬化効率は下がってしまう(図2)。

②　UV照度

　UV照度は滴下されたインクの硬化速度，硬化深度，そしてフリーラジカル系UVインクを

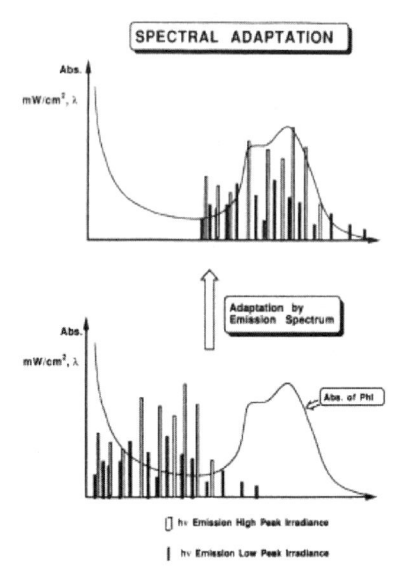

図2 光開始剤の吸光スペクトルとUVランプの発光スペクトルマッチング

用いる場合の酸素阻害の影響を低減するのに非常に重要となる。

アクリレートモノマー(ヘキサンジオールジアクリレート)に1重量%の光開始剤(イルガキュアー651)を含有させた組成のUVフォーミュレーションを用い,同一の積算光量で照射照度と照射時間を調節してUV硬化を実施した。

図3は,各々の照射条件において,フォト-DSC(走査型示差熱量計)を用いUV硬化時の反応熱を測定したもので,図中の各曲線の積分値は硬化皮膜のコンバージョンに相当し,曲線のピークに到達する時間を硬化速度に置き換えて見ることが出来る。この結果から,UV照度が硬化速度に寄与することが見て取ることが出来る。

図4は,FTIRを用いアクリレートモノマーのC=Cのコンバージョンを測定したものである。試料は硬化皮膜中の上層部と下層部のコンバージョンの違いを測定するため分離できるよう工夫した。硬化速度を一定にし高照度で照射した場合と低照度で照射した場合とに分けて,光開始剤の含有量を変数としてコンバージョンをプロットした。この結果が示すことは,皮膜深度方向に対する硬化は高照度照射によって上層部と下層部の差が無くなり,なおかつ光開始剤の含有量を少なくして硬化が行われることである[3]。

酸素阻害は,UV光によって生成された初期および成長ラジカルがモノマーと反応する反

第2章　印刷

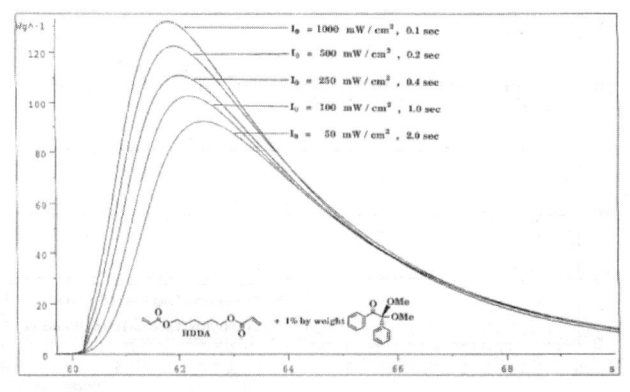

図3　大気中の光重合のフォト–DSCによる速度測定

応性よりもインク表面，インク中に存在する酸素が生成されたラジカルを捕捉する捕捉力が100倍ほど高いため，ラジカルがモノマーと反応する前に酸素に消費されてしまう現象である[4]。したがって，UV照射による初期ラジカル生成濃度は非常に重要となる。

図5は図3と同様の条件で，大気中および窒素イナート中におけるUV硬化時の発熱特性を計測したデータの反応開始部分を拡大したものである。このデータは酸素阻害の上記メカニズムを示唆し，なおかつ照射照度の有効性も示唆している。

③　発光出力安定性

　　ランプ使用時間に対する照射照度，発光スペクトルの安定性はUVIJシステムを使用する上で重要である。安定性を決定する要因は発光ランプバルブ，光学デザイン，そして発光ランプバルブにエネルギーを供給する電源の安定性に大別される。

UVランプとUVIJプリンターデザインとの相関についての重要点は；

①　ランプ冷却エアーおよび低熱性

　　ほとんどのUVIJプリンターにはランプを空気で冷却するデザインが採用されているが，この冷却エアーがIJヘッドおよびインク液滴の吐出に影響を与えてはならない。また，耐熱性のない基材や，熱によって基材中の水分が急激に蒸発しカールが発生する基材に対しても，低熱デザインが必要とされる。

②　UVランプからの漏れ光

　　UVIJプリンターのデザインでUVランプを搭載，照射する位置は吐出された液滴の形状を忠実に再現するうえで重要となる。UV光が基材上の液滴以外の部分に，例えばIJヘッドノズルなどに反射すると目詰まりの原因となってしまう。

UV・EB硬化技術の最新動向

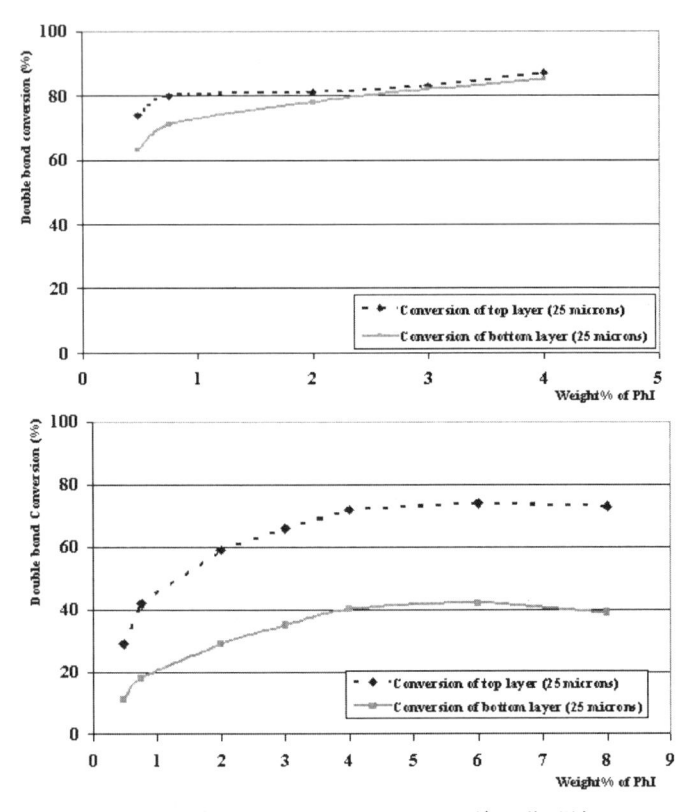

図4 硬化皮膜の上層と下層のC＝Cコンバージョン差の測定
コンバージョンの測定：FTIR
材料：OTA480/SR506(60：40)，PhI：Irgacure184
上：高照度UV照射，硬化速度80m/min
下：低照度UV照射，硬化速度80m/min

1.3.4 UVIJプリンター装置デザイン

装置デザインの構成は，一般に以下の4種のデザインに大別される。
① IJヘッドが左右にスキャニングしながら基材が搬送される。
② 固定した基材上にIJヘッドがX-Y方向に移動する。
③ IJヘッドが固定し，基材がX-Y方向に移動する。
④ IJヘッドが印刷幅方向に同幅で固定し，基材が1方向に搬送される。

IJヘッドが移動式の場合，UVランプは硬化のタイミングの関係からIJヘッドの両脇に一体化し

第2章 印刷

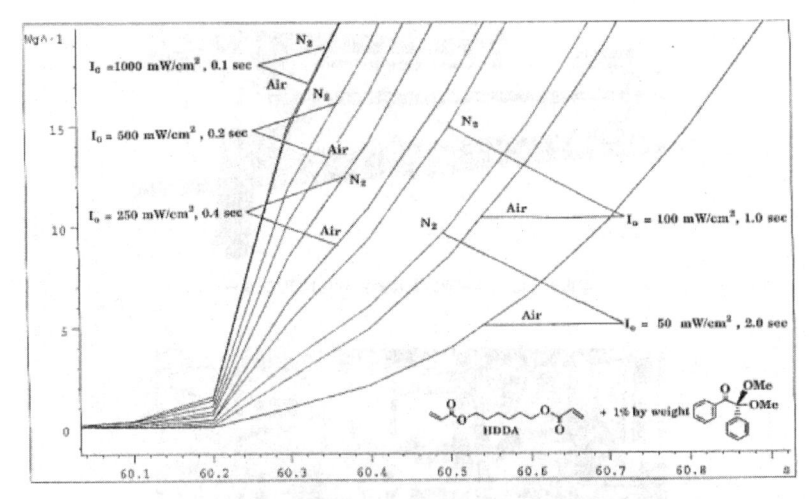

図5 大気中と窒素イナート下での初期光重合の速度測定

て取り付けられる(写真1)。

IJヘッドが固定式の場合は，一般の印刷機と同様にIJヘッドステーションの後ろにUVランプが固定で取り付けられる(写真2)。

これらの装置デザインに共通する重要な点は；
① 液滴を基材上に着弾する際の位置精度と印字速度。
② 採用したIJヘッドとインク粘度の調整。
③ インクの基材上への着弾とUV硬化のタイミング。
④ インクカラーの着弾順序と画像品質。
⑤ 印刷基材搬送時のブレと画像品質。

1.4 UVIJの応用マーケット

市場調査会社(I.T Strategy社)のレポートによれば，ワイドフォーマットおよびナローフォーマットIJ関連のワールド・ワイド・ベースでの総売上は2009年には約$58 Billion(6兆3,800億円)に成長すると報告されている[5](図6)。

また，このレポートによればマーケットの成長はIJインクが牽引し，IJハードウェアーの成長は価格の低下も影響しフラットになると報告されている。

しかしながら，UVIJを含めたIJシステムの技術革新と1980年代から現在までのIJシステムの応

写真1　IJヘッド双方向移動式UVIJプリンター

写真2　IJヘッド固定式UVIJプリンター

用展開をみると，2009年から以降のマーケットの成長率は，既存マーケットの構造変化，ビジネススタイルの変化にも影響を及ぼし，より大きくなる可能性を十分に保持している。

　現在のUVIJシステムは主にスクリーン印刷の代替技術として，特に非吸収性基材上へのPOD印刷を中心に成長を遂げてきた。更に，印刷分野においては，従来の印刷機と連動させ，高速で可変データや追加印刷を行う用途でも成長している。

　今後のUVIJシステムの印刷分野における成長は，スクリーン印刷の代替としてではなく，オフセット印刷の代替品質に到達することで更なる成長を遂げると考える。

　他方，印刷分野以外ではUVIJシステムを用いての立体造形，フラットパネルディスプレー分野の部材，導電性インクによるLEDやトランジスター用ポリマー基材上へのダイレクト・パターニングが開発されている[6]。

第2章　印刷

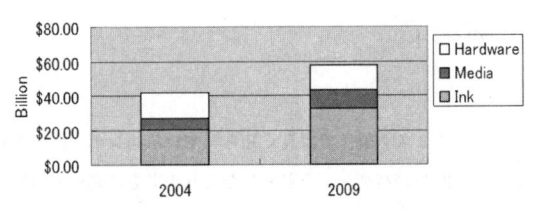

図6　全世界ワイドおよびナローフォーマットIJ関連総売上予測
（I.T Strategy社レポート）

1.5　まとめ

UVIJシステムは水性や溶剤ベースのIJシステムに比べ，硬化インク皮膜特性に数多くの特徴を備えている。この特徴がプリントアウトした製品に新たな付加価値を生み出し，新たなマーケットの展開が期待される。

印刷物を含めたマーケットの需要は更に変化し，多様化した要求を高品質でかつタイムリーに供給することが，より一層求められるであろう。

UVIJシステムはインク，ヘッド，UVランプなど更なる技術革新を遂げ，前述のとおりオフセット印刷の品質レベルに到達し大きな展開を遂げると考える。

文　献

1) 田沼千秋，"産業用インクジェットの技術動向"，日本画像学会誌，152号 (2004)
2) 野口弘道，折笠輝雄，"UVインクジェット印刷の動向"，日本印刷学会誌，第40巻 (2003)
3) R. Bao, S. Jonsson, 第9回 Fusion UV技術セミナー要旨集, p.87 (2001)
4) C. Decker *et al.*, *Macromol.*, **18**, 1241 (1985)
5) *Screen Printing*, Jan. 2006 Issue
6) *Piranet.com*, 1 (5), Industrial Inkjet (2005)

2 光ナノインプリント

松井真二*

2.1 はじめに

ナノインプリントは，光ディスク製作では良く知られているエンボス技術を発展させ，その解像性を高めた技術であり，凹凸のパターンを形成したモールドを，基板上の液状ポリマー等へ押し付けパターンを転写するものである[1~5]。この技術を光素子や半導体素子，あるいはナノ構造材料形成等新たな応用へ展開しようとする試みが進められており，10nmレベルのナノ構造体を，安価に大量生産でき，かつ高精度化が可能となりうる技術として近年注目を浴びている。

1995年にプリンストン大学のChou教授が，ポリマーのガラス転移温度付近で昇温，冷却過程により10nmパターン転写が可能であるナノインプリント技術を発表した[6,7]。熱サイクルプロセスであるため，熱ナノインプリントとも呼ばれている。その後，オランダのフィリップス研究所(1996年)，米国テキサス大学のWilson教授が紫外光硬化樹脂を用いた，光(UV)ナノインプリント技術を発表した[8,9]。

Chouらによる熱ナノインプリントでは，熱可塑性樹脂のPMMA(ポリメタクリル酸メチル：ガラス転移温度(Tg)105℃)を基板に塗布し，PMMAポリマー層のガラス転移温度以上に昇温して，ポリマーを液状とする。その後，モールド(Si基板，またはSiO$_2$/Si基板のSiO$_2$層にパターン形成)をプレスし，ガラス転移温度以下に冷却後，モールドと基板の引き離しを行う。この方式が熱ナノインプリントである。10nm以下の転写が可能なことが示され，本技術自体には解像度限界がなく，解像度はモールドの作製精度によって決まることが実証された。現状のフォトマスクと同様に，モールドさえ入手できれば，従来のフォトリソグラフィより簡便に，遥かに安価な装置により，極微細構造が形成できる。図1にSi基板上のSiO$_2$/Siモールドを用いて，熱ナノインプリントされた10nmのPMMA転写パターンを示す。このように，10nm以下の解像度パターンが実証されている。

熱ナノインプリントは，熱サイクルプロセスであると共に，シリコンモールド等の不透明モールドを用いているため，重ね合わせ精度が0.5μm程度であり，高位置精度，重ね合

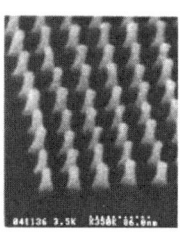

(a) SiO$_2$/Siモールドパターン　(b) PMMAへの転写パターン

図1　熱ナノインプリントで使用された(a)SiO$_2$/Siモールド(直径：10nm，高さ：60nm)パターンと(b)PMMAへ転写された10nm直径ホールパターン

---

* Shinji Matsui　兵庫県立大学　高度産業科学技術研究所　教授

わせ精度を要求する半導体デバイス製造への適用は困難であるが，高密度メモリーディスクや光デバイス，回折格子等の光学部品作製のように，モールドと基板間の位置合わせがそれほど厳しくなく，単層インプリントのみで済む，10nmオーダーの構造を形成できる大面積量産技術としての可能性を有している。

2.2 光ナノインプリント技術

　光(UV)ナノインプリントは熱で形状が変化する熱可塑性樹脂の代わりに，紫外光で形状が硬化する光硬化樹脂を用いたものである[8～10]。室温プロセスで，石英基板表面にパターンの凹凸をつけた透明モールドを用いる。低粘性の光硬化樹脂をレジストとして用いているため，石英モールドのレジストへのプレス圧は，熱ナノインプリントが5-10MPaであるのに対して，0.1MPa以下と極めて小さい。これらの特徴のために，位置合わせ精度および重ね合わせ精度は基本的に現状の光ステッパーと同程度であると期待できる。パターン転写には紫外光が用いられるが，その解像度は光の波長に依存せず，石英モールドのパターンサイズにより決まる。

　このプロセスを図2に示す。このプロセスは，粘度の低い光硬化樹脂をモールドで変形させて，その後に紫外光(300-400nm)を照射して樹脂を硬化させ，モールドを離すことによりパターンを得るものである。パターンを得るのに紫外光の照射のみで行えるので，熱サイクルに比べ，スループットが高く，温度による寸法変化等を防ぐことができる。また，モールドには紫外光を透過するモールドを使用するので，モールドを透過しての位置合わせが行える利点もある。ステップ&リピートによりウエハー全面へのインプリントも可能となる。光ナノインプリント用のモールドとして，石英が用いられる。

　光ナノインプリントを行うために，図3に示すような装置が報告されている[1,10]。この装置では，比較のために，熱サイクルナノインプリントリソグラフィも行えるようになっている。光硬化樹脂を用いる場合は，上方からサファイア窓を通して紫外光を照射して行う。熱サイクルのインプリントの場合は，基板フォルダー下のヒーターを加熱することによって行う。モールドはサファイア窓に取り付け，レジストを塗った基板が上方に移動することによって押し付けを行う。モールド

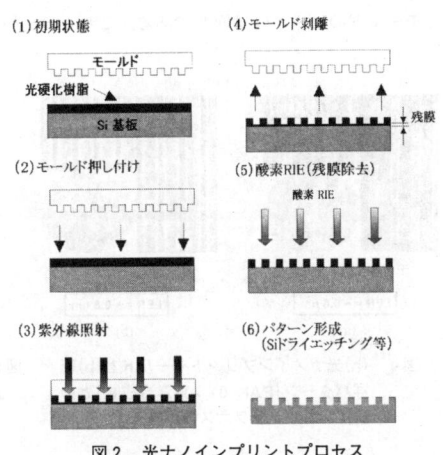

図2　光ナノインプリントプロセス

UV・EB硬化技術の最新動向

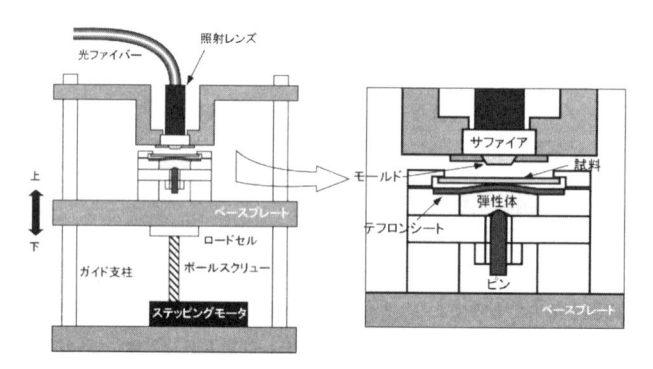

図3 光ナノインプリント装置

と基板の接触時に樹脂内に大気中の泡が取り込まれパターンが劣化する恐れがあるので，インプリント時には真空雰囲気中で行えるようになっている。到達真空度は10^{-2} Torrである。インプリント時の荷重はロードセルにより測定している。紫外光光源には，浜松ホトニクス㈱製高圧水銀ランプLV-7212が用いられている。この光源の波長は300〜400nmで，光ファイバーのガイドを通じて1 cm^2の範囲に照射できる。線幅100nm孤立パターン，60nmライン＆スペースパターン，40nmドットパターンの高精度転写が実現された。図4は，光ナノインプリントレジストPAK-01（東洋合成㈱）を用いて，インプリントした結果を示している。モールドパターンのラインエッジラフネス（LER）が0.6nmであり，転写パターンのLERは，0.8nmである。図5は，紫外線照射量とインプリントパターンのLERとの関係を示している。インプリントパターンLERはモールドのはモールドのLERとほぼ同じである。これらの実験結果は，光ナノインプリントの高精度転写と

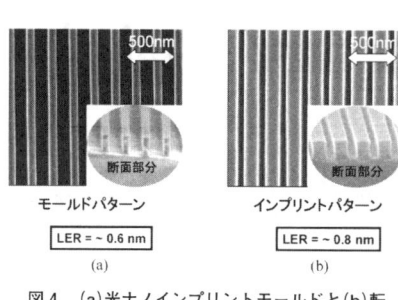

図4 (a)光ナノインプリントモールドと(b)転写パターン(PAK-01：東洋合成㈱)とのラインエッジラフネスの比較

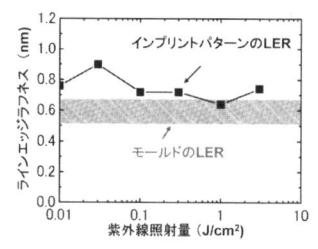

図5 光ナノインプリントパターンの紫外線照射量ラインエッジラフネス依存性
・モールドのLER：0.48–0.62 nm
・インプリントパターンのLER：0.64–0.9 nm

第2章　印刷

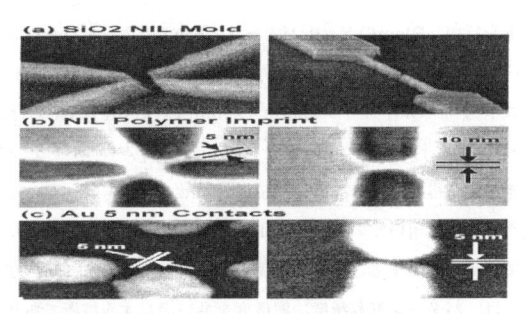

図6　光ナノインプリントによる5 nm転写パターン

ともに，PAK-01ポリマーの高性能を示している。

　光ナノインプリントの解像度が，熱サイクルナノインプリントと同様，モールドのサイズで決定されることが，最小線幅5 nmパターンの転写実験によって確認された[11]。図6は，線幅5 nmの石英ナノインプリントモールドを電子ビーム露光とドライエッチングで作製し，光インプリントした結果，5 nmパターンの転写に成功した。

　Molecular Imprints Inc.（http://www.molecularimprints.com/）は，次世代半導体デバイス製造用リソグラフィ装置として，光ナノインプリント装置を開発している。図7はその装置の概観を示しており，通常の光ステッパーに比べて奥行きは半分程度の大きさである。Molecular Imprints Inc.のUVナノインプリント装置を用いて行った，残膜均一性の実験結果を図8に示している。本装置は，25mm×25mmフィールド（モールドサイズ）をステップ&リピートする装置であり，8インチウエハー全面で測定を行った。残膜の均一性がきわめて優れていることがわかる。同じモールドを用いて，400回

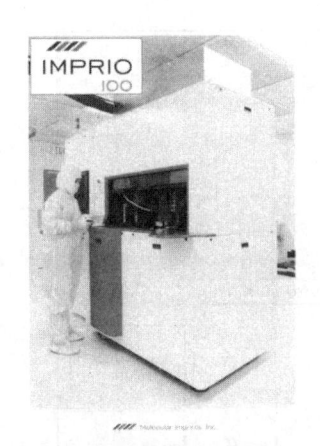

図7　Molecular Imprints Inc.の光ナノインプリント装置

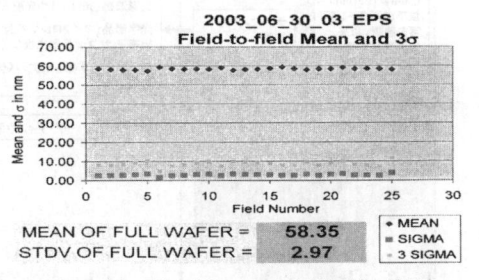

図8　光ナノインプリントによる残膜の均一性測定

207

光ナノインプリントを行い，60nmのドットパターンと65nmのホールパターンが精度良く転写されており，石英モールドの耐久性，パターン転写の再現性が良好であることを示している。転写パターン評価として，フィールドサイズ25mm×25mmでStep&Flashを行い，8インチウエハー全面に60nmのコンタクトホールパターンを得ている。25フィールドをつなぎ，10nm（3σ）のフィールドつなぎ精度を得ている。さらに，位置合わせの実験も行っている。この位置合わせの特徴は，低粘性ポリマーを用いているため，ポリマーを介しながら，モールドを動かし位置合わせを行うことができることである。現在の位置合わせ精度は30nm（3σ）である。このように，光ナノインプリントは，パターン転写精度，解像度を共に満足する技術であり，半導体デバイス製造への適用が期待される。2003年の半導体技術ロードマップ（ITRS）（http://public.itrs.net/）のリソグラフィロードマップから，32nmノードのリソグラフィツールとしてナノインプリントが極端紫外線露光（EUV），電子ビーム投影露光（EPL）と共に掲載されている。

2.3 まとめ

ナノインプリント技術はナノテクノロジー研究および産業発展に重要かつ不可欠の技術となりつつある。ナノインプリントプロセスを企業の量産プロセスに導入することにより，微細化による製品性能の向上，コスト削減に結びつくことが期待される。図9は，ナノインプリント技術の発展と予測を示している。ナノインプリント技術および装置の研究開発は実用段階にきており，既に重ね合わせを必要としない高密度パターンドメディア，さらに光学部品として，サブ波長偏

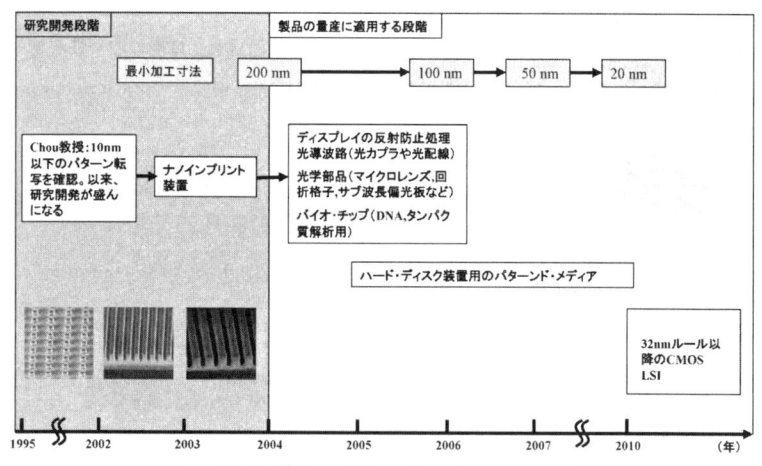

図9 ナノインプリント技術の発展と製品展開予測

向板,導光板,光導波路等へ熱ナノインプリントが実用化されている。光ナノインプリントは,光学部品製造や高精度液晶ディスプレイ,半導体デバイス等の重ね合わせを必要とするパターン形成に適用されていくと期待される。

文　　　献

1) 古室昌徳,*MATERIAL STAGE*,**1**(11),34-37(2002)
2) 微細加工技術(応用編),㈳高分子学会編,ポリマーフロンティア21シリーズ(18),pp. 147-182(2003)
3) "ナノインプリント技術徹底解説",電子ジャーナル,2004. 11. 22号(2004)
4) "特集・脚光を浴びるナノインプリント技術",O plus E,2005年2月号,**27**(2),144-184(2005)
5) ナノインプリントの開発と応用,シーエムシー出版(2005)
6) S. Y. Chou, P. R. Krauss, and P. J. Renstrom, *Appl. Phys. Lett.*, **67**, 3114(1995)
7) S. Y. Chou, P. R. Krauss, and P. J. Renstrom, *J. Vac. Sci. Technol.*, **B15**, 2897(1997)
8) J. Haisma, M. Verheijen, and K. Heuvel, *J. Vac. Sci. Technol.*, **B14**, 4124(1996)
9) T. Bailey, B. J. Chooi, M. Colburn, M. Meissi, S. Shaya, J. G. Ekerdt, S. V. Screenivasan, and C. G. Willson, *J. Vac. Sci. Technol.*, **B18**, 3572(2000)
10) 廣島洋,光技術コンタクト,**41**(6),19-27(2003)
11) M. D. Austin, H. W. Wu, M. L. Zhaoning, Y. D. Wasserman, S. A. Lyon, and S. Y. Chou, *Appl. Phys. Lett.*, **84**, 5299(2004)

3 UV／EBインキ

3.1 UV／EBインキ

奥田竜志[*]

　UVインキの組成は顔料，光重合開始剤，重合性オリゴマー，重合性モノマー，添加剤に大別できる。顔料は色顔料と体質顔料に分けられる。前者はUV吸収がランプ波長域にあるため，インキ皮膜の表面と内部の硬化性を維持するには，顔料の種類や量に応じて最適な光重合開始剤を選択することが重要である。光重合開始剤は，開始効率が高く，UV照射後の黄変や臭気が少ないものを，安全性（皮膚刺激性，変異原性など）に配慮して採用する。樹脂，オリゴマーはインキ皮膜の主成分であり物理的，化学的性質やインキ自体の印刷適性を決定する上で重要である。オリゴマーは主としてポリエステルアクリレート，エポキシアクリレートなどが多用されている。またそれ自体UV反応性のないイナート樹脂をモノマーに溶解したビヒクルを使用する場合もある。重合性モノマーはインキを適正な粘度に調整するための希釈剤として，またインキ塗膜の架橋剤として使用される。添加剤にはインキ皮膜の耐摩擦性を向上させるワックス，インキのポットライフを維持させる重合禁止剤，流動性を調整するチキソトロピー性付与剤やミスト防止剤などがある。EBインキは光重合開始剤を含まない点以外は基本的にUVインキと同様組成である。

3.2 UV／EBインキ市場

　UV硬化技術が印刷インキに応用され始めてから既に30年が経過した。この間，UV印刷は表1に示すような様々な分野で実用化され[1,2]，年率5〜10%の安定した成長を続けてきた。2004年の推定需要は9500トン程度と見込まれる。また，応用分野では従来の平版オフセット印刷やレタープレス印刷に加えて，ここ数年UVフレキソ印刷がシール・ラベル市場に採用されている。

3.3 UV／EBインキの長所・短所

　UV・EB硬化システムの特徴は，①UV／EB照射で瞬間硬化，②無溶剤（non-VOC），③高架橋皮膜形成等である。これより，油性平版インキや溶剤／水性タイプのグラビア，フレキソインキと比較して，UV／EBインキには下記の長所が挙げられる。

3.3.1 長所

① 機上安定性

　揮発成分（有機溶剤や水）を含有する一般印刷インキ（油性平版インキやグラビア，フレキソ，スクリーンインキ等）は成分の一部が揮発するため，印刷機上でインキの粘度が上昇し

---

　[*]　Tatsushi Okuda　大日本インキ化学工業㈱　東京工場　平版インキ技術本部

第2章　印刷

表1　UV／EBインキの印刷方式と応用分野

印刷方式	被印刷素材	応用分野	用途別数量比率
平版枚葉印刷	板紙	各種パッケージ	50%
	非吸収印刷素材 ・アルミホイル紙，ポリラミ紙 ・シール・ラベル印刷素材(ポリエステルタック紙，塩ビタック紙等) ・カード類(塩ビ，ポリエステル等)	食品パッケージ 各種シール・ラベル テレフォンカード，クレジットカード	10% 10%(凸版印刷との合計) その他*
	金属板印刷(各種金属板)	飲料缶，美術缶，食缶	その他*
平版輪転印刷	ビジネスフォーム印刷素材	帳票，OCR・OMR，宝くじ	15%
凸版印刷	シール・ラベル印刷素材(ミラーコート紙，ポリエステルタック紙，塩ビタック紙)	各種シール・ラベル	10%(凸版印刷との合計)
フレキソ印刷	同上	同上	その他*
スクリーン印刷	CD，PET，ガラス等	CDレーベル，プラスチック容器	5%

＊　数量欄「その他」は合計で5%

たり，乾燥したりする。このため印刷機条件や印刷物の品質(色相，濃度等)が不安定になる。揮発分を含まないUV／EBインキは機上での安定性に優れ，安定した印刷物が得られる。

② 低公害・良好な作業環境

　UV／EBインキはVOC(揮発性有機化合物)を含まない。このためクリーンな印刷作業環境が実現できるばかりでなく，排出する溶剤成分がない点では低公害で環境にやさしいインキと言える。

③ 非吸収基材への印刷

　油性平版インキの場合，インキ皮膜が固化するためには，紙へ溶剤が浸透することが必須であるが，プラスチックフィルム等溶剤を吸収しない基材へは印刷できない。UVインキは溶剤成分を含有せず吸収浸透を必要としないため，非吸収基材への印刷用途に広く使用されている。

④ 高い生産性

　平版インキに言及すれば，油性インキは印刷後，酸化重合によりインキ皮膜を形成させるため，印刷物を放置する作業・時間・場所が必要である。これに対して，瞬間硬化するUV／EBインキはこの工程を必要としないため，生産効率が非常に高い。更に，印刷直後から貼り加工，箔押しなどの後加工や打ち抜き，製函作業を行えるため納期の短縮が可能である。

⑤ 印刷品質

UV/EBインキ印刷皮膜は架橋密度が高いため耐摩擦性に優れ，耐水性，耐溶剤性が求められる用途にも適している。

UV/EBインキはこれらの長所が市場ニーズとマッチする用途に採用されている（表1）。また，近年の省エネや環境対応型製品に対する関心の高まりも安定した市場成長に寄与している。

3.3.2 短所

その一方で下記のような短所がある。

① 価格が高い

安価な原料を主成分とする油性インキやグラビア・フレキソインキと比較すると，アクリルモノマーやプレポリマーを主成分とするUV/EBインキは比較的価格が高い。

② 硬化時の体積収縮が大きい

UV/EBインキはアクリル2重結合がラジカル重合し瞬時に高架橋皮膜を形成するため，硬化時の体積収縮が大きく，皮膜内に内部応力が残留する。このため印刷基材に対する密着性が劣る傾向があるとともに，膜厚の薄い印刷基材では印刷物がカールしてしまい使用できない場合がある。

③ 低粘度化が困難

UV/EBインキにはインキ粘度を低下させるための希釈剤として多官能アクリレートモノマーが用いられる。一般に低粘度のアクリルモノマーは臭気や毒性が強い，反応性に乏しい等の理由で使用できないため，インキの低粘度化にはおのずと限界がある。特に，低粘度を要求されるグラビアインキやインクジェットインキのUV/EB化にはまだまだ課題が多い。

④ 専用の印刷材料が必要

UV/EBインキ中のアクリルモノマーや光重合開始剤は一般的なゴムや樹脂材料に対して浸透・膨潤し易い。このため平版インキでは油性インキ用の印刷材料（ローラーやブランケット等のゴム材料やPS版）は使用できず専用のものが必要である。従って，印刷機をUV/EB専用とせざるを得ないのが現状である。これに対して，油性平版インキ用の印刷材料が使用できるUVインキが最近開発され注目を集めている。このインキについては次項で述べる。

3.4 応用技術の動向

以下，UV/EBインキの最近の技術動向について述べる。

3.4.1 ハイブリッド型平版UVインキ

UVインキ市場は着実に成長しているが，そのシェアは枚葉平版インキ市場全体の10数％程度

第2章　印刷

に留まっている。普及を妨げている要因には，上述の如くインキが高価なことや，UV専用の印刷材料が必要なこと，が挙げられる。また，湿し水との適度な乳化が必要なオフセット印刷において，親油性の低いUVインキの印刷適性が油性インキに比べ劣っていることも一因である。

近年，油性インキの長所とUVインキの長所を併せ持つハイブリッドインキが注目されており，国内でもこの数年間にインキメーカー各社が開発・上市してきた。ハイブリッドインキは下記の2タイプに大別される。

① 油性インキ成分(酸化重合成分)とUVインキ成分を混合したタイプ

インラインでUV照射し，印刷物のブロッキングが発生しない程度の瞬間硬化性(棒積み適性)を付与し，さらに経時での酸化重合によりインキ皮膜を乾燥させることを特徴としている。

② UVインキ成分のみからなるタイプ

酸化重合性成分を配合しないので，十分な瞬間硬化性と皮張りのない保存安定性を実現している[3]。

表2に②のハイブリッドインキの性能を一般油性インキやUVインキと比較した結果を示す。

表2　ハイブリッドインキ*の性能比較

	油性インキ	ハイブリッドインキ	UVインキ
タック値	6-9	7-9	10-14
乾燥スピード	遅い(乾燥待ち時間要)	瞬間硬化	瞬間硬化
耐摩擦性	△	○	◎
印刷適性	◎	◎	○
軽油洗浄性	◎	○	×(UV専用溶剤要)
ブランケット・ローラー	一般	一般	UV専用
VOC成分	含有	非含有	非含有
重金属ドライヤー	含有	非含有	非含有
原材料コスト	○	○	×

*　大日本インキ化学工業㈱技術資料「ダイキュア　ハイブライトの特性」より
**　良好◎―○―△―×劣悪

いずれのタイプも原材料の選択により，油性インキに近いオフセット印刷適性と軽油等の油性インキ用溶剤での洗浄性，油性インキ用のゴム材料(ローラー，ブランケット等)に対する浸透・膨潤の低減を実現しており，油性インキ用の印刷材料が使用可能である。油性インキ専用の印

機をUV化して生産性の向上や印刷用途の拡大を目指す場合,ハイブリッドインキを用いれば,UV照射装置の設置等の簡単な仕様変更のみでスムーズにUV印刷への転換が計れる。

3.4.2 環境対応

UVインキはVOC(揮発性溶剤)フリーで,環境に優しいシステムと言われてきたが,紙製の印刷物に用いられた場合,その印刷物が古紙としてリサイクルされる際の適性を考慮する必要が出てきた。架橋密度の高い硬化皮膜を形成する通常のUVインキは古紙の脱墨工程でインキ皮膜が細分されにくく,パルプ繊維と脱墨インキを分離するフローテーション工程で分離されずに再生紙に多くのインキ皮膜が残留してしまう。得られた再生紙は再使用できない。これに対して,比較的架橋密度の低いハイブリッドインキでは,通常の油性インキと同等の脱墨性を示す例が知られている[4](表3,図1)。

インキの環境ガイドラインとして財団法人日本環境協会の「エコマーク」が広く知られている。ハイブリッドインキはVOCを含有しないこと,脱墨性が従来油性インキと同等で古紙リサイクル

表3　ハイブリッドインキ*の脱墨性比較

インキタイプ	再生紙白色度(%)	ダート(残留インキ皮膜)							
		総面積(mm^2/m^2)	分布(個/$0.0836m^2$)						
			0.05	0.08	0.1	0.2	0.3	0.5	0.7	1
油性インキ	49	1203	693	339	244	64	1			
ハイブリッド	71	922	622	297	175	16	1			
通常UVインキ	61	12157	2641	1569	2099	1476	570	108	12	2

*　ハイブリッドインキ…ダイキュア　ハイブライト(大日本インキ化学工業㈱製)
**　脱墨条件…上質紙上4色印刷→離解+フローテーション→再生紙作成/富士工業技術センター

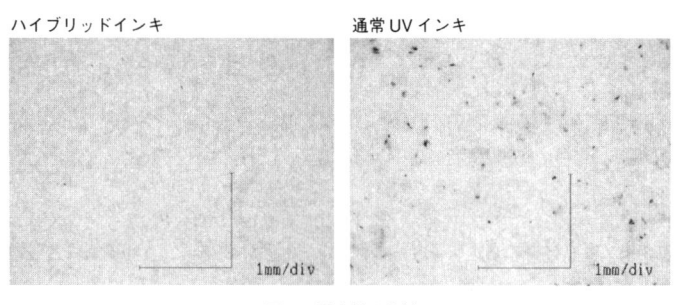

図1　再生紙の比較

第2章 印刷

を阻害しないなど「エコマーク」の認定基準を満たしている。当社ハイブリッドインキである「ダイキュア　ハイブライト」はエコマーク認証を取得しており，消費者にアピールできることからパッケージ印刷業界で歓迎されている。

　限りある資源である石油を保護し，植物由来の原料である余剰大豆油を有効利用するという目的で，油性インキ成分中の石油系溶剤を大豆油に置き換えた大豆油インキが1990年代後半から急速に普及した。一般的にはアメリカ大豆協会の「ソイシール」認証インキを指す。油性インキの場合，大気汚染の原因物質VOC(揮発性有機化合物)の拡散量を減らすというメリットもある。「ソイシール」は申請・認可後は無料で何度でも使用できる簡便さと消費者へのアピール力で広まった。2000年にはUVインキの大豆インキ基準が設定された。当社では「ダイキュアセプター　DSOY」(板紙用UVインキ)，「ダイキュア　ハイブライト　DSOY」などの銘柄でソイシール認証を取得している[5]。

文　　献

1) 姫野達夫, 印刷雑誌, 8月号, 83(2000)
2) 関口成人, 印刷雑誌, 12月号, 77(1994)
3) 笠井正紀, 山本誓, 第108回㈳日本印刷学会　春期研究発表会予稿集, 43(2002)
4) Tatsushi Okuda, Radtech Asia 2005 Proceedings "The latest trend of UV offset printing - Hybrid ink and related application"
5) 鵜飼健, 印刷学会出版部印刷雑誌, パッケージ印刷特集, 3月号(2005)

第3章 ディスプレイ材料

1 カラーフィルター(CF)

内河喜代司*

1.1 カラーフィルター用顔料レジスト

　液晶ディスプレイの構造は2枚のガラスを張り合わせた形になっており，その間に4～5μという薄さで液晶を封入し，電荷をかけることによりスイッチングを行いオン，オフにて画像表示する(図1)。この2枚のガラスのうち1枚がカラーフィルターと呼ばれ，赤，緑，青の3色と，ブラックマトリックスと言われる黒が，その3色を縁取りするような形で存在している。液晶をはさみ対向するもう1枚にはスイッチングを行う素子が画素一つ一つに形成されている。近年の薄型テレビで主流となりつつある液晶ディスプレイにおいて，数千万色を表示するようなタイプが普通となりつつあるが，表示される全ての色を表現しているのはこの3色とバックライトである。これら液晶ディスプレイに使用されるカラーフィルターにおいて，赤，緑，青と黒を形成するために使用されるのが顔料分散フォトレジストである。

　液晶ディスプレイにおいて，当初このカラーフィルターを形成するために様々な方法が工夫された。水系のフォトレジストを形成し染料で染めていく染色法や，静電塗装を応用したタイプなどがあったが，結局その膜の平坦性や耐光性などの問題があり，現在は顔料分散レジストを使用

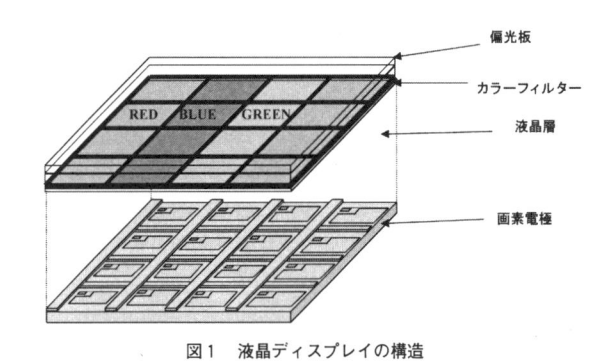

図1　液晶ディスプレイの構造

＊　Kiyoshi Uchikawa　東京応化工業㈱　開発本部　先端材料開発2部　副部長

第3章 ディスプレイ材料

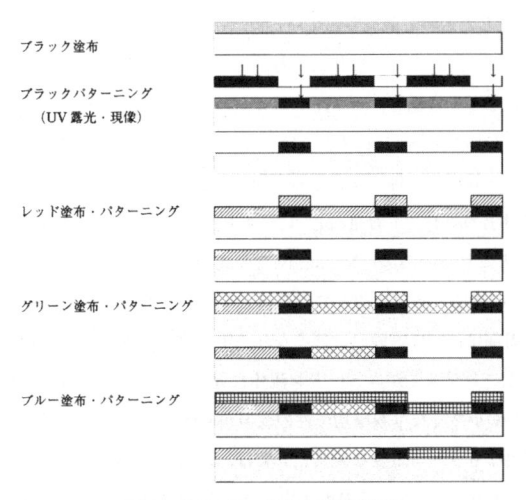

```
ブラック塗布

ブラックパターニング
（UV露光・現像）

レッド塗布・パターニング

グリーン塗布・パターニング

ブルー塗布・パターニング
```

図2　カラーフィルターの製造工程

する方法が主流となっている。当初顔料分散レジストは顔料の粒子が粗く，また流動性も悪いことから様々な問題を生じていた。また，当初よりUV光によりパターニングする方法がとられていたが酸素の影響が強くあり，水溶性樹脂を用いた酸素遮断層なども使われていた。現在は驚くほど高性能化し，染料を超える色再現とまるで分子レベルで溶解しているかのごとき流動性を持つ顔料や感光性材料の開発により，例えば高いOD値のブラック用レジストでも高感度のパターニングが可能となってきている。

顔料分散フォトレジストに使われるフォトレジストとしては多くの場合，光重合系ネガ型レジストが使用される。このタイプは，樹脂，光重合性モノマー，光重合開始剤，顔料分散液の主に4種類の材料で構成されている。ガラス上に塗布されたこれらのレジストは，露光工程で紫外線によりパターン露光され現像により画像が形成される（図2）。原理的には紫外線照射により光重合開始剤よりラジカルが発生し，それにより光重合性モノマーが重合することで現像液に不溶となり画像が形成される。各色の工程間に熱硬化をはさみ，黒（BK），赤，緑，青（RGB）と4回繰り返すことでカラーフィルターが作られる。

1.2　カラーレジスト(RGB)

カラーフィルターの色を再現するのは顔料である。これらは液晶用に選択されたものであるが，元々は印刷インキや自動車塗装用などで使用されていたものである。最近では液晶ディスプレイ

CF用に特に微粒子化したものも販売されている。

　顔料分散レジストでは特にその分散体に特徴がある。一般に印刷用インキでは版への付着性と被印刷体への転写性などを考慮し，チクソトロピーと呼ばれる非ニュートン流体にすることが必要となっている。一方，顔料分散レジストではスピンコーターと呼ばれる回転塗布を用いるため，チクソ性が高くなると膜厚均一性が悪化する。回転塗布の場合レジストにかかる遠心力をN，微小体積あたりの基材上のレジスト質量dm，レジスト質量測定微小部分の速度dv，回転の中心からの距離をrとするとこれらの関係は$N = dmdv^2/r$の式で表される。チクソ性の高いレジストでは回転中に，遠心力Nの影響で基板周辺部に行くほどレジストの粘度低下が起こり，膜厚が低下する。そのため，外周部に近いほど膜厚は薄くなり，中心部分は時にはそれがはっきりと認識できるくらいに厚くなる。レジストがニュートン流体に近づくことで周辺部の粘度低下が抑えられ，中央部の盛り上がりが小さくなり膜厚均一性の改善が期待できる(図3)。

　カラー顔料に必要なもう一つ重要な要素としては，透過時の色度が決められた値になっている必要がある。この色度がディスプレイの色性能を決める。液晶業界ではXYZ色度を使用しており，xy色度図におけるRGBの三角形の広さが問題となる。NTSCと言われる日本のテレビの規格やEBUと言われるEUでの規格などがあり，それらに合わせていくことが課題となっている。また，液晶ディスプレイ独自の指標としてコントラストがある。液晶ディスプレイでは偏光板を通った光を液晶で回転させ直行する偏光板にあてることで遮光し，また平行にすることで透過するという性質を利用して表示を行っている。この偏光がそれぞれのカラー顔料の中を通る際に顔料の粒子により光散乱を起こし，特にオフの状態の時に光漏れを起こす。このオンとオフの透過強度の比率をコントラストと呼ぶ。液晶自体の性能としては，およそ3000程度のコントラストをもって

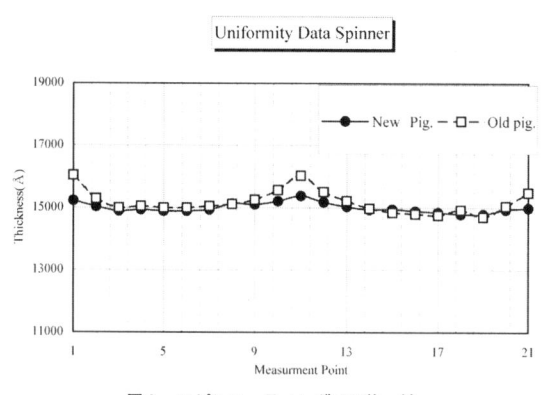

図3　スピンコーティングでの均一性

おり、これらの顔料を通すことで1000以下まで低下してしまう。

コントラストを向上させるためには顔料の粒子を細かくしていく必要がある。次のグラフは赤顔料と分散剤、溶剤を分散条件を一定で分散した場合の、分散時間とコントラストの変化をあらわしている(図4)。分散を進めて行くことで明らかにコントラスト改善していくことがわかる。ただこの場合、分散を進めると同時に粘度上昇が起こり、チクソ性が出てきてしまいスピンコーター塗布での均一性が損なわれてしまうことがある。顔料の微粒子化と顔料表面への分散剤の吸着の双方のスピードを考慮していく必要がある。

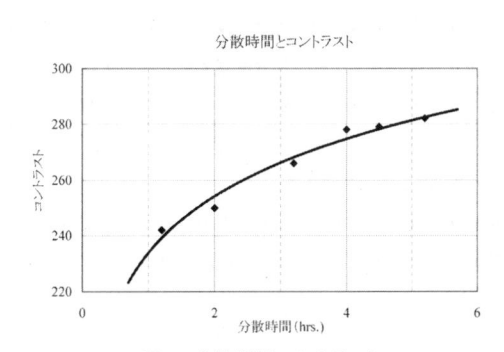

図4 分散時間とコントラスト

1.3 ブラックレジスト

CFに使われているブラックマトリックスは当初全てクロムを用いて作られていた。ポジレジストを用いエッチングでパターニングする方法であり、安定して形成できることと高精細化が容易なことから現在でも多く用いられている。しかしながら、近年金属クロムをエッチングする際に酸に溶解させる時とパネル廃棄時、環境中に6価クロムとして放出される恐れから環境問題化の可能性があること、クロムを使った高輝度パネルでの内面反射による表示不良の問題などから、カーボンを利用したブラック顔料分散レジスト、所謂樹脂ブラックが主流となりつつある。特に大型ガラスを使用する最新のラインでは、最初からブラックレジストが採用されている。

ブラックレジストに主に使われる顔料はカーボンである。カーボンブラックの製法としては多くはオイルファーネス法が用いられる。これは、燃料と空気により1400℃以上の高温に加熱した中に液状の原料油を連続的に噴霧し熱分解させ、水で急速に冷却することでカーボン粒子をつくる方法である。

一般的にカーボンブラックの表面積は大きく、ストラクチャー(粒子鎖)を有しているため粒子

表面は，湿潤・分散されにくい。そのため分散剤の吸着が十分に進まず，チクソトロピーに富んだ流動性の悪い液体になりやすい。高OD値化を達成するにはより多くのカーボン顔料をレジストに添加する必要ある。流動性の悪い液体でレジストの高OD値化を図ろうとすると，経時安定性が悪くなり，塗布特性に悪影響を及ぼすこともある。カーボン顔料の分散性向上は高OD値化を達成するために重要な要素となる。

ブラックレジストをレジスト化する場合，問題となるのが遮光性能である。近年の液晶ディスプレイの高性能化は著しく，ブラックレジストに求められるOD値＝光学濃度も4以上が必要となってきている。高OD値(＝高遮光性)ということは，当然のことながら露光時の紫外線透過率も低い。よって従来の光重合系レジストのタイプでは多くの露光量を必要とすることになる。近年，マザーガラスの大型化により露光工程では分割露光やスキャン露光など単位面積あたりにかけられる露光時間が短くなる方向である。しかしながら，量産化においてはスループットを上げることが重要な要素となっており，ブラックにおいては通常の重合系レジストに較べて大幅な感度向上を達成する必要がある。

図5はレジスト膜中の光重合反応をモデル化したものである。従来のラジカル重合系レジストは，露光時に光重合開始剤の発生するラジカルが不飽和基含有モノマーを連鎖重合させることで

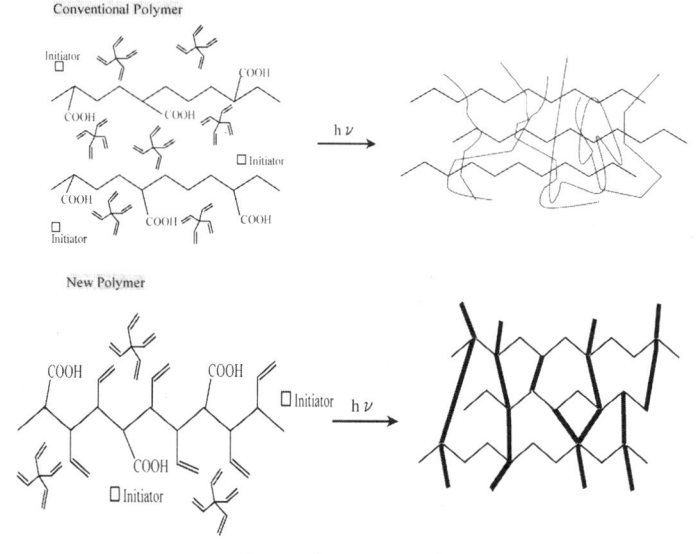

図5 レジストの反応モデル図

高分子量化し，それがメインポリマーに網目状にからみあうことでゲル状となりアルカリ現像液に不溶となる。しかし，ブラック用に高感度化したレジストではポリマー自体にも不飽和基を導入することで，モノマー同士だけでなくモノマー—ポリマー間，ポリマー—ポリマー間でも反応を起こすことができ，開始剤により発生したラジカルを効率良く重合に結びつけることができる。遮光顔料により到達する紫外線がわずかでも高感度化することが可能であり，低い露光量でアルカリ現像液に不溶となるよう設計することができる。

1.4 顔料レジストの分散安定化

　顔料レジストの塗布においては，スピンコーターを用いるのが一般的である。また，近年のマザーガラスの大型化によりコーターもノンスピンタイプへと変わってきている。これらの塗布方式には共通して顔料の分散安定性，粘度安定性が必要となる。また，前述したようにチクソ性を持たないニュートン流体である必要がある。顔料レジストの製造時には，まず分散剤，顔料，溶剤で分散を行い，その後レジスト成分と混合されてフォトレジストとなる。この最初の分散時の分散剤，溶剤，顔料三者の間の親和性がその後の分散安定性，粘度安定性を決定する重要な要素となる。

　分散剤が顔料の表面に吸着するには分散剤—顔料間の親和性が顔料—溶剤間よりも大きい必要がある。しかし，顔料—溶剤間の親和性が低すぎると顔料に分散剤が近づくことができず顔料表面に吸着しない状態となる。分散剤が溶解するには溶剤への溶解性が必要だが，親和性が強すぎると分散剤の顔料への吸着が阻害される。つまり，顔料—分散剤—溶剤がお互いにバランスのよい適度な親和性を持つことで初めて分散安定化が可能になるのである（図 6）[2]。このバランスが保てれば，ファンデルワールス力や表面エネルギーによる凝集力を立体的な阻害効果と各相間の親和力により低減することができ，安定化することが可能となる。

　また，バランスのとれた素材を集めて，それを分散していくためには分散条件を最適にしていく必要がある。即ち，顔料，分散剤，溶剤の 3 種類の化学的な相互作用，分散時の微粒子化と顔料への分散剤の吸着スピードなどを考慮し，分散種と分散条件を最適化していくことで安定した塗布特性をもつ顔料分散レジストを得ることができる。

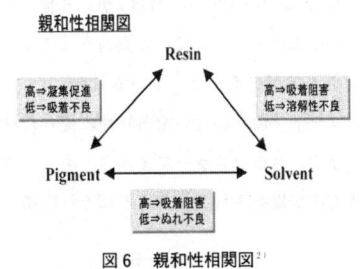

親和性相関図

```
            Resin
           /      \
  高⇒凝集促進      高⇒吸着阻害
  低⇒吸着不良      低⇒溶解性不良
         /          \
    Pigment ←——→ Solvent
         高⇒吸着阻害
         低⇒ぬれ不良
```

図 6　親和性相関図[2]

世代別の塗布方式

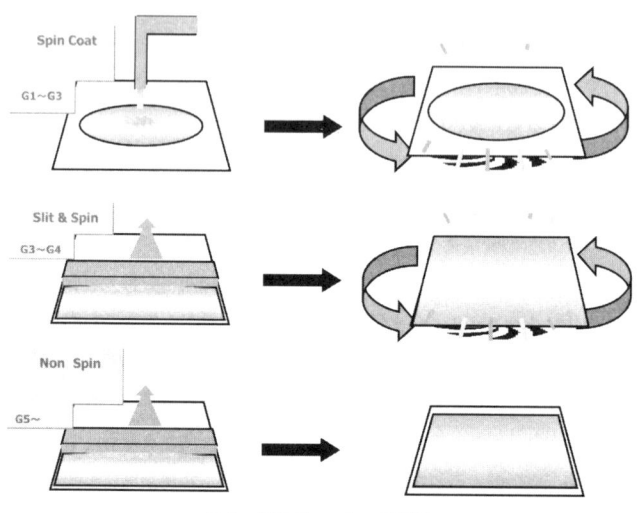

Spin Coat
G1～G3

Slit & Spin
G3～G4

Non Spin
G5～

図7　液晶用コーターの変遷

1.5　今後の顔料分散レジスト

　近年の薄型テレビを代表とする液晶ディスプレイの高機能化に伴い，今後顔料分散レジストには多くのことを求められている。まず，カラー顔料についてはより微粒子化された顔料を使用し前述のコントラストを極限まで上げていく必要がある。また，ブラックレジストにおいては更なる高OD値化と高感度化の両立が必要となっている。また，現在マザーガラスサイズの主流は第5世代（1100×1300mm程度）から6世代（1500×1850mm程度）に移りつつあり，この大きさでは回転塗布は非常に装置への負荷が大きくなり事実上不可能となる。よって，塗布装置もノンスピンタイプが主流となっている（図7）。これらの新しい塗布装置への合わせこみとしては，よりニュートン流体に近い塗布特性に優れた材料が求められてくるだろう。

　また，今後はカラーフィルターもインクジェット法や印刷法など低コストを目指した新たな作成方法が提案されており，それぞれに適した材料を開発していく必要がある。

第3章 ディスプレイ材料

文　献

1) 久英之, プラスチックス, **53**, 9 (2001)
2) 技術情報協会, 顔料分散技術　表面処理と分散剤の使い方および分散性評価, p.8–11 (1999)

2 反射防止膜

高瀬英明*

2.1 はじめに

近年,液晶(LCD)テレビ,プラズマディスプレイ(PDP),プロジェクションテレビに代表されるフラットパネルディスプレイ(FPD)の普及が目覚ましい。その背景には,オリンピック,ワールドカップといった種々の世界的イベントが購買意欲向上の牽引役となっている。同時に,画質,消費電力などの特性向上,あるいは地上波デジタル放送対応,ハードディスク搭載といった多機能化,低価格化も市場拡大に大きく貢献している。本節で取り上げる反射防止膜はこのFPD用途に関するものである。反射防止膜という市場ニーズは既にCRT(陰極線管)やメガネ,光学レンズ,フィルタ用途にあった。これまではスパッタや蒸着,CVDに代表される真空設備を用いた無機化合物による作製,いわゆるドライコーティング法が主流であった[1]。ところがFPD用途では,「大型化」,「低価格化」,「高生産性」の点で,有機化合物を有機溶剤に希釈し塗工する,いわゆるウェットコーティング法がドライコーティング法よりも反射防止膜の作製に適しているため,ウェットコーティング法が広く用いられている[2]。

FPD用途の反射防止膜の役割は,ディスプレイ上への背景の映り込みを防ぎ,高いコントラストを維持させるものであり,視認性の向上である(写真1)。反射防止膜はディスプレイの最表面に高透明な薄膜として貼り付けられるため(図1),高い耐擦傷性など反射防止以外の機能も求められる。そのため,反射防止膜用の材料には光学特性以外に種々の物理特性の観点からの材料設

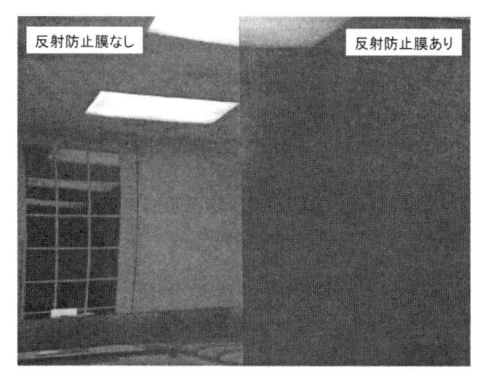

写真1 反射防止膜の効果

* Hideaki Takase JSR㈱ 筑波研究所 主任研究員

第3章　ディスプレイ材料

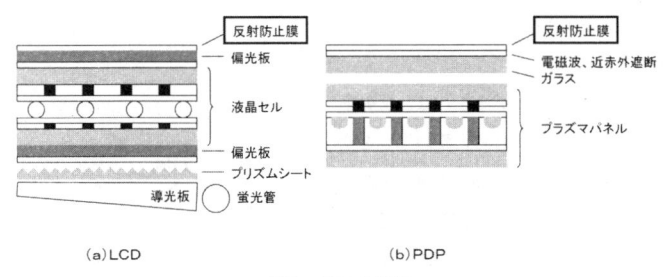

（a）LCD　　　　　　　　（b）PDP

図1　FPDの構造

計が要求される。また，高生産性の観点から高速硬化性の要求も年々強まっており，UV硬化材料が広く用いられてきている。

2.2　反射防止とは

本題に入る前に，反射防止の手法，原理について簡単に触れたい。反射を防止する具体的手法としては，AG（Anti-Glare，防眩）処理とAR（Anti-Reflective，反射防止）処理に大別される。AG処理はディスプレイ最表面に凹凸を形成し，光の散乱を利用して反射像を散らし輪郭をぼやかせる手法である。凹凸の形成には，シリカなどの無機粒子やスチレン，アクリル系の有機微粒子が使用されている。他方，AR処理はディスプレイ最表面に光の波長程度の厚みの薄膜を形成し，光の干渉効果を利用するものである[3]。100nm程度の光学薄膜を積層させることで，入射光と反射光を打ち消し合わせ反射率を低減させる手法である。要求特性，生産性，嗜好性などの理由から，両手法の反射防止膜が用途によって使い分けられているのが現状である。

以下，光の干渉作用を利用したAR処理の原理を述べる。フレネルの式に従えば，2つの異なる屈折率n_1，n_2を持つ物体の境界面で起こる反射率（R）は，境界面に対して垂直に光が入射する場合，次式（1）で表される。

$$R = \left|\frac{(n_1-n_2)}{(n_1+n_2)}\right|^2 \times 100 \tag{1}$$

この式から分かるように，屈折率n_1のものを空気とすると（$n_1=1$），反射率を下げるためには屈折率n_2の物体もできるだけn_1（＝1）に近いほうがよい。さらに反射光を低減させるには，光の干渉作用を利用する。この場合，図2に示すような層構成の反射防止膜にて説明すると，空気／反射防止膜界面での反射光と，反射防止膜／基材界面での反射光との，①振幅を同じにする，②位相を反転させる（逆位相），ことができれば，波長λにおける反射防止の効果を最大にすることができる。言い換えると，

振幅条件：$n_2^2 = n_1 \times n_3$ （2）

位相条件：$n_2 \cdot d = \lambda/4$ （3）

の両式を同時に満たすことができれば，反射率は最小になる(式中，dは反射防止膜の厚さを意味する)。これは反射防止膜の光学膜厚($n_2 d$)が波長(λ)の1/4に設計すれば原理的に反射率は低減できることを意味する。反射防止膜のない基材単体($n_3 = 1.51$)での反射率は式(1)から4.1%と見積もられる。ここで，人間の視感度の中心である波長550nm付近での反射率が低減されるよう，例えば屈折率(n_2)1.375，膜厚(d) 100nmの反射防止膜を設計すれば反射率は1.3%まで低減できる。反射防止膜のない基材単体での反射率(4.1%)に比べると反射率は大幅に低下する。さらに低／高屈折率層の2層から成る積層構造を有する反射防止膜とすると反射率はさらに低減できる(図3)。屈折率の異なる層をさらに重ねていくと，反射率の低い帯域が拡がり，幅広い波長域で低反射率を与える反射防止膜となる。

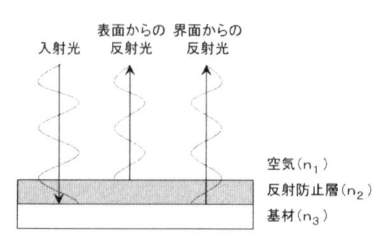

図2　反射防止の原理

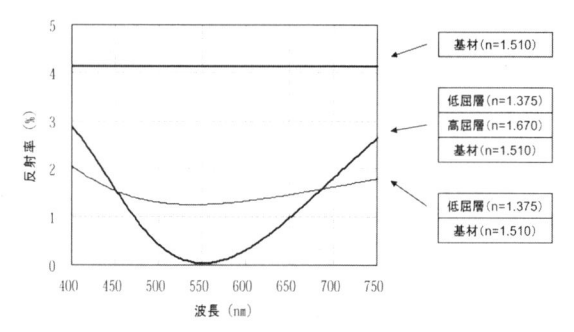

図3　反射防止膜の反射率特性
（シミュレーション値）

2.3　反射防止膜への要求性能

反射防止膜には低い反射率，高い透明性といった光学特性を与えるだけでなく，ディスプレイの最表面に用いられるが故の高い耐擦傷性や優れた防汚性なども要求される。代表的な要求特性を表1にまとめた。

光学特性のうち，反射率に関してはできるだけ低いこと，透明性はできるだけ高いことが望ましい。透明性の低下は輝度を低下させ，ディスプレイの鮮映性を左右する。ヘイズ(曇価)につい

第3章　ディスプレイ材料

表1　反射防止膜への要求特性

	項目	要求特性
光学特性	反射率	低ければ低いほどよい
	透明性	例えば、透過率で90％以上
	ヘイズ	例えば、1％以下
物理特性	耐擦傷性	スチールウールで傷付かないこと
		布ラビングで傷付かないこと
	硬度	高い鉛筆硬度
	密着性	セロテープ碁盤目試験で剥離しないこと
薬品耐性	アルカリ耐性	NaOH滴下後に変化ないこと
	アルコール耐性	EtOH滴下後に変化ないこと
防汚性	指紋拭き取り性	容易に拭き取れること
	マジック拭き取り性	付きにくい、付いても容易に拭き取れること
長期信頼性	耐熱性	80℃保管後に変化ないこと
	耐湿熱性	60℃90％R.H.保管後に変化ないこと

ても高いコントラストを与える上で，ARタイプの反射防止膜では低いことが望まれる。ヘイズの値が高くなると塗膜全体が白みがかってくる。透明性低下やヘイズの増加の原因としては，膜表面での光の散乱や膜内部での光の吸収，散乱が考えられる。光の内部散乱や吸収を抑えるためには，散乱原因となる異物等の不純物や可視域に吸収を有する成分を材料中から除去しなければならない。また，塗膜中の相分離も悪影響を与えるおそれがある。反射防止膜にとって外観も重要特性の1つで，色度，色空間などで規定される色合いを精密に設計・制御する必要がある。また，膜内に数ナノメートルの膜厚変化が生じると，厚み公差が反射色の変化となって現れるため，反射防止膜全面に反射色のばらつきが観察されるようになる。塗工機の塗工部や乾燥工程で発生する"はじき"，"へこみ"，"ブラッシング"といった塗工欠陥，"うね"，"スジ"といった隆起模様も反射防止膜の外観を悪化させるため，材料設計，塗工機条件等でなくす工夫がなされている[4]。

耐擦傷性は，組立工程上，および実用上の理由から求められる。特に実用面では，ディスプレイが汚れた場合，布やティッシュ等で拭き取ることが考えられるため，実用で想定される以上の厳しい評価法としてスチールウールを用いた磨耗試験(耐スチールウール性試験)が一般的に採用されている。この場合，塗膜上に一定荷重を負荷したスチールウールを載せ，同一箇所を複数回擦るものであり，傷つかないことが要求される。また，汚れを拭き取る手段としては濡れ雑巾やOAクリーナー，ウェットティッシュなどが用いられることが想定されるため，それらの主成分であるアルコールやアルカリといった薬品への高い耐性も当然必要となってくる。以上のような高い耐擦傷性や薬品耐性を達成させるには，膜自身に高次の架橋構造を有することが好ましい。

そのため，反射防止膜用材料には高次な架橋ネットワークを与える熱，あるいはUV硬化材料が好適であり，広く用いられている。防汚性については容易に想像がつくであろう。ディスプレイに直接手で触った際に付着する指紋，あるいは油性マジックが付きにくい，あるいは付いても容易に拭き取れることが実用上，高く求められる(写真2)。

以上，いくつかの特性に関しては材料設計に容易にフィードバックできるものもあるが，耐擦傷性などは膜界面の相互作用や膜自身の強度など種々の因子が複雑に絡み合っているため，材料設計に反映させることを難しくさせている。特に積層構造を有する反射防止膜においては単膜での材料設計に加え，積層体での材料設計も重要である。

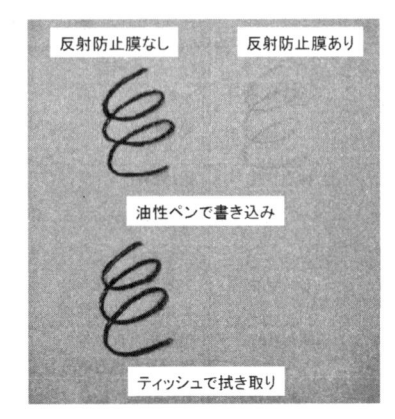

写真2　防汚性の効果

2.4　塗工方法

反射防止膜は通常，高い硬度を与えるためのハードコート層，および反射防止性能を与えるための低／高屈折率薄膜の積層体で構成される。PET(ポリエチレンテレフタレート)やTAC(トリアセチルセルロース)，PMMA(ポリメチルメタクリレート)などのプラスチック基材上に，ミクロンからサブミクロンの膜厚に制御しながら各層が塗工される。このような薄膜を均一に塗工する手段として，ディップコート，スピンコート，ロールコートが挙げられる。特に液晶テレビやプラズマディスプレイを対象とした反射防止膜では，幅広サイズに連続塗工できる手法として，グラビア，ダイ，スリットを用いたロールコートが広く用いられる[5,6]。実際の塗工機は図4に示すような，巻き出し部，塗工部，乾燥部，加熱部，UV照射部，巻き取り部を兼ね備えた塗工機によって行われる。幅1メートル，長さ数千メートルを超えるフィルムロール上に各層が連続的に塗工される。積層数が多くなればなるほど塗工欠陥が発生する確率が増えるため歩留まりは低下する傾向になる。塗工ライン中の加熱部は主として材料中の溶剤を除去するのが目的であるが，熱硬化材料のタイプでは溶剤除去とともに硬化も同時進行する。UV照射で使用されるUVランプは通常，高圧水銀灯，もしくはメタルハライドランプが一般的なようである。材料がUV硬化タイプのアクリル材料の場合には，酸素による硬化阻害が起きないよう，UV照射部を窒素でパージできる設備も既に市販化されている。

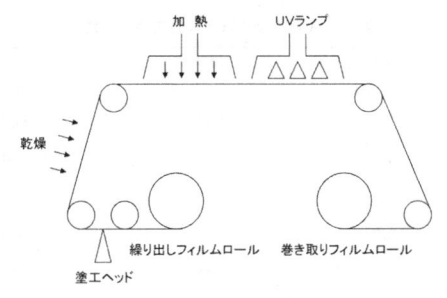

図4 ロールコーターの概略図

2.5 ウェットコーティング用反射防止膜材料

反射防止膜を構成するための材料としては，ハードコート材料，低／高屈折率材料が挙げられる。いずれの材料も，数ミクロンメートルから100ナノメートルほどの膜厚で均一に塗工する必要があるため，材料を有機溶剤で希釈し粘度を下げて塗工される。種々の汎用有機溶剤に可溶な材料であれば，塗工機種の選択幅や塗工条件の制御幅を広げることができる。こうした薄膜での塗工性に関しては，材料のレベリング性，粘度，レオロジー特性，および使用する希釈溶剤の蒸発速度，沸点等が大きな影響を与えうるため，材料設計においてはこれらを特に考慮する必要がある[6]。以下に述べるウェットコーティング用材料を積層して作製された反射防止膜の断面構造の一例を写真3に示した。

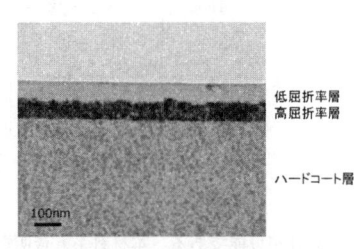

写真3 反射防止膜の断面構造

- ハードコート材料：基材に硬度を付与させるために，基材上に数ミクロンメートルの厚さで塗工される。UV光で硬化させるタイプの報告例が多く，硬度を付与させるため，多官能アクリレートモノマーがバインダーの主成分として用いられたり，シリカ粒子が添加されたりする[7]。この際，透明性低下を防ぐために，平均粒径がナノオーダーのシリカ粒子が広く使用される。また，硬化収縮に寄与しない無機粒子を添加させることで"反り"等の問題も解消でき，硬度と低反りを両立できる。基材／ハードコート層の屈折率差由来の干渉縞を抑制するため，ハードコートの屈折率は基材と合わせることが望ましい。
- 高屈折率材料：ハードコート材料と同様，ナノ粒子をバインダーモノマー，溶剤に分散された材料が一般的である。高い屈折率を与えるために，表2に示すような金属酸化物などのナノ粒子の添加が有効である。粒子含量，あるいは粒子種を選択制御することで幅広い屈折率

表2　代表的な高屈折率無機(酸化)物

物質名	透明波長領域 (μm)	屈折率	波長 (nm)
Al_2O_3	0.23～2	1.62	600
Sb_2O_3	0.3～3	1.7	550
Y_2O_3	0.35～2	1.82	550
SnO_2	0.35～1.5	1.9	550
La_2O_3	0.35～2	1.95	550
In_2O_3	0.3～1.5	2.0	500
ZrO_2	0.34～	2.1	550
CeO_2	0.4～16	2.2	550
TiO_2	0.35～12	2.2～2.7	550
Si	1.1～10	3.4	3000
Ge	1.7～100	4.4	2000
Te	3.4～20	4.9	6000

設計が可能である。本材料系も透明性を付与させ，必要膜厚が100ナノメートル程度であることから，100ナノメートル以下の金属酸化物粒子が利用されるケースが多い。マトリックスの形成としてUV硬化材料が広く用いられ，バインダーモノマーには多官能アクリレートモノマーが使用される。金属酸化物粒子としてITO(錫ドープ酸化インジウム)やATO(アンチモンドープ酸化スズ)，SnO_2，Sb_2O_3といった導電性粒子を選択すると，反射防止膜に帯電防止性能を与えることができる。この場合，工程上や実用上で塵，埃が付着しにくい，あるいは付着したとしても容易に拭き取れるためには，10^8～10^{12}Ω/□程度の表面抵抗が必要と言われている[8]。

・低屈折率材料：屈折率を下げる材料としては，シリカ系材料やフッ素系材料が代表的である。シロキサン骨格(Si–O–Si)を架橋ネットワークとして形成させる手法としてゾル―ゲル法がある。この場合，塗工機の加熱工程中にゾル―ゲル反応を行い，低い反射率が報告されている[9]。さらに低い屈折率を与えるため，フッ素元素を含有したアルコキシシラン化合物を出発原料にすることも提案されている。他方，フッ素系材料としてはフルオロオレフィン／アルキルビニルエーテルやアルキルビニルエステル共重合ポリマー，あるいはフッ素原子含有のモノマーが使用されている[10]。C–F結合は他の結合に比べ結合エネルギーが大きく，分極率が小さいため，耐熱性，薬品耐性に優れ，低屈折率を発現できる。また，低い臨界表面張

第3章 ディスプレイ材料

力を与えることから,防汚性の点からも好適である。ポリマー,モノマー中の官能基として(メタ)アクリロイル基を導入することでのUV硬化材料が提案されている。特に,プラスチックが基材に用いられるFPD用途では加熱できる上限温度が基材の軟化点やガラス転移温度などで制約されるため,UV硬化材料が好適といえよう。但し,UV照射時の硬化性を上げるため,薄膜硬化性の良好な光開始剤を選定したり,窒素パージ設備を付設したりする必要がある。また,最表層にあたる低屈折率層には高い耐擦傷性を付与させることが必要であるため,シリカ粒子を添加したり,シロキサン系化合物と組み合わせたりするなど,有機・無機成分を複合化する手法もとられている。特に屈折率低減を狙って塗膜内に高い空隙を与えるため,中空シリカ粒子やポーラスシリカ粒子を添加する報告もみられている[11]。

　以上,ウェットコーティング材料として種々の材料系,硬化系の開発が進められており,低反射率と高い機械特性,薬品耐性などを発現できる材料が見出されている。ドライコーティング法で作製された反射防止膜に対し劣っていた光学特性や機械特性に関しては,こうした材料の日々の進歩により改善されている。弊社でもフッ素ポリマーをベースとした低屈折率材料「オプスター」,有機・無機ハイブリッド技術を駆使した高屈折率材料,ハードコート材料「デソライト」を開発し,表1の要求特性を満たす,優れた光学特性,物理特性,薬品耐性,防汚性,塗工性を発現する反射防止膜材料を提供している[12]。

2.6　おわりに

　フラットパネルディスプレイの急速な普及によって,それに付随する形で反射防止膜の市場も拡大傾向にある。今後,更なる低価格化に対応するためには,高い生産性が塗膜物性とともに重要要素となってくるのは間違いない。こうした環境変化において反射防止膜材料へのUV硬化材料の適用はますます拡がるであろう。また,フラットパネルディスプレイの更なる普及に伴い,低反射率化への要求,および耐擦傷性や防汚性への要求は今後強まっていくことが予想され,材料,プロセスを含め,より高機能な反射防止膜への期待と要請が高まっていくものと考えられる。

文　　献

1) 松本昌弘ほか, *MATERIAL STAGE*, 1 (1), 65 (2001)
2) 田村一雄, 2005年度版 反射防止フィルム市場の現状と将来展望, 矢野経済研究所 (2005)
3) 花岡英章, 反射防止膜の特性と最適設計・膜作製技術, 技術情報協会, p.3 (2001)

4) プラスチック光学部品への(超)精密コーティングの問題点とその対策, 技術情報協会(2003)
5) 「コーティング」編集委員会, コーティング, 加工技術研究会(2002)
6) 原崎勇次, 新版コーティング工学, 槇書店(1980)
7) 西脇功, UV・EB硬化技術の現状と展望, シーエムシー出版, p.275(2002)
8) 村田雄司, *MATERIAL STAGE*, **2**, 54(2002)
9) 例えば, 特開平9-208898
10) 西川昭, プラスチックハードコート材料, シーエムシー出版 p.39(2000)
11) 熊澤光章, 触媒化成技報, **20**, 31(2003)
12) 高瀬英明, 工業材料, **53**, 63(2005)

3 偏光フィルム

藤村保夫*

3.1 はじめに

　液晶ディスプレイ(LCD)は液晶の持つ電気光学特性を利用して高精細,大画面の表示を実現している。LCDにおいて,液晶分子の電気光学特性は透過する光の偏光状態を変化させるものであり,このままでは人の目に画像や文字として認識することができない。そこで偏光フィルムをLCDと組合せて,一方向の偏光しか透過しない偏光フィルムのシャッター機能を活用することで画像を形成している。従って,偏光フィルムの光学特性(透過率,偏光度)はLCDの明るさ,コントラスト,色相,視野角を決定する重要な役割を果たしている。

　現在,市場を牽引しているLCD-TVにおいてはディスプレイの表示容量増大ニーズから30インチ以上のクラスの大型ディスプレイが主流となって,フラットパネルディスプレイの市場を活性化している。このような主流のデバイスに成長したLCDには,高いコントラストや色の再現性といった表示特性への要求が高まっており,これらの要求に応えられる偏光フィルムの機能向上が求められている。

　ここでは,偏光フィルムの基本機能である偏光度,透過率の改善に関する技術状況を中心に報告する。また,高品位のLCDにおいてはこれまであまり注目されていなかった偏光フィルム自身の視野角特性にも改善の必要性が生じてきた。ここではその対策についても報告する。

3.2 偏光フィルムの概要

　LCDには,図1に示すような様々な光学フィルムが使用されている。ディスプレイとして高品位を求めるようになると偏光フィルムだけの利用では十分でなく,位相差フィルム,拡散フィルム,表面処理層など様々な機能層が必要である。

　LCDにおいて主要な光学要素である偏光は,二色性色素の異方吸収や,反射,屈折などの光学現象で作ることができるが,LCD用の偏光フィルムは主にポリビニルアルコール(PVA)フィルムにヨウ素を吸着させた二色性偏光フィルムが利用されている。

　このPVA-ヨウ素系偏光フィルムの基本機能は1930年代にE. H. Landらにより検討され,商品化された[1]。これはヨウ素を吸着させたPVAフィルムを延伸配向して,偏光機能を発現させたものである。

　吸収二色性以外の現象を応用した偏光フィルムも既に実現されており,一部輝度向上フィルムなどとして利用されている。

＊　Yasuo Fujimura　日東電工㈱　基幹技術センター　部長

UV・EB硬化技術の最新動向

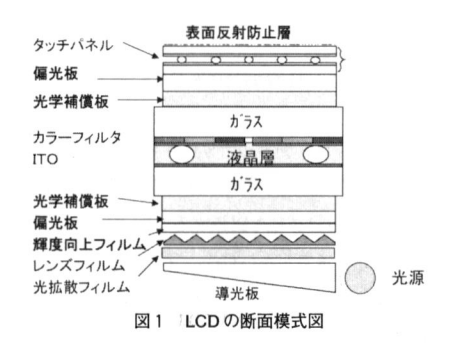

図1 LCDの断面模式図

3.2.1 コントラスト・色相

LCDのコントラストに大きく影響を与える偏光フィルムも，より明るく，より高いコントラストを実現するための改良がなされている。それは，黒表示の時には偏光フィルム同士が直交したクロスニコル時の特性そのものが表示品位として現れるからである。特に輝度が高いモニターやTVにおいては僅かな光の漏洩が画像としての品質を大きく左右する。

図2には代表的な偏光フィルムの光学特性を示した。理想的には単体の透過率が50％，平行積層状態でも界面反射以外の損失がなく，かつ直交の透過率が0％であることが望ましい。図のように実際には直交の透過率で漏れ光があり，そのスペクトルに相当する色付きが黒表示のLCDに発生することになる。また，平行積層でのスペクトルの波長特性は，LCDの白表示にも影響するため，フラットな特性に調整することが望ましい。以下に偏光フィルムの光学機能に関する状態について分子レベルの構造の観点から考察する。

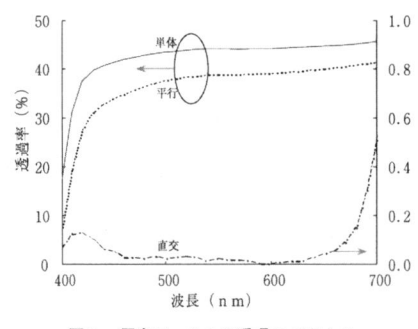

図2 偏光フィルムの透過スペクトル

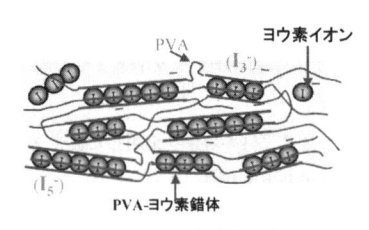

図3 PVA-ヨウ素錯体モデル図

第3章 ディスプレイ材料

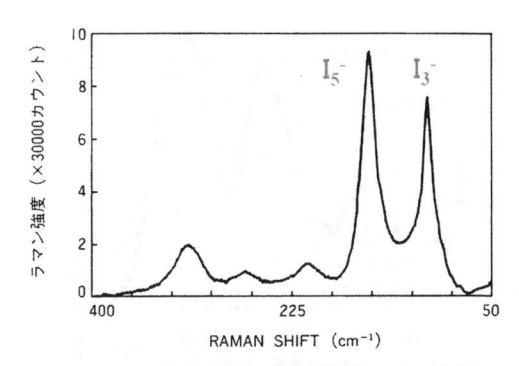

図4 PVA-ヨウ素系偏光フィルムの共鳴ラマンスペクトル

　図3に，偏光フィルム内部のヨウ素原子および錯体の状況を模式的に示した。PVAフィルム内部でヨウ素は3原子もしくは5原子がほぼ直線的に繋がった錯体を形成し，二色性を有する色素を形成するといわれている。これがPVAフィルムの延伸過程で一方向に配向することで偏光機能を発現する。可視光のほぼ全領域で，この機能が得られているのは偶然であり，かつ高い二色性が現れていることがこの素材を偏光フィルムの主役に押し上げている要因である。
　しかし，PVA-ヨウ素の呈色反応の詳細なメカニズムは現在でも十分な説明はなされていない。PVAの中でヨウ素は，I_3^-やI_5^-などのポリヨウ素イオンとしてPVAマトリックス中に存在し，これはラマンスペクトルなどによって調べることで解析することができるようになり，その中身が解明されつつある。
　図4にPVA-ヨウ素偏光フィルムの共鳴ラマンスペクトルを示した。ここではI_3^-とI_5^-の比率やその存在形態が少しづつ解明されてきている。今後このような基礎技術の進歩がさらに製品の進化に大きく貢献するものと考えられ，二色性能との関係などが明らかになっていくことを期待している。また，この特性は偏光フィルムの光学スペクトルを詳細に検討することからも解析が進められている[2]。
　図5は偏光フィルムの直交スペクトルを液体窒素温度で測定し，その吸光スペクトルから発色団の特定を試みた結果である。図のように複数の吸収ピークが存在しており，これらが可視光領域での特性発現に貢献していることがわかる。これらの発色団は，ポリヨウ素イオンとPVAからなる錯体で構成されているが，詳細な同定は出来ていないものも存在する[2]。偏光フィルムの作成プロセスは，主にPVAフィルムの(ヨウ素染色)―(延伸)という工程であるが，工程中にこれらの発色団をどのように構成し，効率良く配向させるかによって光学機能はさらに理想状態に近いものに改善されていくと考えられる。

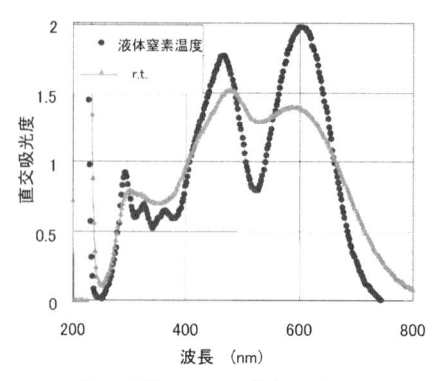

図5　偏光フィルムの直交スペクトル

3.2.2　偏光フィルムの視野角特性改良

既に実用化されている広視野角タイプのLCDにおいても，観察される全ての方位において広い視野角が実現できているわけではなく，観察方位によってはコントラストの低下などが発生するという現象が起こる。この理由の1つは直交状態の偏光フィルムの視野角変化による光漏れが原因と考えられる。

図6に模式的に示すように，直交状態の偏光フィルムにおいて，正面方向からの観察では光軸のなす角度が90degであるため光漏れは生じないが，光軸からズレた方位に観察方向を斜めにするに伴い，光軸のなす角度が90degではなくなり，これにより光漏れが生じている。

偏光フィルムの視野角特性改良もLCD自身の視野角特性改良と同様に重要な光学補償設計技術となっている。これまで，偏光フィルムの広視野角化には2軸性の位相差フィルムを応用するの

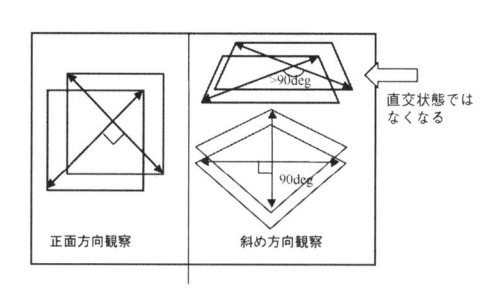

図6　観察方向による直行偏光フィルムの光軸変化

第3章 ディスプレイ材料

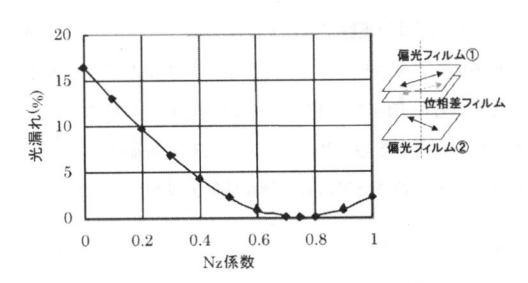

図7 位相差フィルムによる偏光フィルムの光抜け改良

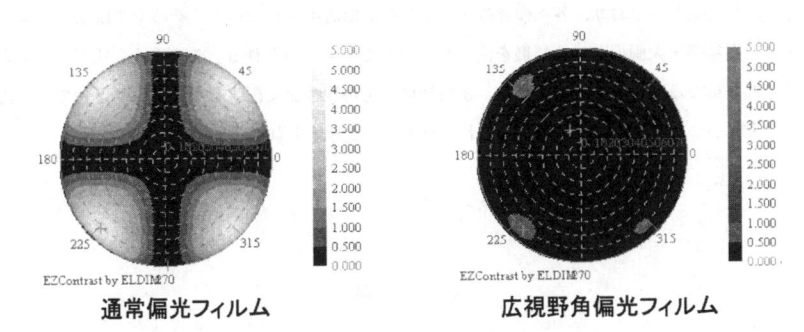

図8 偏光フィルムの視野角改善効果

が有効であることが報告されてきた[3～5]。ここでは実際の系での効果の検証も含めて設計を検討した。

設計のパラメータとして2軸性フィルムの位相差値（Δnd）と厚さ方向の屈折率制御因子Nz係数を式(1)で設定した。

$$Nz = (nx - nz)/(nx - ny) \tag{1}$$

ここで，nx, ny, nzは位相差フィルムの3次元屈折率を表す。Δndを$\lambda/2$で固定とし，Nz係数を変化させることにより漏れ光が最大となる条件（方位角45deg，極角70deg）において透過率を計算することで最適値を求めた。

図7に得られた結果をNz係数に対する効果で示した。この結果より，斜め方向の透過率（漏れ光）が最小となる2軸フィルムのNz係数が存在することがわかる。このように2軸性の位相差フィルムと偏光板を組み合わせることで広視野角偏光板システムが実現できる。

この効果を実際の系で確認するために通常のヨウ素系偏光板と設計された広視野角偏光板についてそれぞれの直交状態配置のものについて視野角測定を行った。

図8に測定結果を示した。図は極座標で漏れ光強度を示しており、黒い表示は漏れ光が少なく、白くなるほど漏れ光が多いことを示している。通常偏光フィルムでは正面及び光軸方向では光漏れは発生しないが、それ以外の方向に傾斜した場合に強い光漏れが発生し、このような角度方向でコントラストが低下することが予想される。一方、広視野角偏光フィルムでは全方位で常に黒状態が維持できており、LCDの特性改善にも有効な機能提供が期待できるものと考えられる。

3.3 おわりに

LCDの用途はますます広がって行くものと思われるが、LCD以外にも各種のFPD（Flat Panel Display）が開発されており、各々の特徴を活かした形で活用されていく。その中でLCDは省エネルギー、高精細・大画面という特徴を活かしていくことが求められる。このような状況下、偏光フィルムも単なるシャッター機能から、視角補償・色再現性を支配するキーパーツとしての時代へと突入しつつあり、今後もより改良されて行くものと考えられる。

文　献

1) W. A. シャークリフ，偏光とその応用，共立出版(1965)
2) T. Kamijo, et.al., IDW '02 Digest, 537(2002)
3) J. Chen, P. J. Bos, et al., SID '98 Digest, 315(1998)
4) H. Mori, P. J. Bos, 信学技報, 199(1999)
5) T. Ishinabe, T. Miyashita, T. Uchida, SID '00 Digest, 1094(2000)

4 光導波路

江利山祐一[*]

4.1 はじめに

　長距離光伝送における最大の課題であった光信号の減衰は，石英ファイバの改良と光増幅技術により解決され，さらに，WDM(Wavelength Division Multiplex)の利用によりファイバあたりの伝送容量を大幅に増やす技術が確立された結果，現在高度情報化社会の基幹技術として実用化に至っている。長距離伝送における光の波長は，半導体レーザ，増幅器，ファイバの透明帯域(低損失帯域)の要請により，波長1.31μmと1.55μmの二つの帯域に絞られ，シングルモード伝送により，信号の広がりを抑制し，かつ，信号強度の調整，スイッチングなどの複雑な光処理を可能としている。シングルモードはこのようなメリットを有する反面，屈折率とコアサイズを高精度に制御することが必要であり，また，接続においては直径10μm以下の微細なコア同士を正確に光軸合わせを行うため，高価な実装設備が必要となる。一方，数百mの短距離伝送では，信号の広がり，減衰も僅かであることから，実装面の利便性を優先し0.65μmや0.85μmの安価な半導体光源を用いるマルチモードでの光通信が使われている。これら光ファイバの末端では，光信号を分割，合流，光強度のスイッチング，又は，電気信号に変換するためのマイクロ光デバイス，平面型光回路(PLC：Planar Light Circuit)が設置される。実用化されている石英系PLCは気相／高温プロセスで堆積させた石英膜にレジストを塗布し，これをマスクとしたRIE(Reactive Ion Etching)で加工する工程で製造される為高価である。近年，FTTH(Fiber To The Home)普及に伴い，シングルモード用の石英に替わる安価なPLCの開発ニーズが高まっており，一方，情報家電においては高速伝送へのニーズ増加に伴い，光インタコネクトに適合するマルチモード用のPLC光導波路の実用化が検討されている。両用途において，微細な光回路を形成するため，ポリマー材料，特に，感光性材料の利用が期待されている。本稿では，光導波路の基本的事項と応用分野を説明した後，PLC用に検討されている感光性のポリマー導波路材料を解説する。

4.2 基本原理

　伝搬方向に垂直な断面内で閉じ込められて伝搬する光を導波光と呼び，その光を閉じ込める媒質を光導波路と呼ぶ。屈折率が高い中心部をコア(n_1)，周囲の屈折率の低い領域をクラッド(n_2)と呼ぶ。幾何光学的にはコア内部を全反射して伝播するイメージであるが，波動光学的には，波長，コア幅，コア／クラッドの比屈折率差 $\Delta = (n_1 - n_2)/n_1$ で決められる特定の定在波形の伝搬のみが許容となり，これを伝搬モードと呼ぶ。長距離通信には，パルスの広がりの小さいシングル

---

[*]　Yuichi Eriyama　JSR㈱　筑波研究所　主任研究員

モードが，石英の透明領域である波長1.31μm，1.55μmで使用されている。汎用の石英ファイバでは0.3%の比屈折率差，9.5μmのコア径である。一方，短距離通信には，損失は大きいが接続しやすいコア径が数10μmで比屈折率差が数%のマルチモードが，波長0.65μmでポリマー光ファイバとして実用化され，光インタコネクト分野では0.85μmのPLCの開発が進んでいる[1]。

4.3 応用分野

現在，PLCの主用途は長距離伝送に関連した通信分野であり，シングルモード用のPLCとして，光を分配，結合するスプリッタなどのパッシブ部品と，光の減衰，変調，スイッチに用いるアクティブ部品が使われている。1×4スプリッタの例を図1-1，光スイッチとして使われるマッハツエンダー型干渉計の構造を図1-2に示す。1×4スプリッタはその名の通り，入力光強度を4等分して各ポートに出力する導波路であり，FTTHにおけるPON(Passive Optical Network)システムにおいて1×8，1×16の仕様で使用されている。また，マッハツエンダー型干渉計においては，分岐の片方にヒータ電極を設置することで熱光学効果により屈折率を制御し，結合後の出力を制御する設計となっている。一方，マルチモード用のPLCは，一般に単純なパラレル導波路として，高速伝送が求められるLANや情報家電での光インタコネクトにおいて，光ダイオード，面発光型半導体レーザを組み合わせた光電気混載基板やコネクタとして利用される。基本設計として，ガラエポ基板などリジッド基板内での光伝送と，フレキシブル基板としての用途に大別される。後者は屈曲性というポリマーの特徴を利用できるため石英ファイバでは設計できない新しい用途として注目されている。

図1-1　1×4スプリッタ

図1-2　マッハツエンダー型干渉計

4.4 要求特性

光導波路材料に求められる基本性能を以下に示す。

① 透明性

通信や光インタコネクトの用途において，フォトダイオードの感度内であっても信号のエラーレイトを下げるためには使用波長での高い透明性が求められる。透明性は，通常，Tを透過率とすると，単位長さにおけるdB＝－10logTで記述される伝播損失で表記される。長距離伝送の光ファイバにおいては，dB/kmが使われるが，損失の大きいPLCにおいてはdB/cmで表記される。

材料損失は，吸収と散乱の和である。波長0.85μmでは電子遷移吸収，波長1.31μmではCHの振動吸収，波長1.55μmでは水酸基の振動吸収が主たる損失原因となる。また，導波路内での光散乱は波長によらず大きな損失要因となることから，相分離やパーティクルの混入は禁物である。使用波長での吸収，散乱を低減した材料設計が重要となる。

② 屈折率制御

光の閉じ込めには，コア，クラッドの屈折率を制御することが必要である。シングルモードでは絶対値として0.0001の精度と，使用温度範囲での屈折率の温度依存性が小さいことが求められ，更に石英ファイバとの接続面での反射損失を低減するため，石英に近い屈折率であることが好ましい。シングルモード伝播の条件は比屈折率差とコア径に関係するため，比屈折率差が大きくなるにつれて小さなコア径でシングルモード伝播することができる。同様にマルチモードでも比屈折率差が大きくなるにつれ光の閉じ込めが強くなり，曲がり導波路の設計において有効である。

③ コアの加工性

PLCのコアサイズは比屈折率差に関係し，比屈折率差0.2%のシングルモードで8〜10μm，マルチモードでは20〜80μmの大きなコアが設計される。コア／クラッド界面の凸凹はコア内部における光散乱と同等に損失要因となるため，平滑であることが望まれる。シングルモードでは，数nmのコア表面の平坦性が必要という計算が報告されている。

④ 信頼性

光通信用途では，Telcordia規格と呼ばれる試験規格で温度，湿度，衝撃などの長期の環境信頼性が部品毎に定められており，この規格で評価するのが一般である。一例を挙げると，85℃，湿度85%で5000時間，−40℃〜85℃の冷熱500サイクルで損失変化が0.5dB以下と規定されている。一方，家電と一体化した製品となる光インタコネクト用途では，まだ，標準となる試験規格はなく，電気製品の規格とTelcordia規格とを参考にして評価しているのが実情である。最近になり，プリント配線基板業界を中心に標準化の動きがはじまっており，試験標準が整備されつつある。

4.5 ポリマー導波路材料

歴史的には低損失化を目指し，重水素化ポリシロキサン[2]，フッ素化ポリオレフィン[3]，フッ素化ポリイミド[4]などの熱硬化性材料が検討されてきた。表1に代表的なポリマー光導波路材料の例を示す。従来の熱硬化性材料では，コア加工はレジストとRIEを用いるため，長時間を要することが問題であった。生産性の向上に向け，最近では感光性材料が注目されている。使用する波長域に応じて材料を選定する必要あるが，感光性樹脂を用いることで常圧下，簡易な工程で精密なコアの加工ができるにようになっている。以下に各加工方法の特徴と代表的な材料を解説する。

表1 ポリマー導波路材料の損失

材料	材料損失(dB/cm) 0.85μm	材料損失(dB/cm) 1.55μm	導波路作製法
フッ素化ポリイミド	—	< 0.4	RIE
重水素化ポリシロキサン	0.6	0.28	RIE
フッ素化ポリオレフィン	—	0.12	RIE
重水素化PMMA	0.02	1.35	RIE
感光性ゾルゲル	—	0.27	光硬化
UVアクリレート	0.18	0.6	光硬化
UVエポキシ	0.08	4.7	光硬化

4.5.1 直接露光

フォトレジストと同じ工程で導波路を直接パターニングする方法であり,半導体の製造設備を用いて生産できるメリットがあり,湿式現像のため,コアの平滑性が高いという特徴がある。

シングルモード用材料として,アルカリ現像でパターニングできる感光性ゾルゲル材料が開発されている(図2)。シラノールの縮合を光で行う設計により,波長1.55μmの損失が0.27dB/cmと低く,400℃を超える耐熱性をもち,実用レベルのスプリッタの性能が報告されている[5]。

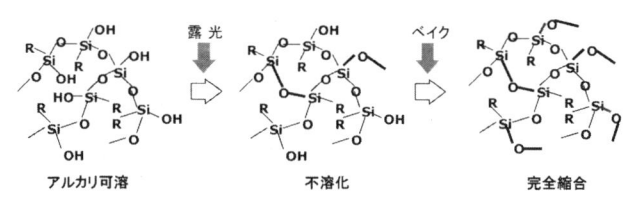

図2 感光性ゾルゲル材料

一方,マルチモード用材料としては,有機溶剤現像のUV硬化型エポキシ材料が開発されている。本材料はエポキシの付加重合を架橋反応に用いることから水酸基が副生するため,通信用途では適用できないが,波長0.85μmで0.1dB/cm以下の低損失が報告されている[6]。

4.5.2 型転写

樹脂を型に流し込み基板に転写する技術であり,無溶剤で低粘度の感光性樹脂が使われる。溶剤を用いないことから環境にやさしく,生産性にも優れている。材料の中身は明らかにされてい

第3章 ディスプレイ材料

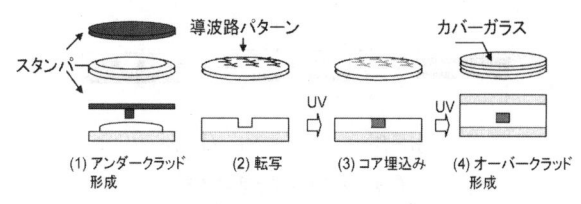

図3　SPICAプロセス

(1) アンダークラッド形成　(2) 転写　(3) コア埋込み　(4) オーバークラッド形成

ないが，低粘度に設計されたアクリルおよびエポキシ系UV硬化樹脂と推定される。

　SPICA (Stacked Polymer optical IC/Advanced) プロセスでは，ガラス板上の樹脂に型を張り合わせ，基板側からUV照射することで導波路パターンを転写する(図3)。この技術を用いて通信用途のスプリッタ，合分波器，可変減衰器，光インタコネクト用のフィルム導波路が開発されている[7]。同じ型転写だがナノインプリントで利用されるシリコン型を利用した技術として，LAMM (Large-area Advanced Micro Molding) プロセスが報告されている。フィルム基板上に圧着したシリコン型に樹脂を注入した後，UV照射して，導波路を転写する方法である。透明かつゴム弾性の型を用いることでUV硬化後の剥離が容易であり，シリコン特有の表面平滑性，離型性により，得られる導波路は極めて低損失であることが特長である。本技術を用いマルチモード用途をターゲットに受発光部品を実装したフィルム状のPLC製品が開発されている[8]。

4.5.3　直接描画

　以上述べた加工技術では，全てコアとクラッドの2種の材料を用いるが，1種類の材料で光照射により屈折率を変え，導波路を形成する技術が報告されている。一つは，光照射により屈折率が増加するフォトリフラクティブ効果の利用と，もう一つは，光照射部が低屈折率となるフォトブリーチング効果の利用である。光照射部の屈折率が増加する設計としては，ポリマー，希釈モノマー，光開始剤の組成物に光照射することで相分離を起こさせる技術が報告されている[9]。また，フェムト秒レーザーを用いることで無機ガラス中に3次元的に導波路を描画できることが知られていたが，最近ではPMMAでも同じ現象が報告されており，新しい加工技術として興味深い[10,11]。これらとは逆に光照射部において屈折率を下げるフォトブリーチング法(図4)の材料としては，ポリシラン材料がある。ポリシランが空気中でUV照射される際に酸化され低屈折率ポリシロキサンになる反応を利用している。ポリシラン単独では光学特性や力学特性の設計範囲が狭いため，これにゾルゲル材料をハイブリッド化した材料で実際に導波路の形成が実証されており，その簡易な加工プロセスを利用した種々のデバイスが検討されている。導波路損失の報告はないが，プリズムカップリング法では1.55μmでの0.1dB/cmの値が報告されている[12]。

243

図4　フォトブリーチング法

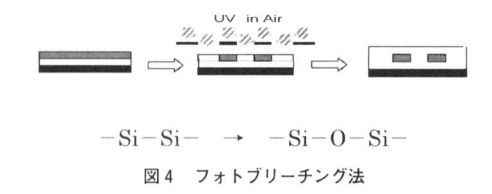

4.5.4　自己形成導波路

　一般に有機モノマーは重合後に密度増加により屈折率が増加し，重合物の拡散は遅い。例えば光ファイバのビーム状の光でモノマー中で光重合させると，先端の硬化部分がレンズとなり進行方向に集光することになる。このような，光重合による相分離と重合体による自己集光効果を利用した直接描画技術として，自己形成導波路が注目をあびている。技術の特徴は型や現像などの操作なしに光の伝播コースに導波路を形成できることである。興味深いことに，対向した光ビームで照射する場合，両ビームの光強度が最強の部分にコアが形成される結果，自己調芯性が発現する。単一組成ではクラッド硬化後に屈折率差が消失することから，異種材料で全固体型の自己形成導波路が検討されている。高屈折率のアクリルモノマー／可視感光の光ラジカル開始剤，および，低屈折率のカチオン重合性モノマー／紫外線感光の光酸発生剤からなる液状組成物においては，可視レーザでコアを形成後，紫外線ランプで全体を照射することで全固体型の自己形成導波路を作成することができる。この技術を用い車載向けを狙ったマルチモード用の光トランシーバの開発が検討されている[13, 14]。

4.6　まとめ

　光導波路の原理，応用分野，要求特性，そして材料の最近のトピックスを解説した。材料開発は，初期の低損失化の段階から，実装性，信頼性確保の段階に進んでいる。また，応用分野も通信のシングルモードから光インタコネクトのマルチモードに広がってきた。この中で，感光性材料はその優れた加工性が注目され，実用化に向け検討が進んでいる。今後の本分野の発展を期待したい。

文　　献

1) 國分泰雄，光波工学，共立出版(1999)

第3章　ディスプレイ材料

2) M. Usui, M. Hikita, T. Watanabe, M. Amano, S. Sugawara, S. Hyashida, and S. Imamura, *J. Lightwave Tech.*, **14**(10), 2338(1996)
3) 松倉郁生，藪本浩利，小林淳也，疋田真，山本二三男，2002年電子情報通信学会総合大会，SC-3-6
4) 丸野透，光学，**31**(2), 81(2002)
5) K. Tamaki, H. Takase, F. Huang, Y. Eriyama, and T. Ukachi, *J. Photopolym. Sci. Technol.*, **16**, 203(2003)
6) 円沸晃次，疋田真，吉村了行，都丸暁，今村三郎，1998年電子情報通信学会総合大会，C-13-6
7) 戸谷浩巳，細川速美，電子材料，**10**, 27(2002)
8) 大津茂実，清水敬司，谷田和敏，圷英一，第64回応用物理学会学術講演会，2p-YK-2(2003)
9) 特開平04-230710；特開平11-500238
10) T. Fukuda, S. Ishikawa, T. Fujii, K. Sakuma, and H. Hosoya, *Proc. of SPIE*, 5339, 525(2004)
11) A. Zoubir, C. Loez, M. Richardson, and K. Richardson, *OPTICS Let.*, **29**(16), 1840(2004)
12) 渡辺英美，津島宏，井本克之，電子材料，**9**, 138(2002)
13) N. Hirose and O. Ibaraki, *Proc. of SPIE*, 5335, 206(2004)
14) 各務学，化学工学，**68**(9), 493(2004)

第4章　レジスト

1　半導体レジスト

上野　巧*

1.1　はじめに

レジストはLSI(Large Scale Integrated circuits：大規模集積回路)の製造に用いられ，微細化の要求とともに高解像度化の努力が続けられている。レジストとは，所望のパターンのマスクを介した露光・現像によりパターン形成可能で，下層薄膜のエッチングの際に保護膜となりうる材料である(図1)。加工すべき薄膜上へのレジストの塗布，マスクを介した露光，現像，エッチング(パターン転写)，剥離を示す。主成分はポリマーであり，パターン形成に対する要求に応えるため，感光システム(感光剤)や現像特性に様々な工夫がなされている。

レジストに対する要求としては，感度，解像度，耐ドライエッチ性がある。感度はパターン形成の際に必要とする露光量であり，光の場合mJ/cm^2 (J/m^2)単位が用いられる。解像度は形成できる微細なパターン寸法でμm，nmで表現される。解像度は露光装置，レジストプロセス，レジ

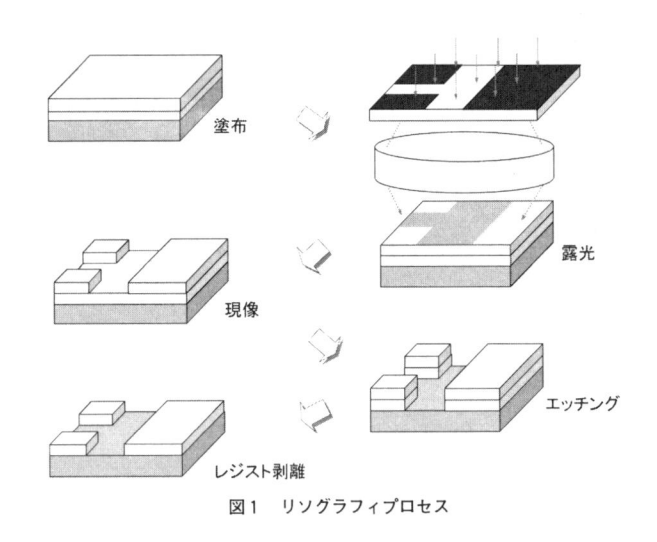

図1　リソグラフィプロセス

* Takumi Ueno　日立化成工業㈱　電子材料研究所　主管研究員

スト膜厚，などに依存する。レジストのパターンを下層膜に転写するときにはプラズマエッチングを用いる。プラズマエッチングをウエットエッチに対してドライエッチと呼ぶ。微細なパターンになるほどエッチングの方向性（異方性あるいは垂直エッチング）が要求される。このときプラズマからのイオンの方向性を利用してエッチングを行う。ドライエッチ耐性は形成されたパターンを下層薄膜に転写するときに重要な特性である。

　LSIの高性能化への要求はとどまるところがなく，ロジックおよびメモリLSIの高集積化，クロック周波数の高周波化が進んだ。LSIの高性能化は半導体素子の微細化技術により進展してきたおり，レジストの高解像度化も大きく貢献した。微細化の動向を示すロードマップがITRS（International Technology Roadmap for Semiconductor）より提示されている[1]。レジストの開発はリソグラフィ技術と密接に関係しており，リソグラフィとの関連を考慮してレジスト開発動向について述べることにする。

1.2　リソグラフィの動向とレジスト

　リソグラフィとレジストの技術の流れを図2に示す。1970年代はマスクとウエハを密着して露光する密着露光法が主流であった。1980年代からはマスク上のパターンをレンズを介してウエハ上に投影する縮小投影露光装置が用いられるようになった。初期の投影露光装置（436nm）ではジアゾナフトキノンとノボラック樹脂からなるポジ型レジストが用いられ，現像液が有機溶媒からTMAH（tetramethyl ammonium hydroxide）アルカリ水溶液の現像液に変わった。これ以降のレジスト開発においてはアルカリ水溶液現像型のレジストが前提となっている。露光装置は高NA化とともに，g線（436nm）からi線（365nm），KrFエキシマレーザ（248nm），ArFエキシマレーザ

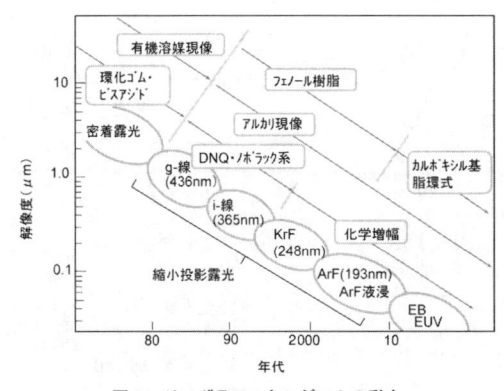

図2　リソグラフィとレジストの動向

(193nm) と短波長化が進んだ。ArFリソグラフィの次のリソグラフィとしては，一時F_2レーザ(157nm) リソグラフィが有望視されていた。しかし，Intel社の開発計画に沿った，露光装置の開発が間に合わず，液浸ArFリソグラフィが候補となった[2]。次世代のリソグラフィとしてはEUV(Extreme Ultra Violet) を含むX-線リソグラフィの開発が進められている。レジスト材料の開発はこれらリソグラフィ用露光装置の開発，特に露光波長の短波長化に対応して進められてきた[3]。

1.3 KrF(248nm)リソグラフィ用レジスト

KrFエキシマレーザを用いる露光装置では，248nmにおける透過率の高い光学材料が限られるため，合成石英のみを用いた光学系となっていた[3,4]。単一の光学材料では色収差補正ができないため，発振波長を狭帯化したレーザを利用する必要がある。狭帯化することにより，全体のレーザ出力強度が低下し，ウエハ面における露光強度が低くなってしまった。KrF用レジストではg線，i線の露光装置に比較して，高感度のレジストが必要となった。KrF露光装置を用いる場合，g線，i線リソグラフィで用いられているDNQ(ジアゾナフトキノン)-ノボラック系ポジ型レジスト[3,5]の4～10倍の高感度レジストが必要とされた。

高感度レジストとして，化学増幅系レジストがIBMより提唱された[6]。ポジ型化学増幅系レジストの概念を図3に示す。露光により発生した酸を触媒として利用するレジストである。露光後，加熱により多数回の酸触媒反応を引き起こす。この触媒反応によって生成した官能基が現像液に対する溶解性を変化させ，パターン形成が可能となる。露光により発生する酸の量子収率は1以下であっても，溶解性の変化を起こす反応が多数引き起こされるため，実効的な反応の量子収率は1よりずっと大きくなる。これが化学増幅系レジストにおける高感度化の機構である。IBMよ

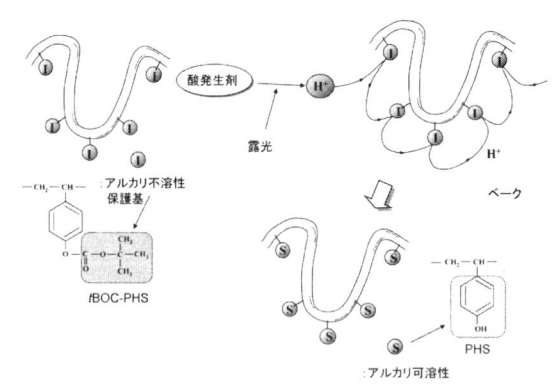

図3 ポジ型化学増幅系レジスト

第4章 レジスト

り報告された反応系は，t-ブトキシカルボニル基で保護されたポリヒドロキシスチレン（t-BOC-PHS）を用い，酸触媒反応によりポリヒドロキシスチレン（PHS）に変わる系である（図3）。t-BOC-PHSは極性溶媒の現像液に溶解しないが，PHSはアルカリ水溶液などの極性溶媒に溶解するようになり，触媒反応の利用により高感度化が達成できる。また，酸触媒反応によりポリマーが非極性から極性へ変化し，大きな溶解性の変化をもたらすことにより，高コントラスト化が達成されている。酸触媒を利用した，ポジ型とネガ型化学増幅系レジストが多数報告されている[7]。実用化されているレジストは，ポジ型としては脱保護反応を利用する系であり，図4にベースポリマーの例を示す[8]。

　化学増幅系レジストは高解像度，高感度を示す一方で，課題もある。化学増幅系レジストは触媒量の酸で数多くの反応を引き起こそうとするものである。もし何らかの影響で露光領域の酸濃度が変化することになれば，パターン形状に大きな影響を与える。特に，外界および基板からの酸を中和する塩基成分が問題となる。外界の塩基成分がレジスト表面近傍の酸を中和すると，表面付近の酸触媒反応が起こりにくくなる。その結果，ポジ型レジストにおいて脱保護反応が十分進まず，表面難溶化層が形成される場合がある[9]。外界からの塩基成分の例としては，壁の塗料からのアミン，レジストの接着性促進剤であるHMDS（Hexametyldisalazane）などが報告されている。また，基板の種類による影響も報告されている。SiNなどナイトライド系基板表面では塩基成分が残留する可能性が指摘され，基板近傍の酸を中和する。基板付近の酸触媒反応が抑制されると，ポジ型では露光部の溶解性が不十分で不溶分が残り，ネガ型では不溶化が不十分で食込みのあるパターンが形成される。このような課題を回避するため，露光，ベーク，現像までのレ

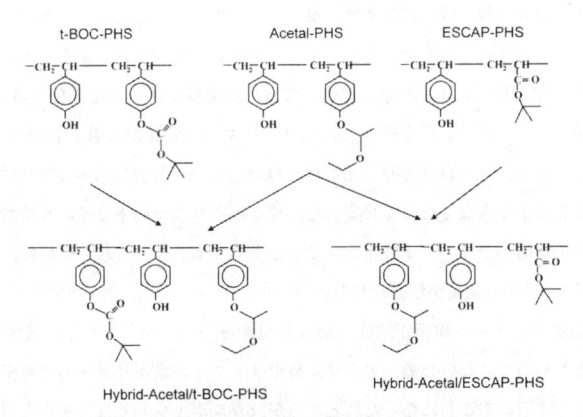

図4　KrF用ポジ型化学増幅系レジスト

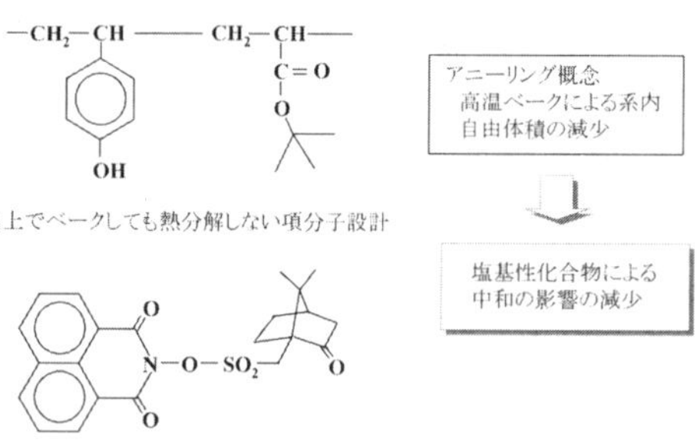

UV・EB硬化技術の最新動向

図5 環境に強いポジ型化学増幅系レジスト ESCAP
(Environmentally Stable Chemical Amplification Positive resist)

ジストの置かれる環境を，ケミカルフィルタにより塩基性物質を除去した環境に制御するなどの，プロセス面での配慮がなされている。

材料面からの解決策も提案された。IBM社のItoらは，高温で露光前ベークができればレジスト内の自由体積を減らすことができ，外界からの塩基成分の影響を軽減できると考え，ESCAP(Environmentally Stable Chemical Amplification Positive resist)[10]を開発した。ガラス転移温度の高いポリマー，露光前のプリベークでも脱保護反応が起きない酸触媒反応活性化エネルギーの高い保護基，高温でもレジスト系から蒸散しにくい分子の大きい酸，を利用した系(図5)となっている。

1.4 ArF(193nm)リソグラフィ用レジスト

ArF用レジスト開発の課題は，高解像性と耐プラズマ性の両立である。アルカリ水溶液現像可能でプラズマエッチ耐性のある樹脂としてフェノール樹脂が利用されてきた。ところがフェノール樹脂はベンゼン環を持つため，193nmにおいて $\pi-\pi^*$ 遷移にぴったり重なり強い光吸収(〜30 μm^{-1})特性を示す[4]。ベンゼン環を持つ(芳香族)ポリマーは表面から数十nm近傍で193nm光を吸収してしまい，レジストの膜厚方向に光が行きわたらない。芳香族系ポリマーはArF用レジストとして用いることができなくなってしまった。種々のポリマーのドライエッチ耐性を調べ，脂環基を持つ高分子が耐ドライエッチ性を示すことが報告された[11]。これを契機に，実用化を目指したArF用レジスト[12,13]の開発が活発化した。

2.38%TMAHはフェノール樹脂が適度に溶ける現像液であった。しかし，光吸収の観点からフェノール樹脂が利用できないため，アクリル酸やメタクリル酸ポリマーのカルボキシル基をアルカリ可溶基として用いることになった。ところが，カルボキシル基は従来から用いられているTMAH現像液に対してきわめて溶解しやすい挙動を示す。したがって，単にカルボキシル基の濃

第4章 レジスト

度を制御するだけでフェノール性ポリマーのような"適度"な溶解性を得ることは難しい。極性のカルボキシル基と疎水性の高い脂環式構造を組み合わせると，高解像性が得られないという問題を生じた。これはポリマー中の極性部と非極性部のバランスが悪くなり，アルカリ現像が逐次的に起こらないためと考えられている。また，脂環基の疎水性に起因して，基板との接着性が悪くなるという問題も現れた。現在ではそれらの解決のため，ラクトン構造やアルコール性水酸基などの中程度の極性を有する基を導入するなどの工夫がされている。このような観点からいくつかの新しい保護基が検討されて，高解像性を示すArF用ポジ型レジストに用いられている（図6）[14]。

報告されているArF用レジストは，ベース樹脂の形態から以下のように分類できる。①側鎖に脂環式構造を有するアクリルポリマーを用いる系，②シクロオレフィンと無水マレイン酸の交互共重合体を用いた主鎖に脂環式構造を有する系，③ポリシクロオレフィンを用いた主鎖に脂環式構造を有する系，④それらのハイブリッドである[3]。①のアクリル系は，透明性も高いことから，高解像性を示し，現在量産に用いられていると考えられる。②の交互共重合系は，ポリマー中に必ず無水マレイン酸構造が入るという制限があり，現状では透過率，解像性ともに若干アクリル系に劣る。③シクロオレフィン系は，比較した中ではドライエッチング耐性が最も良好であるが，合成に特殊な技術が必要である。

ArF位相シフトリソグラフィ用ネガ型レジストの報告もある。これまでに酸触媒による架橋反応を用いたネガ型レジストが報告されている。しかし，実際のパターニングでは，パターンが蛇行するなど，微細なパターンが形成できない場合がある。原因としては，カルボキシル基を持つポリマー系では，TMAH水溶液現像によって露光部における溶解性を十分低下させることが難しく，架橋部に残存しているカルボキシル基に現像液が浸透して，ミクロ膨潤が起きるためと考

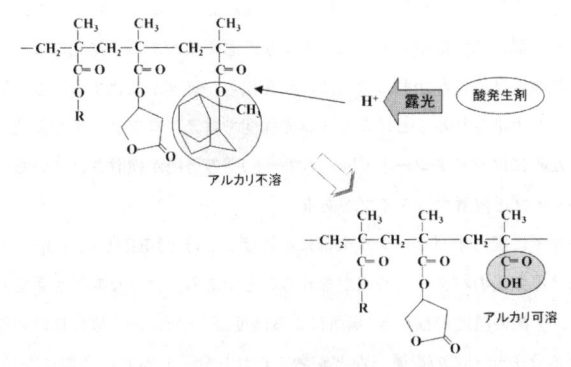

図6　ArF用ポジ型化学増幅系レジスト

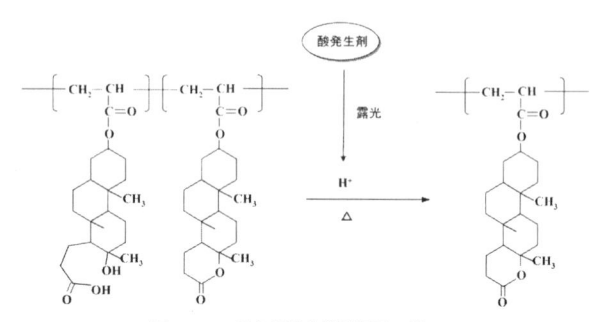

図7 ArF用ネガ型化学増幅系レジスト

えられる。このようなミクロ膨潤を防ぐ系としてカルボン酸をブロックするような反応系(分子内エステル化)が提案された(図7)[15]。

1.5 液浸ArFレーザ(193nm)リソグラフィ用レジスト材料

基本的にはArF用レジストが用いられる。しかし，液浸リソグラフィではレンズとレジストの間に水が存在することになるので，水とレジストが接触することによる様々な課題が検討されはじめている[16]。

水の作用としては①レジストへの水が拡散すること，②レジスト組成の一部が水へ溶解することが懸念される[17~19]。レジストへ水が拡散する場合次のような懸念事項がある。化学増幅系レジストの酸触媒反応に水が関与する場合，レジストへ水が拡散することにより，酸触媒反応速度に影響を与える。また，レジスト内での水の量が増えることによりレジスト中の酸無水物が加水分解を起こし，現像液に対する溶解速度が変化し，感度が変化することも報告されている。

レジスト組成の一部が水へ溶解すると次のような懸念事項がある。露光によって発生した酸が水に溶解すれば酸触媒反応にかかわる酸の濃度が変化し，感度が変化する。水の屈折率が変化することや，レンズが汚染されることにより，露光強度や露光プロファイルが変化する。これらの懸念を払拭するためにはバリアコート(トップコート)[19]の適用が検討されている。これには現像液に溶解しないタイプと溶解するタイプがある。

液浸リソグラフィに限らずパターンが微細になればなるほどLER(Line edge roughness)が問題となる。これは現像後のパターンの端が荒れることである。様々な要因が考えられており，①露光量の揺らぎ，②酸の濃度の揺らぎ(場所による濃度ばらつき)，③酸の拡散の揺らぎ，④高分子の溶解における分子サイズの影響，などが考えられ，分子レベルの問題になってきている[20]。高分子サイズが問題になることを想定して分子レジストの研究も活発化してきた[21]。

第4章　レジスト

1.6　EUV(Extreme UV：13nm)用レジスト

縮小投影露光装置のX線版，X線反射型縮小投影露光法が国家プロジェクトとして検討されるようになった。この領域の光に対してはすべての物質の屈折率が1に近く，屈折光学系を構成できず，反射光学系の露光装置となる。反射鏡としては多層膜(Mo/SiやMo/Beの繰り返し積層)が用いられる。この多層反射膜の材質および製膜技術によって利用できるX線波長が制限され，Mo/Si系多層膜を用いる場合は13nm，Mo/Be膜を用いる場合は11nmが用いられる[22]。

EUV領域のX線が物質に吸収されるとき，その吸収特性は化学結合の特性よりも構成する原子の性質により決まる。したがって，ポリマーのEUVにおける吸収係数は構成する原子の吸収係数の和を計算することにより予測可能である[23]。13nmに対する透過率はg線，i線で用いられたノボラック樹脂でも200nmの膜厚で40％程度であり，157nmに対する透過率よりも高い値を示す[24]。200nmのレジスト膜厚でドライエッチングまで含めてパターン形成可能な技術開発ができれば，従来のレジスト技術を利用できる可能性がある。しかし，薄膜のドライエッチング耐性が十分でなければ多層レジストプロセスが必要になるであろう。主鎖分解型の電子線レジストを用いて100nm厚で60nmレベルの解像度が報告されている[25]。最近，Siの13nmにおける吸収係数が小さいことを利用した無機・有機ハイブリッドのEUVレジストが報告されている[26]。EUVの照射においてレジストからのアウトガスによる光学系の汚染が心配されており，EUV照射により放出されるガスの分析がはじまっている[27]。

1.7　電子線レジスト

電子線リソグラフィの利点はパターン形成能力にある。しかし，解像性が高くなるほどショット数が増え，スループット(ウエハ当たりの描画時間)がいつも問題となっていた。次世代のリソグラフィに備えるため，スループット向上を目指した分割転写方式や，マルチビーム方式が検討されている[28]。パターンの形態によって描画面積が変わる(描画時間が変わる)ので，ポジ型，ネガ型の両方の電子レジストが必要である。配線用などのライン形成にはネガ型が，スルーホール形成用にはポジ型が用いられる。従来，ポジ型では主鎖切断型，ネガ型では架橋型の高分子が用いられた[3,29]。しかし，主鎖切断型は高解像性ではあるものの，高感度化が難しい。また，架橋型は，高感度化は容易であるが，高解像度化が難しい。

電子線レジストの感度は，レジスト中における電子線エネルギー損失(レジストへのエネルギー付与)に依存する。高解像化のためには，レジスト中での電子線の散乱を抑えるよう高加速エネルギーの電子線を用いるようになってきている[28]。電子線縮小投影照射装置では100keVの加速エネルギーが用いられる。高いエネルギーの電子線は透過性が良くなり，レジストへのエネルギー付与の確率が減る。このため高解像性と高感度化はトレードオフの関係にある。感度は，電

子線リソグラフィのスループットを支配する重要な因子であり，数 $\mu C/cm^2$ の照射量でパターン形成できることが要求される。g線やi線フォトレジストの感度の約2桁近く高感度化が必要であると見積もられている[29]。高感度と高解像性の両立が求められ，逐次型の反応で解像性と感度の両立は難しく，酸触媒反応を利用した化学増幅系レジストが用いられるようになった。基本的にはKrF用レジストで用いられた反応系を利用する。ただ，電子線レジストの場合，露光波長の透過率に配慮する必要がなくなるので，フェノール樹脂をベースポリマーとして利用できる。最近，分子量の低下と溶解性変化を盛り込んだ電子線レジストが報告されている[30]。

1.8 まとめ

レジストは微細加工性を決定する重要な材料である。1980年代から縮小投影露光装置が利用され高NA化と短波長化による高解像度化の進展が加速し，現在の加工レベルは300mmのウエハを用い90nmになった。レジスト材料の開発は露光波長の短波長化に伴うベースポリマーの透過率向上，感度の向上，現像特性向上であった。2003年のIntel社による153nmリソグラフィプロセス開発中止の発表は驚きであった。これにより193nmから157nmへの短波長化への流れは中断し，液浸リソグラフィが主流となった。プロセス面では微細パターンを形成するとともに，所望のパターン寸法からのずれ（許容寸法）を極めて小さくする必要がある。また，現像後のパターン荒れ（エッジラフネスLER）が問題となっており，分子レベルでのレジスト設計が必要となってきた。LSIの高性能化には，今後ともさらなる高解像度化が必要であり，それに対応した露光装置，プロセス，レジストの開発がますます重要となっている。

文　　献

1) Semiconductor Industry Association, "The National Technology Roadmap for Semiconductors", 1997edition, 1999 update edition
2) 日経マイクロデバイス，7月号，p.140 (2003)
3) 岡崎，鈴木，上野，はじめての半導体リソグラフィ技術，工業調査会 (2003)
4) 中瀬真，半導体集積回路用レジスト材料ハンドブック，山岡亜夫監修，リアライズ社，p.3 (1996)
5) 花畑誠，半導体集積回路用レジスト材料ハンドブック，山岡亜夫監修，リアライズ社，p.67 (1996)
6) H. Ito, C. G. Willson and J. M. J. Fréchet, Paper presented at the 1982 Symposium on VLSI Technology, Oiso, Japan, Sept. (1982)

7) T. Ueno, "Microlithography" ed. by J. R. Sheats, Marcel Dekker Inc., Ch. 8 (1998)
8) D. Lee, and G. Pawloski, *J. Photopolym. Sci. Technol.*, **15**, 427 (2002)
9) S. A. MacDonald, N. J. Clecak, H. R. Wendt, C. G. Willson, C. D. Snyder, C. J. Knors, N. B. Deyoe, J. G. Maltabes, J. R. Morrow, A. E. McGuire, and S. J. Holmes, *Proc. SPIE*, **1466**, 2 (1991)
10) H. Ito, G. Breyta, D. Hofer, R. Sooriyakumaran, K. Petrillo and D. Seeger, *J. Photopolym. Sci. Technol.*, **7**, 433 (1994)
11) Y. Kaimoto, K. Nozaki, S. Takechi, and N. Abe, *Proc. SPIE*, **1672**, 66 (1992)
12) R. D. Allen, I. Y. Wan, G. M. Wallraff, R. A. Dipietro, D. C. Hofer, *J. Photopolym. Sci. Technol.*, **8**, 623 (1995)
13) 上野巧, 服部孝司, 新しい半導体製造プロセスと材料, シーエムシー出版, p.50 (2000)
14) K. Nozaki and E. Yano, *J. Photopoly. Sci. Technol.*, **10**, 545-550 (1997)
15) Y. Yokoyama, T. Hattori, K. Kimura, T. Tanaka, H. Shiraishi, *J. Photopolym. Sci. Technol.*, **13**, 579 (2000)
16) R. Dammel, F. M. Houlihan, R. Sakamuri, D. Rentkiewicz and A. Romano, *J. Photopoly. Sci. Technol.*, **17**, 587 (2004)
17) R. Dammel, G. Pawlowski, A. Romano, F. M. Houlihan, W.-K. Kim, R. Sakamuri, D. Abdallah, M. Padmanaban, M. D. Rahman, and D. McKenzie, *J. Photopolym. Sci. Technol.*, **18**, 593 (2005)
18) S. Kanna, H. Inabe, K. Yamamoto, S. Tarutani, H. Kanda, K. Mizutani, K. Kitada, S. Uno, and Y. Kawabe, *J. Photopolym. Sci. Technol.*, **18**, 603 (2005)
19) R. D. Allen, P. J. Brock, L. Sundberg, C. E. Larson, G. M. Wallraff, W. D. Hinsberg, J. Meute, T. Shimokawa, T. Chiba, and M. Slezak, *J. Photopolym. Sci. Technol.*, **18**, 615 (2005)
20) H. Fukuda, *J. Photopoly. Sci. Technol.*, **15**, 389 (2002) ; A. Yamaguchi, H. Fukuda, H. Kawada and T. Iizumi, *J. Photopoly. Sci. Technol.*, **16**, 387 (2003)
21) R. Sooriyakumaran, H. Truong, L. Sundberg, M. Morris, B. Hinsberg, H. Ito, R. Allen, W.-S. Huang, D. Goldfarb, S. Burns and D. Pfeiffer, *J. Photopolym. Sci. Technol.*, **18**, 425 (2005) ; K. Tsuchiya, S. W. Chang, N. M. Felix, M. Ueda and C.K. Ober, *J. Photopoly. Sci. Technol.*, **18**, 431 (2005)
22) 伊東昌昭, 応用物理, **68**, 537 (1999)
23) N. N. Matsuzawa, H. Oizumi, S. Mori, S. Irie, E. Yano, S. Okazaki, and A. Ishitani, *J. Photopolym. Sci. Technol.*, **12**, 571 (1999)
24) 矢野映, 老泉博昭, 松澤伸行, 森重恭, 白米茂, 入江重夫, 岡崎信次, 第10回光反応・電子用材料研究会講演要旨集—Post-ArFに向けた露光技術とレジスト材料, p.33 (2001)
25) K. Hamamoto, T. Watanabe, H. Tsubakino, H. Kinoshita, T. Shioki, M. Hosoya, *J. Photopolym. Sci. Technol.*, **14**, 567 (2001)
26) Y.-J. Kwark, J. P. Bravo-Vasquez, H. B. Cao, H. Deng and C. K. Ober, *J. Photopoly. Sci. Technol.*, **18**, 481 (2005)
27) T. Watanabe, K. Hamamoto, H. Kinoshita, H. Tsubakino, H. Hada, H. Komano, M. Endo, M. Sasago, *J. Photopolym. Sci. Technol.*, **14**, 555 (2001) ; S. Irie, H. Oizumi, I. Nishiyama, S.

Shirayone, M. M. Ryoo, H. Yamanashi, E. Yano, S. Okazaki, *J. Photopolym. Sci. Technol.*, **14**, 561 (2001)
28) 松井真二，落合幸徳，山下浩，応用物理，**70**, 411 (2001)
29) S. Nonogaki, T. Ueno, T. Ito, "Microlithography Fundamentals in Semiconductor Devices and Fabrication Technology", Ch. 7 , Marcel Dekker Inc., (1998)
30) T. Sakamizu, T. Arai, and H. Shiraishi, *J. Photopoly. Sci, Technol.*, **13**, 405 (2000)

2 ドライフィルムレジスト

山寺　隆[*]

2.1 プリント配線版とドライフィルム

　プリント配線版は当初産業用コンピュータ等の精密産業機械用に採用されたが，今では民生用機器を含むすべての電子機器に採用されており，近年のPCや携帯電話等の小型エレクトロニクス機器の高機能化に大きく寄与している。プリント配線版の発展に大きく寄与した影の主役の一つとしてドライフィルムが挙げられる。従ってドライフィルムはその登場以来[1]プリント配線板の発展とともにひたすら生産量が膨張の一途をたどっている。市場の拡大は適用機種の拡大のみならず小型化を上回る多層化が後押しをしている。しかしスタックCSPやMCPの登場等新規な高密度実装技術の登場は面積ベースでのプリント基板物量の縮小という現実を引き起こしている。一方物量拡大傾向は現在中国市場に移っており，巨大人口を控えた巨大市場への携帯電話の普及をバネとして，ここ数年一貫して中国市場では年率数十％の驚異的拡大が続いている。

　ドライフィルムがプリント配線版の製造の中でこのように大きな位置を占めるようになった理由としては，工程の簡素化という初期の理由に加え，大型製造設備での高品質の製品の大量の供給が可能になったことで，昔は小規模であり家内工業的であったエッチング産業やめっき産業が大量生産を可能とする集約産業としての発展に結びついたからと考える。現在中国地区に世界中から移転してきて建設中や稼動中のプリント配線板生産工場はどれも巨大であり，一昔前の平均的なプリント配線板工場の数十倍の物量を一気に製造できる能力がある。

　それに加えてドライフィルムはテンティング法によるスルーホールの保護などフィルムであることの特徴を生かす形で，多層プリント配線板の製造に関わるすべての工程に適合した優れた材料であることも大きな特徴である。その間液状レジストや電着レジスト，最近ではインクジェット印刷法[2]などいくつかの回路形成用新技術が提案されてきているが，2次元の画像形成という能力だけでは多層プリント配線板製造のすべての工程をカバーできない。一方3次元構造（層間接続部）も工程で押さえられるドライフィルムの優位性は明らかであり，ドライフィルムが主役である状況に当面変化は起きないと見られる。

　なお，内層回路のエッチング工程ではスルーホール部を有しないため，一部液状レジストも用いられている。装置を主体としたシステム産業であり，材料はシステムに縛られて独自に発展できないという制約があると考えられる。一方ドライフィルムはオープンマーケットであることから，各メーカの競争による特性向上が今も進んでいる。

---

[*]　Takashi Yamadera　日立化成工業㈱　感光性材料事業部　感光性材料開発部　部長

UV・EB硬化技術の最新動向

2.2 ドライフィルム全般
2.2.1 製造について

　ドライフィルムはポリエチレンテレフタレートフィルム(PET)上に感光性樹脂層をコーティングし，保護フィルム(通常ポリエチレンフィルム(PE))を張り合わせてサンドイッチ状になった3層構造のロールフィルムである(図1)。感光性樹脂層の形成には今述べたコーティング法の他にはホットメルト法や無溶剤塗工も過去に検討されたが，材料選択幅が広いという利点により，溶剤を用いたコーティング法が圧倒的に採用されている。一次製品は幅・長さとも実製品よりははるかに大きく，スケールメリットが生かされる。一次製品は別の大量消費サイトに運ばれ，そこに設置されたスリット工場で顧客の注文と要求に応じた最終製品サイズ(通常幅500mm～600mm，長さが120m～200mであるが多様化している)に加工し，出荷する(スリット工程)。通常コーティング工程とスリット工程は同一メーカーが行う一貫生産体制が取られているが，ドライフィルムの汎用化が進む中で，工程の切り分け(別メーカーへの転売)なども今後考えられる。

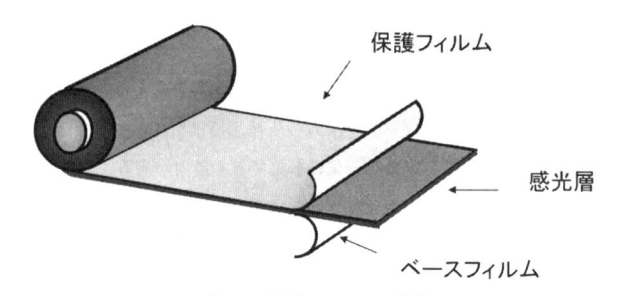

図1　感光性フィルムの構成

　ドライフィルムはスケールメリットが生かせる工業製品であったため，世界中の化学メーカーやフィルムメーカーがドライフィルムの製造に参入し，群雄割拠状態にあったが今後は寡占化が強まると予想される。それはドライフィルムの適用先である電子機器が以前のように大型コンピュータや電子交換機などの産業用機器から携帯電話やパソコンなどの家庭用電子機器が主流となってきており，コスト低減要求が一段ときつくなっているからである。このために，製造設備の大型化や省力化によってスケールメリットによるコストダウンを追及できる上位メーカーに集中の傾向が今後強まると考えられるからである。

2.2.2 ドライフィルムの分類
　感光性樹脂としてはポジ型やエポキシ樹脂等多くのものが知られているが，ドライフィルムに

第4章 レジスト

用いられる感光性樹脂は生産性向上の観点よりほとんどすべてがネガ型であり，光硬化アクリレート系感光性樹脂が用いられる。

(1) エッチング(テンティング)用フィルム

エッチング用フィルムは，目的とする配線回路を得るために必要な部分をレジストで被覆して保護を行い，後にエッチング液で回路以外の不要部分を溶解除去した後，レジストをはく離するためのフィルムである。サブトラクト法とも呼ばれる。特に外層用途の場合は接続孔としてのスルーホールがあるため，スルーホール部分もレジストで蓋をしてスルーホール部分を保護することが可能であり(テンティング)，このため外層用のエッチングフィルムを特にテンティングフィルムと呼ぶ方が一般的である。テンティング工法はスルーホールの内部にレジストが浸透しないドライフィルムのフィルムとしての性質をうまく利用しており，工程も短くてすむため広く用いられている。テンティング工法ではテントが破れないことが重要であるため一般に厚膜のフィルムが用いられる。従来50μmの膜厚が主流であったがファイン化の進展で38μm，35μmと薄膜化していく傾向が顕著である。フィルム基板(CSP, F-BGAなど)では従来からエッチング工法が採用されていたが，ファインピッチ化によって現在では膜厚15μmから10μm程度の薄膜フィルムの要求が多い。

テンティング法は最初にパネルめっき工程によってスルーホール信頼性が得られるだけの厚みの銅をめっきするため，エッチングするべき銅が厚くなり，下地めっきである全面銅めっきでのめっきの均一性の管理や表面状態の制御，エッチング精度に細かな管理が要求されるが，工程が短くなる大きな利点があるため日本では90%以上がこのテンティング工法で製造される。テンティング工法で工程上の不備で生じた回路欠陥は主にパターン断線であり修正不能なことが多い。またフォトリソ工程での位置ずれは直ちにスルーホール断線等の重大な欠陥になる。このため各工程での加工検査を厳密に行う必要があるなど精密な工程管理が求められる。

求められるドライフィルムの特性とは耐エッチング性，密着性，解像性であるが，テンティング法ではそれに加えテント信頼性が必要とされる。

(2) めっき用フィルム

めっき法ではエッチング法とは逆に最終的に回路となる部分をめっきで形成していく。

銅を新たに付加するという意味でアディティブ工法の一つである。このため，先の工法とは反転したパターンのネガマスク(ポジ像)が用いられる。最初にレジストを形成し，銅めっきで回路となる部分に必要な厚みのめっきをつけた後，続けてはんだまたは錫めっきをその上に形成する。レジストをはく離した後，今度は先につけたはんだ(錫)めっき膜をエッチングレジストとして，下地に残っていた銅を溶解し回路を切り離す。最終銅仕上げが要求される場合にははんだ(錫)も溶解除去して完成する。このようにめっき法は工程が長く複雑であるが，基板の表面状態のむら等にあまり影響されず回路形成が可能であることや，回路の後付になるため工程上の欠陥で生じ

た回路欠陥(ショートなど)を修正除去することが比較的容易である。また位置ずれにも比較的寛容である。このため中国等の大量生産工場ではめっき法が主流であるが今後日本のようにテンティング法も増えていくと見られる。

めっき用フィルムに要求される特性としては耐めっき性だけでなく耐めっき浴汚染性、はく離性などの特性が要求される。

(3) セミアディティブ用フィルム

セミアディティブ工法は特に高精細なプリント基板の製造に用いられる。全体のプロセスは上述のめっき法と同じであるが、セミアディティブ法では下地の基板に通常の銅張積層板ではなく、絶縁層に極薄の銅薄膜が形成されている基板を用いる。銅薄膜は一般に絶縁膜の表面層を粗化し、無電解銅めっきを薄く($0.5\mu m$以下)形成したものや極薄銅箔などが用いられる。本方法では回路幅$20\mu m$以下の回路が形成可能なため、半導体PKG基板等極めて狭ピッチのデザインルールが求められる分野でのみ採用されている。

本法で用いるレジストには、めっきレジストとしての耐めっき性は当然として極めて高い解像性が要求される。このため一般用とは別の仕様のフィルムが求められる。

この他には銅張積層板を用いず、すべての回路を全部無電解めっきで形成するフルアディティブ工法というものも知られているが、基材やレジスト等すべてに特殊材料が必要なためにあまり広く普及していないのが実情である。

2.3 ドライフィルムの設計上のポイント

ドライフィルムはフィルム形成性のポリマー、光反応性モノマー、光重合開始剤の3成分が主要な成分である。実際にはこのほかに画像認識用の染料や発色材、各種添加材などが追加される。ドライフィルムを設計する上では先に説明した各種工程用に合わせてこれらの材料を取捨選択していく。また工程そのものの中でも顧客の製造ラインの特徴に由来する工程パラメータ(現像時間、エッチングライン長、はく離ライン長等)に合わせた設計が求められる。特に大規模なプリント配線板量産工場ではラミネートから露光、現像、エッチング、はく離に至る工程は連続したラインとして設計されており、各工程のパラメータを独立に設定する余地はないというのが実情である。このためオーバーやアンダーな工程条件でも安定して使用が可能なプロセス裕度の広い材料設計が求められる。

2.4 ドライフィルムの最近の技術動向

2.4.1 パッケージ用ドライフィルム

半導体素子の高集積化が進みICパッケージの過半数はリードフレーム実装から有機基板実装へ

第4章 レジスト

と変わってきている。有機基板は半導体チップを搭載するチップ面とマザーボードに接続する面と2つの顔を有する基板であり，設計ピッチの異なる両者の間を寸法変換するためのインターポーザ基板としての役割を有する。高精細な基板ではビルドアップ構造をとる。インターポーザ基板としては，リジッド基板としてMPUなどに用いられているFC-BGA基板やCSPに用いられているフィルム基板などがある。これらの有機系インターポーザ基板は構成上はプリント配線板そのものであり，プリント配線板と同様の工程を経て製造される。しかし通常のプリント配線板よりははるかに高精細な基板であるとともに，半導体チップの搭載後は半導体チップの信頼性試験と同じプロセスを通ることになるため，高信頼性の特殊な基材，ドライフィルムが必要である。また製造設備も高精細品の製造に特化した独自設備になっている。本工程で用いるためのドライフィルムをパッケージ用ドライフィルムとして独自の製品仕様で各社より製品化されている。

パッケージ用ドライフィルムの特徴は解像度の高さである。20μm以下のラインが形成できるように，その解像度は10μm近辺のものが商品化されている。このうちFC-BGAのような最先端のパッケージではセミアディティブ工法が採用され，膜厚29～25μmのフィルムが量産されている。一方CSPやCOFでは15～10μmのフィルムが適用され，こちらはエッチング工法が適用されている。CSPやCOFでも最近は両面やビルドアップ構造のデザインも採用され，テンティング性を要求されるものもある。今後L/S＝10/10以下のCOF等ではセミアディティブ工法の採用も検討されている。一例として，弊社で販売中のPKG用ドライフィルムRY-3325のレジストプロファイルを図2に示した。パッケージ用ドライフィルムとしては，単に解像度を上げるだけではなく，スソ形状の制御やはく離性のコントロールなど細心の設計が必要である。

このような高解像性を出すためには感光性樹脂層の設計が大変重要であり，用いられるポリマーの分子量やモノマー組成など最新の設計が必要である。また感光性樹脂の設計だけでは不十分であり，特殊な高透明性のPETフィルムや保護フィルムが用いられ[3]，発塵を抑えた梱包用材料など感光性樹脂層が最大限の特性を発揮できるように副資材や設備などにも最新鋭のものが投

図2　RY-3315SAのレジストプロファイル　　図3　RY-3325SEのレジスト形状(L/S＝12/12)

261

入されている。

　一例として，弊社で上市中のパッケージ用ドライフィルムであるRY-3300シリーズのレジスト形状写真（フィルム膜厚15μm）を図2，図3に示した。図2では解像性が優れている他に，レジスト形状のうち特に裾引き性がほとんど見られないという特徴を有している。本用途では従来の化学粗化表面に加え，スパッタ銅薄膜のような表面が平滑な基板を用いてのセミアディティブ工法が検討されている。また図3に示された25μm膜厚のフィルムはFC-BGA用セミアディティブ用途に検討されている。各膜厚での特性を表1にまとめた。

表1　パッケージ用ドライフィルムの特性一覧

項目		RY-3319	RY-3325	RY-3329	RY-3225
レジスト膜厚（μm）		19	25	29	25
最小現像時間（MD）（秒：1%Na$_2$CO$_3$）		15	15	15	15
推奨ST段数（x/41）		13±2	13±2	13±2	17±3
推奨露光エネルギー（mJ/cm^2）		90–120	90–120	90–120	45–115
密着（μm: n/400）	ST = 11	10	12	15	20
RP-4：MDX 2	ST = 13	8	10	12	15
平行露光機	ST = 15	8	10	12	15
ガラスマスク（Cr）	ST = 17	6	8	10	12
解像度（μm: 400/n）	ST = 11	6	6	10	20
RP-5：MD×2	ST = 13	6	8	10	18
平行露光機	ST = 15	8	10	15	15
ガラスマスク（Cr）	ST = 17	10	15	20	20
推奨はく離液濃度	(MS x X)	2～3	2～3	2～3	2～3
最小はく離時間（MS）		30	40	45	30
はく離片サイズ（mm）		50	50	40	30
はく離性	L/S = 25/25	○	○	○	○
(Plated Cu: 20μm, NaOH/MS×3)	L/S = 15/15	○	○	○	○

2.4.2　直描用ドライフィルム

　近年直描技術の進展に合わせ，直描露光機を導入しようという動きが顕著である。直描用フィルムとは直描露光機に用いられるドライフィルムであり，多くは露光機に合わせた専用のフィルムが用いられる。

第4章　レジスト

(1) 直描技術の歴史

　直描技術とは回路形成工程で通常用いられるフォトツール（マスクフィルム，ガラス乾板など）を用いる代わりに，コンピュータに収められている回路設計情報を直接直描露光機に送り，回路データを定められた画素を基本単位とする画像データに変換し，ビーム光源を直接on-off変調して2次元画像を書き込む技術の総称である（図4）。ビーム光源としては，高速を細く絞りこむことによってより細かな画素サイズを設定することが可能なレーザー光源が用いられる。従って直描技術の進展のためには，レーザー光源の進歩と膨大な画像データを高速で処理するためのコンピュータ技術の進展が鍵であり，現在も発展中である。

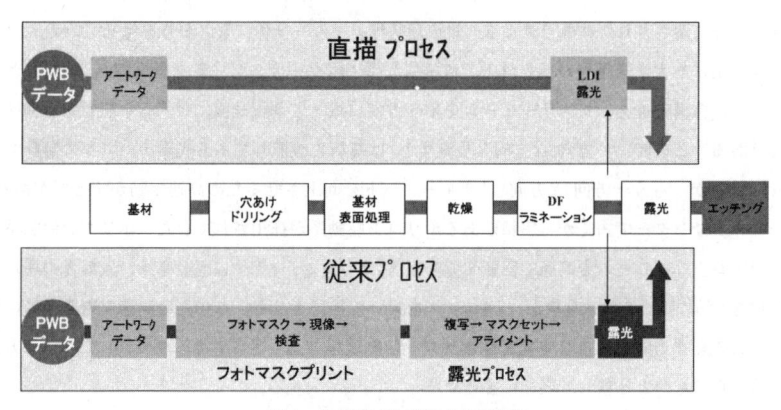

図4　直描方式と従来方式の比較

　直描技術ではマスクを用いないことからマスクの作成に関わるコストが発生しない。近年では高精細回路設計のために高価なガラスマスクを用いる例も多くなってきており，マスク作成費用は大きなウェイトを占めるため，特にプリント配線版製造でネットワーク基板など高多層（10層以上）基板を主に製造し，マスク使用枚数の多いメーカーでは早くから直描技術が導入されてきた。これらのメーカーでは単に層数に応じたマスクを用意すればよいのではなく，多くは実際の基板の伸縮に合わせて複数のスケールファクターで補正したマスク群をあらかじめ用意することが通例であり，マスクコストは膨大なものであったためである。また，当然ではあるが，マスクを作成しないということは工程短縮にも大きく寄与する。このため短納期がセールスポイントであり，マスク当たりのプリント配線板生産量が比較的少ない（＝マスクコストが相対的に大きい）試作専業メーカーも直描技術の導入に熱心であった。一方，量産基板がメインでありコストや生産性を重視するメーカーでは直描技術の導入はあまり考慮されてこなかったという歴史がある。

UV・EB硬化技術の最新動向

　ところがファイン化の流れはこれらの量産基板にも及んできた結果，直描技術がプリント配線板の製造歩留まり向上に大きく寄与するという点が注目されるようになってきた。これは直描技術では配線情報をそのつど生成するわけであり，そのときに実測された基板の寸法変化情報を組み合わせて元の画像データを修正することにより，基板ごとに修正された配線パターンを描くことができ，結果として位置合わせ精度のよいプリント配線板の製造が可能となるからである。さらには直描露光機によっては裏側の配線の情報も修正情報に付け加えることによって位置合わせ精度の向上は単に面内のみに留まらず，層間全体に広げることが可能である。寸法補正技術はさらに進歩を続けており，今では基板全体の単なるX-Y伸縮補正のみに留まらず，分割や部分補正もできるようになっている。これらの利点が見直された結果，今や直描技術は特殊な事情を抱えた特殊分野に閉ざされた技術ではなく，量産型基板メーカー全体にも広がりを見せている。

　直描技術にも大きな進展が見られた。直描露光機ではレーザービームを画素のon-offに合わせて変調する機構に加え，レーザービームをX-Y方向に振って基板全面にビームを照射する機構が必要である。この時，一方向(X方向と規定する)は基板を設置してある光学テーブルの駆動で済ませられるが，もう一方向(Y方向)はスループットを向上させるため高速で動かす必要があり，レーザープリンターで古くから実績があるポリゴン駆動系が採用されてきた。ポリゴン駆動系では，固定レーザービームを高速で回転する多面体(ポリゴン)ミラーに反射させ，入射光の連続的な変化をY軸の走査方向に変換し，fθレンズを用いて結像させる。このため高速な走査が可能となる。この駆動方式のことを本書ではポリゴン駆動直描方式と呼ぶことにする[4]。これらの方式を以前からのものと比較して表2にまとめた。

　ポリゴン駆動方式は当初から採用されてきた方式であり，この間レーザー光源がガスレーザー

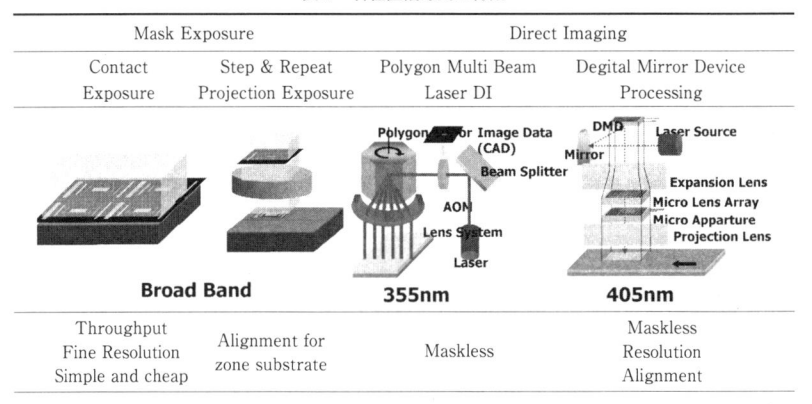

表2　各種直描方式の特徴

Mask Exposure		Direct Imaging	
Contact Exposure	Step & Repeat Projection Exposure	Polygon Multi Beam Laser DI	Degital Mirror Device Processing
Broad Band		355nm	405nm
Throughput Fine Resolution Simple and cheap	Alignment for zone substrate	Maskless	Maskless Resolution Alignment

第4章　レジスト

を用いる可視システムから固体レーザーを用いる紫外システムへと変遷しながら今日まで至っているが，駆動方式には大きな変化は起きていなかった。本方式に基づく直描露光機は，現在ではイスラエル，ベルギーに本拠を置くオルボテック社が販売しているシステムが事実上市場に一社だけである。本方式に基づく直描露光機は昔のものも含めると世界中で累計で数百台に達するものと推定される。

　一方で最近新しい直描方式が提案されている[5,6]。本方式ではレーザービームの駆動にデジタルマイクロミラー(DMD)素子を採用しているのが特徴である。DMDは半導体素子であり，チップ表面に可動できる微小なミラーが多数2次元状に配列されており，各ミラーを独立に電気信号で角度を変更することで2次元の画像そのものを一度に投影できることが可能である。元来は投影TVやパソコンモニター投影等に開発されたものであり，XGA相当の画素の集まりである。これらの用途では直接画面投影が可能であるが，それでは実際には拡大するとドットの集まりであり，ネガマスクの高精細さは表現できない。このため本素子を斜めに配置し，ドットの重なりを利用して連続的な高精細画像を投影できるシステムが考案された。本方式では描画できる範囲に限りがあるため，実際には複数の描画エンジンを配置し，すべてを同期させて一度に広い範囲を照射する。近似的には1次元(Y方向)のライン光源(画素毎にon-off可能)とみなせる。X方向は従来どおり光学テーブルを駆動する。光源としては半導体素子を保護するために青色レーザーダイオード(BLD；405nm)が用いられている。直接変調が可能であり光学系はシンプルである。本方式では画像エンジンは事実上固定であり光学系にも可動部分はない。もともとの画素が小さいこともあり，高解像性，高位置精度を有した走査システムと言える。本書ではこの方式をDMD直描方式と呼ぶ。

　DMD直描方式は原理的に高精細画像の生成が可能であり，従来のポリゴン駆動直描方式では要求に応えられなかったユーザー，特にPKG基板メーカーの大きな関心を呼んだ。このため高精細回路設計(ライン幅25μm～15μm)を必要とするパッケージメーカーを中心に検討が進められている。また露光機の設計も，従来のプリント基板用露光機メーカーとは異なる，元々コンピュータデータの取り扱いに強いメーカーが新規に参入していることも大きな特徴である。表3に代表的な設備をまとめた。

　このように新規な方式の提案も含め従来技術，新規技術ともに技術革新競争が繰り広げられており，現在直描技術は装置メーカー，プリント基板製造メーカー，ドライフィルム供給メーカーを巻き込んで大きく活性化されている。近い将来直描技術がプリント基板製造でのフォトリソグラフィーの主役の位置を占めることも十分考えられる状況である。

(2)　**直描用フィルムの設計**

　直描露光機では，直描用フィルムという形で専用のフィルムが設定されていることが普通である。

表3　各社DLP装置の仕様(カタログより抜粋)

メーカー	A社	B社	C社
光源	LD405nm	LD405nm	LD405nm
光源出力(W)	2.4×エンジン数(7)	1.2×エンジン数(8)	Max 20W
ビーム径(μm)	10	9.5	10
画素径(μm)	3.1/1.55	2.5/1.25	2.5/1
描画幅(mm)	40×30	10×7.5	65×42
描画時間(秒)[*1]	51	72	(45)
解像度(μm)[*1]	35	35	35

＊1：当社製DL-1038使用時

　これは，直描技術で露光スループットを上げるためには，フィルムの感度を上げて走査速度を早くする必要があるからである。初期の直描露光機ではフィルムの必要感度は10mJ/cm^2近辺である。これは，一般のフィルムが感度40mJ/cm^2～100mJ/cm^2であることを考えれば極めて高い感度であり，このため特殊な光開始剤システムを採用する必要がある。近年では，レーザー光源の技術革新の中で光源強度も向上しており制約が緩和されつつあるが，それでも高感度化の要求は強い。

　またレーザー露光では用いるレーザーが単色光であることも重要な要素である。一般の紫外光源は430nm，405nm，365nm，330nm，305nmなどのいくつかの輝線を含んだ複雑な輝線分布を有するが，レーザー露光ではどれか一つの単色光光源となる。ポリゴン直描技術では355nmの固体YAGレーザーの第3高調波が用いられるのに対し，DMD直描技術では405nmの青色光領域の輝線が用いられる。このことは各露光方式にそれぞれ別の波長対応を行った専用のドライフィルムが必要であることを意味する。なお，主としてコスト優先の考えからスループットが落ちることを承知で一般用フィルムで直描を行うことも実際に行われているが，波長分布の違いにより一般にレジスト形状は悪化するので望ましいことではない。

　直描用フィルムではこれらの技術的要請に応える形で新規な光開始剤システムが採用されている。このうち使用波長については比較的に明快な技術対応が可能である。図5に一般的に採用されている光開始剤の光反応過程が示されている。図では最初にDyeと示されている増感色素が一番最初に光エネルギーを吸収して励起体Dye*を形成したあと，他の光重合開始材にエネルギーを移す2段，3段構えの反応連鎖によって光重合をスタートさせている例が示されている。これは，副反応をコントロールして光エネルギーを有効な形でより多く利用するためである。従って光反応波長を変更することによる反応系全体の見直しは必要最小限に留められる場合が多い。

　一方，感度向上はそれとは別にかなり難しい技術の投入が必要であり，各社色々工夫して行っ

光重合開始過程

Dye $\xrightarrow{h\nu}$ Dye* $\xrightarrow{\text{Initiator}}$ Initiator* $\xrightarrow{\text{Activator}}$ Radical

　　　　　　　↳ 複数の波長に対応させる

　　　　405nm(h)　　365nm(i)　　334nm

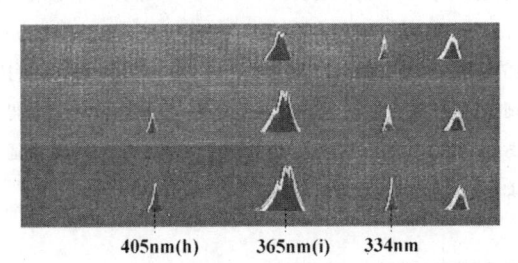

図5　マルチパーパスの考え方

ているのが実情である．特に高感度化と高解像度化は一般に相反する特性であり，要求を達成するためには注意深い設計が求められる．

(3) **直描用フィルムの実例**

本節の終わりとして，弊社で開発上市中の直描用フィルムを例にとって特性の紹介をしたい．弊社では，今まで説明してきた各種の直描技術に応じた専用のドライフィルムを提供し，量産適用されている．表4に特性一覧を示した．これらはマザーボード用（高感度スループット重視仕

表4　直描用フィルムの特性

レジスト	RD-1025EA	RD-1015EA	DL-1038	SL-1138
膜厚(μm)	25	15	38	38
波長(μm)	405	405	405	355
感度(mJ/cm^2)	60	30	18	8
解像密着 x/x(μm)	15/15	15/15	35/35	35/35
解像抜け性 3x/x(μm)	15	15	40	35
用途	FC-BGA	CSP	マザーボード	マザーボード
適用	DMD/ポリゴン	DMD/ポリゴン	DMD	ポリゴン

露光機：日立ビアメカニクス㈱　DE-1AH
　　　　オルボテック㈱　Paragon-8000

UV・EB硬化技術の最新動向

様),パッケージ用薄膜(エッチング用),パッケージ用厚膜(高精細セミアディティブ用)である。

最後の例として挙げた最近開発中の厚膜セミアディティブ用直描フィルムRD-1025を用い,実際の直描露光機を用いて描画したレジスト像を示す。図6はRD-1025をDMD直描露光機であるDE-1AH露光機(日立ビアメカニクス㈱製)で作画現像したものであり,図7は同じレジストをポリゴン直描露光機であるParagon-9000(オルボテック㈱製)で作画現像したものである。どちらの露光機でも10μm〜15μmのL/Sがきれいに解像できていることがわかる。このように弊社直描用フィルムRDシリーズでは直描技術の種類を選ばない特殊な材料設計技術が採用されている。これは光開始剤部分に工夫を加え,露光波長が異なっても同等の性能が得られるように設計されているからである。複数の技術が並存している中,できるだけ材料を共通化することで直描技術の裾野を広げようという考えが根底にあることを伝えたい。

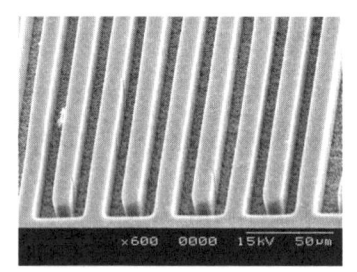

図6　RD-1025EBのレジストプロファイル
露光量 100mJ/cm^2
L/S = 10/10 (μm)
露光機:DE-1AH(日立ビアメカニクス製)

図7　RD-1025EAのレジストプロファイル
露光量 30mJ/cm^2
L/S = 15/15 (μm)
露光機:Paragon-9000(オルボテック製)

2.5　おわりに

ドライフィルムはエレクトロニクスの進展とともに歩んできた製品であるが,欧米から東南アジア地区,そして現在の中国と市場を変えながら,爆発的な普及を果たしてきている。現在の電子機器の小型化,高性能化,低価格化に,ドライフィルムの果たしてきた役割には大きなものがあったといってもよい。弊社もこの市場に追随し今後とも顧客が求める品位のドライフィルムを開発し,供給していく所存である。

第 4 章　レジスト

文　　献

1) Du Pont，特公昭45-25231号
2) 村田和広，"インクジェット技術によるパターン形成技術"，エレクロトニクス実装学会誌，**47**(9)，487(2004)
3) 市川立也，日立化成テクニカルレポート，**38**，pp.23-26(2002)
4) 山本健，電子材料，**44**(10)，p.146(2005)
5) A. Ishikawa, *J. Photopolym. Sci. Technol.*, **15**, 707(2002)
6) 鷲山裕之，電子材料，**44**(10)，p.150(2005)

3 ソルダーレジスト

有馬聖夫*

3.1 はじめに

ソルダーレジストとはプリント配線板の表裏に形成される緑色の絶縁保護膜のことである。一般にプリント配線板が緑色をしているとイメージされるのは，このソルダーレジストの色を指している。ソルダーレジストの大きな役割は，プリント配線板の回路(銅配線)の必要な部分を選択的に露出させ実装する部品とのはんだ付けを可能にし，他の部分ははんだの濡れ広がりを抑え回路がショートしないように保護することである。はんだ付け(ソルダリング)に耐性がある(レジスト)が名称の由来である。

近年の電子機器の発展に伴いプリント配線板は高密度化されてきたが，ソルダーレジストも熱硬化，UV硬化タイプのレジストをスクリーン版にてパターン印刷する方法から，高密度化に対応すべく写真現像法が開発され，現在では希アルカリ水溶液で現像可能なフォトイメージングタイプのソルダーレジスト(以下フォトソルダーレジスト)が主流になった。そしてそのフォトソルダーレジストは20年近くの研究開発により高機能化，高性能化している。

ここではフォトソルダーレジストの組成や，高性能化技術について紹介する。

3.2 ソルダーレジストの形成工程と組成

図1にフォトソルダーレジストの形成工程を示す。回路形成されたプリント配線板は一般に基材上に回路が存在し凹凸があるため，液状のソルダーレジストをスクリーン印刷，スプレーコー

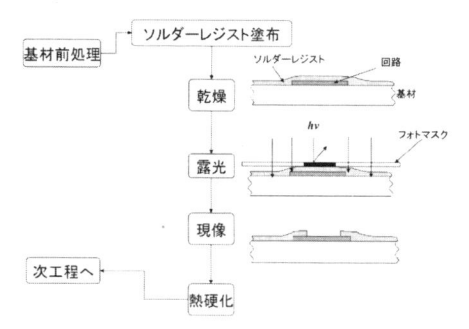

図1 ソルダーレジスト形成工程

---

* Masao Arima 太陽インキ製造㈱ 技術研究所 グループリーダー

第4章　レジスト

ト，カーテンコートもしくはロールコートにより塗布することが一般的である。これは液状の方が回路の凹凸に追随しやすく回路の間にしっかりと充填された皮膜を形成できるからである。次に溶剤分を揮発させる乾燥工程の後，フォトマスクを塗膜に密着させてから，紫外線照射装置により露光を行う。このときフォトソルダーレジストは成分中のアクリロイル基の光ラジカル重合により不溶化しネガ型に作用する。ここでフォトマスクを密着させるのは高解像性を得る目的とラジカル重合の酸素阻害を低減させる目的がある。露光後，希アルカリ水溶液で現像され，最後に熱硬化される。熱硬化する目的は永久保護膜として十分な耐熱性，密着性を得るためである。

これらの工程において必要最小限の組成は①アルカリ現像可能な感光性樹脂(以下メイン樹脂)，②光重合開始剤，③熱硬化性樹脂である。これに必要に応じ感光性多官能モノマー，フィラー，着色顔料，熱硬化触媒等が添加される(表1)。

表1　フォトソルダーレジストの組成

	代表例	役割	要求される特徴
アルカリ現像可能な感光性樹脂(メイン樹脂)	酸無水物変性エポキシアクリレートなど	感光性 現像性 耐熱性	感光性と現像性のバランス。 指触乾燥性と現像性のバランス。
光重合開始剤(増感剤)	α-アミノアルキルフェノン類 (チオキサントン類)	光硬化性	不揮発性であること。 高感度であること。 電気特性に悪影響が無いこと。
熱硬化性樹脂	エポキシ樹脂など	耐熱性 密着性	高耐熱性であること。 金属に対して高密着性であること。
着色顔料	フタロシアニンブルー フタロシアニングリーン	着色性	高分散性であること。 高耐熱であること。
熱硬化触媒	イミダゾール類など	熱硬化性	潜在性があること。
感光性多官能モノマー	ジペンタエリスリトールヘキサアクリレート他 ウレタンアクリレートなど	感光性	高反応性であること。
フィラー	硫酸バリウム シリカ タルクなど	密着性 硬度 印刷性	高分散性であること。 粒径が細かいこと。
溶剤	ジエチレングリコールモノエチルエーテルアセテートなど	粘度調整	高希釈性であること。 適度な蒸発スピードであること。
添加剤	消泡剤，密着性付与剤など	消泡，密着性	

3.2.1　アルカリ現像可能な感光性樹脂

ソルダーレジストの特性に大きく影響するのがアルカリ現像可能な感光性樹脂である。メイン樹脂として最も多く用いられているのが酸無水物変性エポキシアクリレートである。開発初期の

フォトソルダーレジストは耐熱性の観点からクレゾールノボラック型エポキシ樹脂を出発原料とし，アクリル酸を付加し感光性の付与，そして生成する2級の水酸基に酸無水物を付加させてアルカリ現像性を付与させたものが採用された[1]（図2）。ここで重要な因子は，出発のクレゾールノボラック型エポキシ樹脂の軟化点と酸無水物の付加量である。エポキシ樹脂の軟化点が低いと密着露光時のマスクフィルムの張り付き（指触乾燥性不良）が問題になり，多いと現像性が得られなくなる。酸無水物の付加量も少ないと現像性が得られなくなり，高いと感光性に寄与する二重結合の量が相反して減少してしまい感度の低下や表面硬化性不良などを引き起こす。上記バランスの良好な酸無水物変性エポキシアクリレートは現在も使用されている。

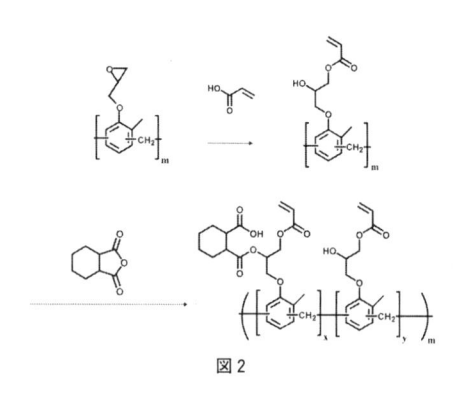

図2

3.2.2 光重合開始剤

フォトソルダーレジストは顔料が配合されており，かつ比較的厚膜（～100μm）まで光硬化させなければならないフォトレジストである。そのため光重合開始剤には厚膜硬化性の優れたもの，また溶剤の乾燥工程があるために揮発性の低いものが求められる。この点でフォトソルダーレジストに使用できる光重合開始剤は制限されており，今後の新しい光重合開始剤の研究開発が期待される。

図3に光源であるメタルハライドランプの波長分布と一般的フォトソルダーレジストの分光感度を示す。図3のように光源の光を有効に利用できるような設計とするには，単一の光重合開始剤ではなく開始剤と増感剤を組み合わせて使用するのが一般的である。

3.2.3 熱硬化性樹脂

フォトソルダーレジストは耐熱性や密着性を付与する目的で現像後に熱硬化が行われる。このとき使用されるのが主にエポキシ樹脂である。エポキシ樹脂は市販品のバリエーションが豊富で

第4章 レジスト

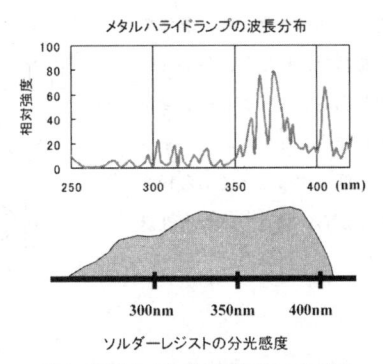

メタルハライドランプの波長分布

ソルダーレジストの分光感度
図3 光源とソルダーレジストとの関係

特に密着性に優れることから良く使用される。ここでエポキシ樹脂はメイン樹脂のカルボキシル基と反応することからフォトソルダーレジストのネットワークは多官能アクリル酸モノマーとエポキシ樹脂がメイン樹脂を介して結合した均一なものと推測される。

3.3 ソルダーレジストの高性能化

フォトソルダーレジストは，携帯電話が普及し始める2000年あたりから急激にその使用量が増大し，それに伴い要求項目も一層厳しくなった。特に，従来QFPやセラミックパッケージに代表される半導体実装部品が，インターポーザー基板を採用したプラスチックパッケージへ変更したことはフォトソルダーレジストの特性を飛躍的に向上させる結果となった。

具体的にはプレッシャークッカー耐性の向上，ファインパターンの配線での耐マイグレーション性，冷熱サイクルによるクラックの低減などが挙げられる。

それらの高性能化技術について，最近の動向を紹介する。

3.3.1 プレッシャークッカー耐性

BGAパッケージに代表されるプラスチックパッケージの一部にフォトソルダーレジストが採用されるようになり，それまでの半導体が封止された電子部品と同様に耐湿の加速寿命試験としてプレッシャークッカー耐性が要求されるようになった。従来のフォトソルダーレジストの場合，このプレッシャークッカー耐性が充分でなく，主な不良モードは回路からの剥がれであった。

これらの特性の向上に有効な手法はメイン樹脂の改良であった。図4にプレッシャークッカー耐性の優れるメイン樹脂の例を示す[2]。

3.3.2 耐マイグレーション性

回路がファインパターンになるにつれ耐マイグレーション性が重要になってきた。マイグレー

ションとは電極に電流・電圧が印加された際，導体である銅が電気分解し電極間を移行，析出し，最終的にはショートしてしまう現象である。マイグレーションは水分の存在しない状況では発生しないため，フォトソルダーレジストの吸水性を低減することである程度は対応可能である。しかしながら，最近では吸水性以外の特性も重要になってきた。

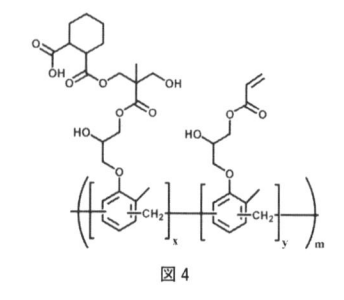

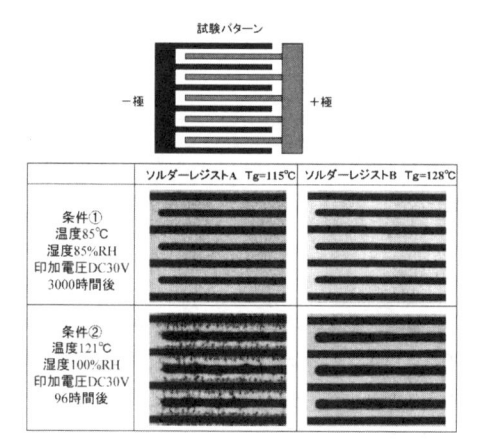

図4

図5 ソルダーレジストのマイグレーション発生状況

図5にフォトソルダーレジストのマイグレーションの発生状況を示す。ソルダーレジストAは温度85℃湿度85%の加湿条件では3000時間以上でも外観に不具合は見当たらない。実際に電極間のショートも3000時間以上見られない。しかしながら，温度121℃湿度100%の条件下では96時間でショートしてしまう。一方，ソルダーレジストBではそのような現象は見られない。これはソルダーレジストのTgが影響していることを示唆している。Tg以上の温度域での吸水性の増大や，イオン性不純物の溶出などによるものである。よって，ソルダーレジストの高Tg化が今後の課題の一つであるといえる。また，メインとなる感光性樹脂の合成触媒，組成物中のイオン性不純物量などの検討も今後は耐マイグレーション性の向上に欠かせないものである。

3.3.3 冷熱サイクルのクラック低減

フォトソルダーレジストはネガ型であり，光および熱硬化性樹脂に分類される。そのため，い

第 4 章 レジスト

わゆる「硬くてもろい」性質がある。これを解決するためフォトソルダーレジストを低弾性化させ,冷熱サイクル時の応力を吸収する手法が用いられるようになった。低弾性率化の手法の一例は図 6 に示すようなメイン樹脂を使用することなどである[31]。他にも,高強度,高 Tg,低線膨張率化などでクラックを防止することは可能であると考えられ,今後の研究課題であるといえる。

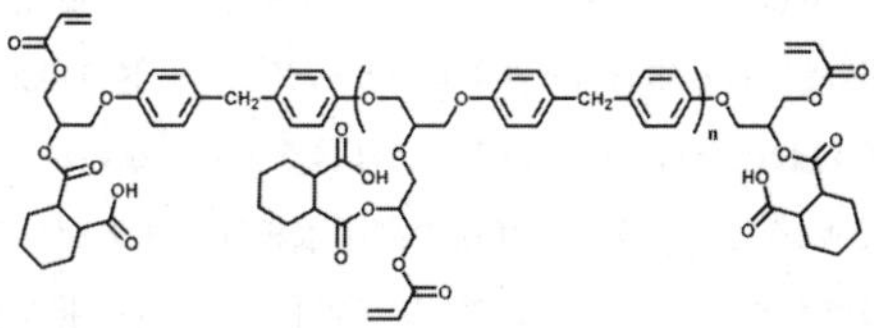

図 6

3.4 これからのソルダーレジスト レーザーダイレクトイメージング対応

2005 年以降の要求として新しいものは従来の紫外線ランプによる一括露光から,レーザー光を走査しながら画像形成を行うデジタル露光対応が挙げられる[4]。

レーザーダイレクトイメージングの主な利点は
・フォトマスクを使用しないのでランニングコストが低下する。
・フォトマスク欠損による不良が解消される。
・フォトマスク作製が不要につき,少量多品種対応,短納期化が達成される。
・描画パターンと実基板の位置合わせ精度が向上し,位置合わせ不良が低減される。
・描画パターンを瞬時にデジタル補正でき,実基板の変形に対して対応ができる。

上記の利点の中でも,正確な位置に部品を実装するためのレジスト開口部を形成することが目的のフォトソルダーレジストに対しては位置合わせ精度が向上する点で非常に有効である。

一方,レーザーダイレクトイメージング対応のソルダーレジストの課題としては,
・レーザー光を走査しながら画像形成するために,高感度なソルダーレジストでなければならないこと。
・レーザー光の波長に対して感光できること。

がある。

現行のフォトソルダーレジストは通常 200–500 mJ/cm^2 の露光量を必要としているが,このような高露光量であると現在市販のレーザーダイレクト露光装置では 1 面あたり 5 分から 15 分も必要とする(通常は 1 面あたり 30 秒から 1 分程度)。よって,絶対的な高感度化が必要である。

先に述べたとおりフォトソルダーレジストはアクリロイル基のラジカル重合により 3 次元架橋

を引き起こしネガ型のレジストとして作用するが，そのアクリロイル基の反応スピードは光重合開始剤の量子効率，ラジカルの活性度合い，そして反応場に依存すると考えられる。よって，新しい光重合開始剤，増感剤，連鎖移動剤の研究，反応性基の濃縮効果を狙った感光性樹脂の開発が必要である。そして，その高感度化の評価にはフォトFT-IR[5]やフォトDSC[6]といった解析装置が有効である。

現在，プリント配線板用途に検討されているレーザーダイレクト露光装置のレーザー波長はYAGレーザーの第3高調波である355nmと青紫レーザーダイオードの405nmの2種類がある[1]。

光源の波長に感光しなければならないということは言うまでもないが，もっと必要なことは単一波長光線に対応するということである。従来の高圧水銀灯やメタルハライドランプの光源はi線，h線などマルチ光線であり，フォトソルダーレジストもそれを前提に開発されてきた。そのため，従来のフォトソルダーレジストをそのままレーザーダイレクト露光装置で露光を行うと，対応光源波長の過不足により硬化深度不足もしくは表面硬化不足が生じる。これらの不具合に対応すべくレーザーダイレクトイメージング対応のソルダーレジストは適切な光重合開始剤の選択とその濃度の調整が必要である。

上記のような検討を行い現在では高感度，高解像性のフォトソルダーレジストが上市されている(写真1，2)。

3.5 おわりに

ソルダーレジストの現状と高性能化について述べたが，今後も高性能化の要求は留まることがなく，研究開発が進むであろう。また，デジタル家電の急速な普及に伴い，高性能ソルダーレジストの使用されるプリント配線板はますます増加する。しかしながら，高性能であってもけっして高価であってはならないというのが最近の特徴である。よって今後のソルダーレジストは材料物性的な高性能化に加え，次工程(プリント基板製造や部品実装)の不良率を低下させるような機

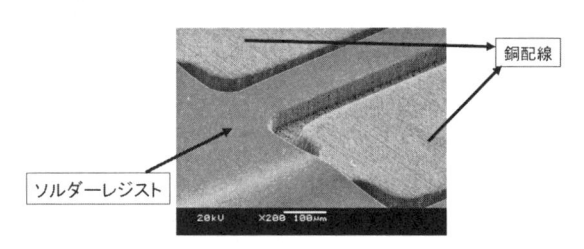

写真1　QFP部のソルダーレジストダム形成
(レジスト厚み50μm，ライン幅120μm)

第 4 章　レジスト

写真 2　微小なビア開口部形成（$\phi 80 \mu m$）
（下地 銅回路 レジスト厚み $20\mu m$）

能も必要とされる。レーザーダイレクトイメージング対応のソルダーレジストなどはその代表であり，将来現行品からの置き換えが進むと考えられる。今後もフォトソルダーレジストが高分子化学の知識だけでなく，製造プロセスや業界に精通した開発者らによって，更なる進歩を遂げることを期待している。

文　　　献

1) 特公平 1-54390
2) 特許第2877659
3) 特許第3190251
4) 有馬聖夫ほか，電子材料，10月号(2005)
5) 木下良一，UV・EB硬化材料の開発，シーエムシー出版，p.39(1992)
6) 村上泰治ほか，日立化成テクニカルレポート，37，p.21-24(2001)

4 MEMS

羽根一博*

4.1 はじめに

近年,半導体微細加工技術は,集積電子回路の製作に用いられるだけでなく,機械構造の製作や機械構造と電子回路の集積に用いられるようになった。自動車のエアバッグ用の集積型加速度センサーや時計の中の圧力センサーなどが身近な部品として用いられている。小さな機械構造と電子回路の集積により製作されるこのようなデバイスはMEMS (Micro Electro Mechanical Systems)と呼ばれている。また製作に用いられる加工技術はマイクロマシニングと呼ばれている。マイクロマシニング技術は半導体微細加工技術に基づき,その他の特殊な微細加工を組み合わせる技術である。MEMSにおいては,電気的な処理回路をシリコン基板上にモノリシックに搭載できる点も重要である。以下では,マイクロマシニングの基本的な手法について説明し,集積型デバイスについて解説する。特に立体的なマイクロマシンを実現するためには,特殊なリソグラフィ技術が必要な場合も多い。レジストポリマー膜をスプレーにより塗布する立体加工についても紹介する。

4.2 バルクマイクロマシニング

半導体微細加工技術に基づいたマイクロマシニングでは,シリコン基板を用いる。シリコン基板をエッチングして,立体的な構造を実現する。このように基板を深くエッチングすることで,機械構造を製作する方法はバルクマイクロマシニングと呼ばれる。これに対して,基板の表面加工を中心に行うマイクロマシニングを表面マイクロマシニングと呼ぶ。

エッチングにおいては,加工されたエッチングの形状から,等方性エッチングと異方性エッチングに分けられる。それらの概略を図1に示す。等方性エッチングにおいては,マスクで遮蔽されていない領域からエッチングが等方的に進行する。図1に示すように,断面形状は半円形状となる。シリコン基板に対してはHNA (HF + HNO$_3$ + Acetic Acid)溶液等が用いられる。異方性

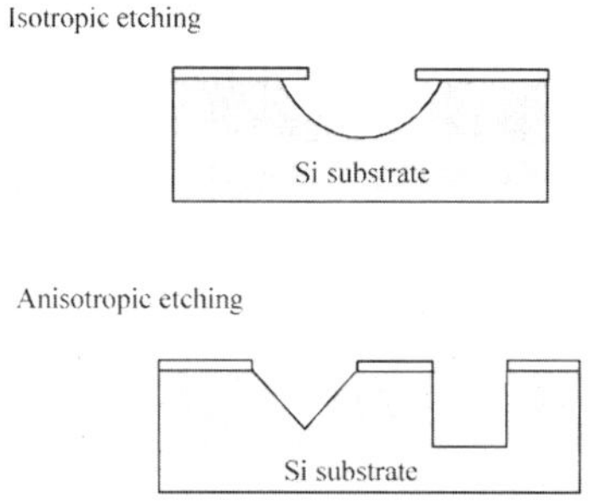

図1 等方性エッチングと異方性エッチング

---

* Kazuhiro Hane 東北大学 大学院工学研究科 ナノメカニクス専攻 教授

第4章 レジスト

エッチングでは，エッチングの速度が結晶面より異なることを利用する。溶液による結晶異方性エッチングとプラズマ中の反応性イオンを用い，基板を垂直にエッチングする方法がよく用いられる。溶液を用いるエッチングはウェットエッチングとよばれ，ガスやプラズマ，イオン等によるエッチングはドライエッチングと呼ばれる。それぞれにおいて，溶液やガスの選択により，等方性と異方性のエッチングが行える。

図2にシリコンの結晶異方性エッチングにより作られる形状の例を示す。シリコンの(100)と(110)基板がよく用いられる。Si(111)面が他の面に比較してエッチング速度が遅い。シリコンウエハが(100)の場合は，図2に示すように表面に対して54.74°の角度の(111)面で囲まれたV型の溝構造が形成される。(111)面が表れた時点で，エッチング速度が低下して，最終的には(111)面で囲まれた形状が形成される。結晶異方性エッチングに用いられるエッチング溶液としてはKOH，EDP (Echilene Diamine Pyrochatechol)，TMAH (Tetramethl Ammonium Hydroxide)などである。Siウエハが(110)の場合は図2左に示すように(111)面が基板に垂直になるので垂直な壁面の構造を製作できる。しかし垂直面は特定の方向に限られている。結晶異方性エッチングにより製作した空洞を用いた圧力センサーの構造を図3に示す[1]。圧力測定のためのダイアフラムは空洞のエッチングより先に堆積された窒化シリコン膜が用いられている。

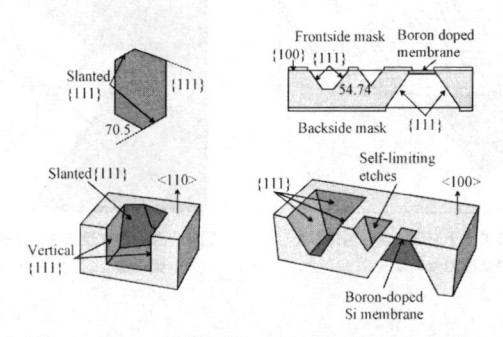

図2　シリコンの結晶異方性エッチングで形成される形状

バルクのマイクロマシニングにおいても自立薄膜を製作できる。シリコンの結晶異方性エッチングとシリコンへの不純物ドーピングを組み合わせて，ダイアフラムが製作される。例えば，ボロンを高濃度にドープしたシリコンでは，結晶異方性エッチングの速度が遅くなる。図2右に示すようにボロンを高濃度にドープしP型半導体となった表面はエッチングされないので，2,3 μm の薄膜を残すプロセスとして有効である。中央にボロンをドープしない領域を円形に残して，円形の穴を形成して流体ノズルを形成することもできる。

UV・EB硬化技術の最新動向

　マイクロマシニングでは，基板を貫通するような深いエッチングがプラズマを用いて行われているが，この場合は，通常の半導体集積回路に用いられるプラズマエッチングに対してさらに工夫が加えられている。ボッシュ法として知られているが，SF_6ガスによる等方性のシリコンエッチングと側壁の保護のためのポリマー膜の形成を利用している。SF_6ガスでプラズマを発生させエッチングを行うとイオンとともに活性なF系の中性ラジカル分子が形成され，シリコンはイオンによりエッチングも生じるが，ラジカル分子による等方性のエッチングが主要となる。この後，ガスをCF系ガスに切り替えて，プラズマを形成すると，プラズマ重合によりポリマー膜が基板表面全体に形成される。さらにSF_6ガスに入れ替えてプラズマを発生させると基板に垂直に入射するイオンにより底面のポリマー膜は分解され，底面はしばらくするとSF_6の中性ラジカルにさらされて，シリコンエッチングが発生する。このとき，エッチング側面はイオンにさらされないのでポリマーが残っており，F系中性ラジカルによりエッチングされない。SF_6とCF系ガスの入れ替えにより，エッチングと保護膜形成を繰り返すと，垂直方向にエッチングが進行し，深い溝を形成できる。図4にボッシュ法で製作したシリコンの立体構造を示す。この例ではシリコンウ

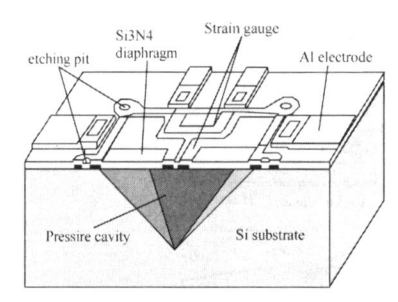

図3　結晶異方性エッチングにより製作した空洞を用いた圧力センサー

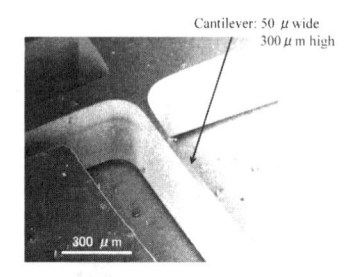

図4　深堀のプラズマエッチングで形成した梁構造

エハを貫通してエッチングすることで細い梁（Cantilever）構造を形成している。
　バルクのマイクロマシニングでは，先に述べたように，シリコンの結晶異方性エッチングや深堀のプラズマエッチングが用いられる。このようなバルクマイクロマシニングを施した基板に対して，さらに加工を行うには，非平面へのリソグラフィ加工を実現する必要がある。段差の大きい面に微細加工を行う上で問題になるのは，段差の角におけるレジストの膜切れである。立体的なサンプルに対してレジストを塗布できるレジスト噴霧法を開発し，立体加工を実現した[2,3]。
　図5はレジストの噴霧装置の概略である。図6はシリコンの結晶異方性エッチングにより製作した段差へ配線パターンを転写した結果である。段差があっても膜切れのないパターンが実現で

第4章　レジスト

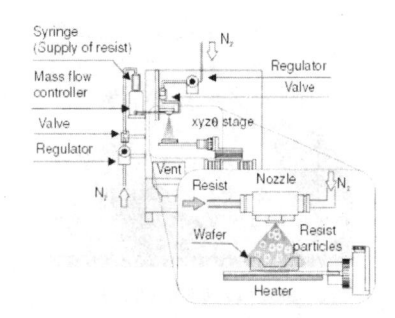

図5　レジスト噴霧装置の概略[1]

図6　段差のあるシリコン基板へのリソグラフィ加工例[3]

きている。加圧した気体とともにレジストをノズルから噴射して霧化する。レジスト粒子の平均粒径は約5μmである。試料に付着したレジスト粒子の乾燥と粒子どうしの融合による平坦化の速度が最適になるよう，試料とノズルの距離，試料の温度，試料の走査速度などを最適化した。露光には長焦点露光装置を用いている。

4.3　デバイスの例

次にSOI(Silicon On Insulator)ウエハを用いたミラーの製作について述べる。最近のマイクロミラー研究では結晶シリコンが多く用いられている。表面マイクロマシニングでは，シリコン基板の上に減圧CVD(Chemical Vapor Deposition)法で成膜した薄膜を自立させて，ミラーを構成するが，残留応力によりミラー面が完全な平面でないことが問題となる。このためバルクマイクロマシニングにより基板のシリコンからミラー面を構成する方法が現在ではよく用いられている。基板のシリコンを薄くしてミラー面を残す方法なので平面性がよい。また結晶の平坦な面が利用できる。これらの技術発展にはSOIウエハの導入による効果が大きい。

図7にSOIウエハの加工の模式図を示す。酸化シリコン膜がエッチングの停止層として利用でき，薄い結晶シリコン層をミラーとして残すことができる。また幅の狭いシリコンのパターンと幅の広いパターンを設計し，プラズマエッチングでシリコンをエッチングした後，犠牲層のSiO$_2$を適当な時間ウェットエッチングすると，狭いシリコンパターンの下のみにエッチング液が到達し，犠牲層のSiO$_2$がなくなり，自立可動構造となる。この方法で櫛型アクチュエータを容易に実現できる。ミラーの場合，反射コーティングを行っても10μm厚のミラーの曲率半径は1メートルオーダーとなり，表面マイクロマシニングのポリシリコンミラーで得られる曲率半径より一般に大きくできる。このような特性を生かして，最近ではアナログ光スイッチ用ミラーとしては，10μm〜20μm厚のシリコン単結晶層が用いられている。

281

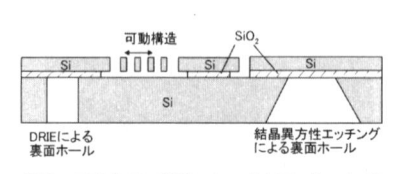

図7　SOIウエハを用いたマイクロマシニング

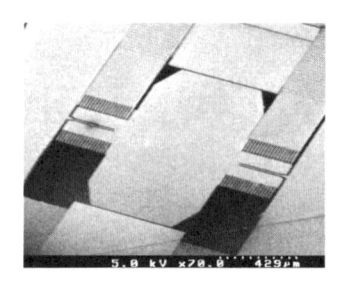

図8　SIOウエハから製作したミラー

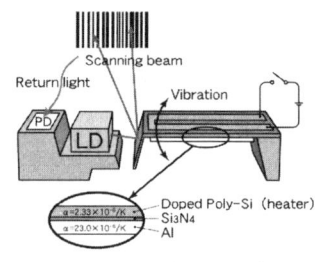

図9　マイクロ光スキャナ構造

図10　熱応力駆動カンチレバー(長さ300μm)

　図8にSOIウエハを用いて製作した1軸回転ミラーを示す。ミラー面はSIOのシリコン層から深堀エッチングにより形成している。ミラーは細いシリコン梁により支えられている。駆動には櫛型アクチュエータを用いている。固定されている櫛型電極は，折り曲げにより基板面から上にわずかに立ち上がり，垂直櫛アクチュエータを形成している。ウエハの折り曲げ角度が1.8°のとき櫛間の距離は20μm程度であった。駆動電圧が330Vで最大回転角度は9°であった。
　図9にバルクマイクロマシニングにより製作した集積型光スキャナの構造を示す[4]。半導体レーザーは異方性エッチングにより製作した台の上に接合する。レーザー光は光源を出て，カンチレバー型のアクチュエータの先端に形成されたマイクロミラーによって反射される。カンチレバーは周期的な通電加熱による熱膨張により振動させる。対象物で反射された光はウエハの上に形成されたフォトダイオードにより検出する。図9に示すように簡単な光軸で光学系を構成するため，光部品の配置が立体的になっている。このためレジストの塗布にはレジスト噴霧装置を用いた。
　熱型のアクチュエータを製作するため，異なる熱膨張係数の材料をカンチレバーの上に堆積させる。図9の例では，ポリシリコンとアルミニウムの薄膜でシリコン窒化膜を挟んで堆積する。ポリシリコンは減圧CVD法により堆積し，加熱駆動用ヒーターとして用いている。アルミニウム

の膨張係数はポリシリコンのものより1桁大きいので，温度の上昇によりカンチレバーは図9の上方向に変形する。製作した光スキャナのアクチュエータ部を図10に示す。カンチレバーの長さは300μmであるが変位は50μmに達する。

4.4 まとめ

シリコンのマイクロマシニング技術を紹介した。また，その応用として，光応用のMEMSの例を紹介した。レジスト噴霧を用いた立体的なリソグラフィ加工法も紹介した。MEMSにおいては立体構造をフォトリソグラフィにより製作するので，レジストの塗布方法と露光方法に工夫が必要になることが多く，レジストの塗布法は今後重要な実用技術になると考えられる。

文　　献

1) S. Sugiyama *et.al.*, Proc. 6th Sensor Symp., 27 (1986)
2) V. K. Singh *et.al.*, *Jpn. J. Appl. Phys.*, **44**, 2016–2020 (2005)
3) V. K. Singh *et.al.*, *J. Micromech. Microemg.*, **15**, 2339–2345 (2005)
4) M. Sasaki *et.al.*, *J. Lightwave Technol.*, **21**, 602–608 (2003)

5 半導体製造プロセス用ダイシングテープ

峯浦芳久*

5.1 はじめに

近年の携帯電話に代表されるモバイル機器における急速な小型化,軽量化,多機能化への要求は,搭載されるICチップの小型化,薄型化とICパッケージの高密度化に関する技術革新という形で,半導体製造プロセスに大きな変革をもたらしている。ICパッケージの高密度化を実現する技術としては,半導体デバイスの回路パターンの微細化や各種の三次元高密度実装方法が提案されているが[1,2],用いられるICチップの薄型化は,いずれの場合にも必須の基盤技術となる[3]。一方で1枚のウェハからICチップを効率良く生産するためにウェハ径は150mmから200mmへ,さらには300mmへと大口径化が進んでいる。このような技術動向は,半導体製造プロセスに用いられてきたダイシングテープに対しても多くの課題を要求するものであり,これまで提供してきた高い生産性と信頼性をさらに向上させる必要性と共に,これら薄型化技術に対応しうる技術開発が必要不可欠になっている。本報告では,薄型チップゆえに課せられるダイシングテープの要求性能と,その要求を満たすための最近の技術動向について紹介する。

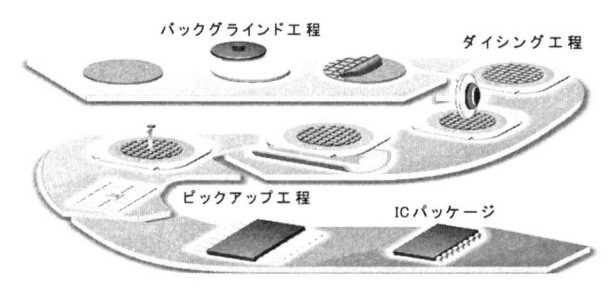

5.2 ICパッケージの生産プロセスと粘着テープ

回路パターンが形成された半導体ウェハは,図1に示すプロセスを経てICパッケージへと加工される。ウェハはまず砥石を用いて回路が形成されていない裏面から研削されるバックグラインド工程に供される。バックグラインド工程の目的は,回路パターン形成工程で裏面に形成されてしまう不要化学物質の除去,およびICパッケージに要求されるチップ厚さに仕上げることにある。

図1 ICパッケージの生産プロセス

---

* Yoshihisa Mineura　リンテック㈱　技術統括本部　研究企画部　副部長

第4章 レジスト

この際，ウェハ回路面を傷や汚染から保護するために，ウェハ裏面研削用回路保護テープ，すなわちバックグラインドテープが用いられる。要求される厚さに研削されたウェハは，バックグラインドテープが剥離され，ついで個々のICチップに分割されるダイシング工程に移る。ダイシング工程では高速回転するブレードによって半導体ウェハを分割するが，この際に半導体ウェハ及び分割されたICチップを固定しておく目的で用いられるのがダイシングテープである。ダイシングテープ上で分割されたチップは，1つずつダイシングテープからピックアップされてリードフレームへとマウントされ，最終的にエポキシ樹脂等で封止され，ICパッケージへと加工される。このように半導体ウェハの加工工程においては，異なる2種類の粘着テープ，バックグラインドテープとダイシングテープとが用いられている。

5.3 ダイシングテープ
5.3.1 紫外線硬化型ダイシングテープ

　ダイシング工程におけるウェハの固定には，古くはワックスが用いられていたが，より効率的な手法として粘着テープが使われるようになった[4]。ダイシングテープは回路が形成されたシリコンウェハを個々のチップに分割する工程のみならず，分割されたチップをピックアップしてリードフレームへマウントするダイボンディング工程まで継続して使用される。そのため一般的な再剥離型粘着剤を使ったダイシングテープでは，小チップでは粘着力が不足することでダイシング時にチップ飛散が発生し，逆に大チップでは粘着力が強すぎることによりピックアップ時に剥離不良を生じるといった不具合が発生する問題などから，現在ではチップ固定能とピックアップ能とを併せ持つ紫外線(UV)硬化型ダイシングテープの使用が主流となっている。すなわちUV硬化反応による粘着力の変化を利用し，ダイシング時にはUV照射前の高い粘着力によりチップを確実に保持し，ダイシング後，UV照射により粘着力を低下させることでチップのピックアップを容易にし，ウェハ加工工程の生産性及び信頼性を飛躍的に向上させている。UV硬化型ダイシングテープに用いられる粘着剤(UV硬化型粘着剤)の組成は，主としてアクリル酸エステル共重合体と紫外線硬化型樹脂(UV樹脂)からなり，多くの特許[5]や概説[6]が報告されている。これらUV硬化型粘着剤の多くはアクリル酸エステル共重合体とUV樹脂がブレンドされた，いわゆるブレンド型組成物であり，目的に応じて様々な粘着特性を比較的簡単に設計することができる利点を有している。しかしながら，信頼性に関する要求性能の向上にともない，ブレンド型ゆえの相分離による信頼性の低下が問題視される場合も出てきており，今日ではアクリル酸エステル共重合体に二重結合を導入した反応性ポリマーをダイシングテープに応用した事例も報告されている[7]。

5.3.2 ダイシングテープに要求される性能

　5.3.1でも述べたように，ダイシングテープに要求される基本性能はダイシング適性とピッ

クアップ適性であるが，実際の工程で用いられるダイシングテープの設計においては，最終的なICパッケージの信頼性に関わる性能についても配慮する必要がある。これら要求性能は以下のようにまとめることができる。

① ダイシング時は十分な粘着力でチップを固定できること。
② ダイシング時の高速回転ブレードによる切削抵抗に耐え，チップの位置ずれや飛散を起こさない十分な保持力を有すること。
③ ピックアップ時には一定の弱い力で容易にチップが剥離できること。
④ チップ裏面への粘着剤残渣が僅少であること。
⑤ イオン性不純物が実用範囲内であること。
⑥ テープマウンター，ダイサー，ダイボンダー等の各種装置への適応能力が高いこと。

上記のうち①と③は相反する特性である。先にも述べたように，この特性の両立によりUV硬化型粘着剤がダイシングテープに多く用いられるようになったわけであるが，同時に，UV硬化反応による粘着剤の架橋密度の向上により，ピックアップの際発生するチップ裏面への粘着剤残渣についても同時に低減できるという，半導体製造工程の要求に適した結果をもたらしている。UV硬化型ダイシングテープの一般的特性として，当社「Adwill® Dシリーズ」の代表例を表1に示す。この例のように，一般にはダイシングテープの基材の材質による力学的特性の調整やUV照射前後の粘着力の設定により，ダイシング対象となるワークの種類や使用工程への最適化を図っている。

表1 代表的なダイシングテープ

ダイシングテープ名		D-210	D-510T	D-650	D-678
用途		ガラス・セラミック用	パッケージ用	LOC用	PO基材極薄ウェハ用
基材／厚さ		PET/100μm	PO/140μm	PO/80μm	PO/80μm
粘着力 (mN/25mm)	紫外線照射前	19600	22500	2900	2600
	紫外線照射後	200	780	150	100
エキスパンド性		不可	少	少	良
適応チップサイズ		>0.5mm□	>0.5mm□	>2mm□	>2mm□
備考		強粘着タイプ	強粘着タイプ	低汚染性	PO基材チッピング・クラック対策タイプ

PET：ポリエチレンテレフタレート，PO：ポリオレフィン

第4章　レジスト

5.3.3　薄型ウェハ用ダイシングテープ

　薄型ウェハでは，ダイシング時に発生するチップの欠け（チッピング）や亀裂（クラック）といった欠点によるチップ強度の低下が顕著になり，結果として半導体パッケージの信頼性に著しい影響を与えるようになる[8]。チッピングやクラックの発生は，ダイシング中に高速回転するブレードにより切断中のチップが振動してしまうことが主な原因と考えられており，これらの解決にはダイシング条件の最適化が重要となる。ダイシングテープ側からのアプローチとしてはダイシング中のチップの振動が抑制されるような設計が必要となり，具体的には粘着力および保持力が高いこと，さらにダイシング時の粘着剤弾性率が高いことが要求される。図2に紫外線照射前粘着剤弾性率と$20\mu m$以上のチッピング発生数の関係を示す。弾性率の上昇とともにチッピング発生数が減少することが確認でき，粘着剤弾性率がダイシング時のチッピングの発生に大きな影響を与えることが分かるが，実用性を考えた場合，例えば弾性率の上昇は同時に粘着剤の投錨性（フロー性）を低下させてしまうため，ウェハ裏面状態を考慮するなどの総合的な検討が必要となる。さら

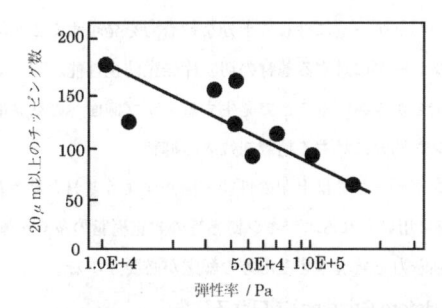

図2　紫外線照射前弾性率とチッピング発生数との関係
ウェハサイズ6インチ，チップサイズ$1\ mm^\square$，測定温度80℃
ブレード27HECC　30,000rpm，100mm/sec

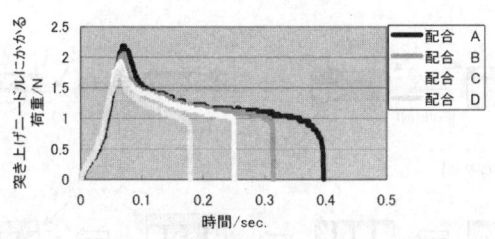

図3　ピックアップ時の時間と突き上げニードル荷重の関係
チップサイズ10mm×10mm
突き上げニードル数＝4本

に薄型化されたウェハではダイシングされた後のチップが非常に脆弱であり，破損なくピックアップするためにはピックアップ時の剥離力をできるだけ低減させて，チップに与えるダメージを抑制することが重要である。ピックアップ工程によってチップがダイシングテープから剥離されるまでの時間と突き上げニードルに加わる力(ピックアップ力)の関係を調べた結果を図3に示す。突き上げ初期は時間の経過とともに突き上げニードルに加わる力が上昇する。これは突き上げニードルによってダイシングテープが変形されていることを示す。突き上げニードルに加わる力が最大値を示す点がチップの剥離開始点であり，急激に低下する点が剥離終了点である。このような測定結果を用い，基材フィルムの材質や粘着剤の化学組成を変化させてピックアップ力の低減，およびチップが剥離するまでに要する時間を検討し，脆弱なチップへの対応を図っている。

5.3.4 パッケージ用ダイシングテープ

エポキシ樹脂等で封止されたBGAやQFNなどのICパッケージを個片化するためのパッケージダイシングテープには，シリコンウェハ用のダイシングテープへの基本性能に加え，以下の性能が必要となる。

① 表面粗さの大きいパッケージに対して十分な粘着力を発現すること。
② 厚いダイシングブレードに対する基材の切断片発生防止性能。
③ ブレードが粘着剤をかきあげることで発生するチップ側面への粘着剤残渣の抑制。
④ レーザーマーキング部分に対する粘着剤残渣の抑制。

パッケージ用ダイシングテープでは上記の性能を満たすよう基材と粘着剤を最適化する必要があるが，特にパッケージに用いられるエポキシ樹脂等の封止樹脂の多くが離型剤を含むことから，ダイシング時に十分な粘着力を発現させるための配慮が必要となる。

5.3.5 DBG(Dicing Before Grinding)プロセス[9, 10]

ここでは，ダイシングテープそのものについてではないが，ウェハの薄型化に対応する特殊な

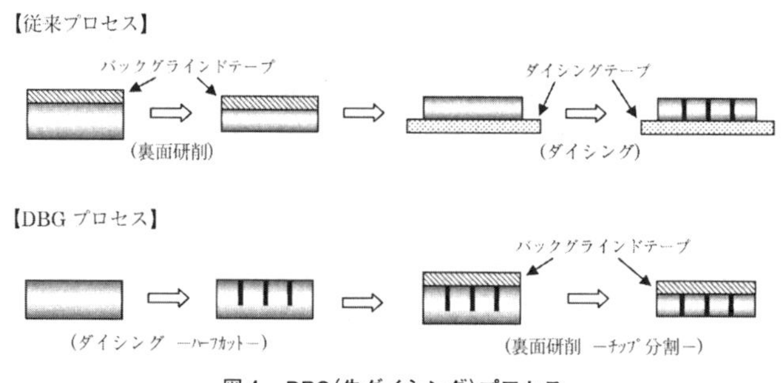

図4 DBG(先ダイシング)プロセス

プロセスについて紹介する。DBGプロセスは図4に示すような従来の半導体生産プロセスとは異なる工程をとる。先ダイシングプロセスとも呼ばれるこの方法では最初にダイシングブレードによってウェハ回路面側から目標チップ厚さより幾分深くハーフカットする。その後ハーフカットされたウェハ回路面にバックグラインドテープを貼付，ついで裏面からの研削によりウェハを薄く加工していくことで，ウェハが個々のチップに分割される。バックグラインドテープ上で分割されたウェハはリングフレームとともに研削面側からピックアップ用のテープ（ダイシングテープでの代用可）にマウントされ，個々のチップが研削面側から固定された状態でバックグラインドテープが剥離される。このDBGプロセスの最大の特徴はウェハを大口径のまま薄型研削しないことであり，ウェハ破損の危険性を最大限に回避できる。また裏面研削によってチップを分割するため，ダイシング時のチッピングを心配する必要がなく，通常の薄型研削した後にダイシングする場合と比較して，抗折強度の高い薄型チップを得ることができる（写真1）。

写真1　チップ裏面比較

5.4　半導体製造プロセス用粘接着テープ
5.4.1　ダイシング・ダイボンディングテープ
従来の半導体製造工程では，ダイシングされたチップをリードフレームに固定するためにはペースト状の液状接着剤が用いられてきた。液状接着剤は，常温でかつ高速で仮固定可能な接着材料であり，熱硬化後の接合信頼性も高い。しかしながら，チップの薄型化やそれらを用いた積層パッケージにおいては，チップ端部からの接着剤のはみ出し，チップ側面からのまき上がり，低分子量成分のブリードアウト，チップの傾きといったような様々な不具合が発生する（図5）。

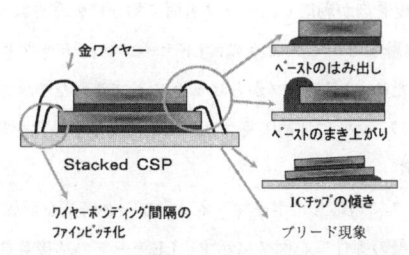

図5　ペースト状接着剤に関わる不具合・不良原因

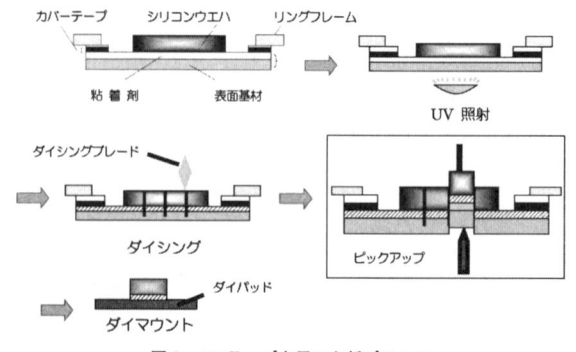

図6 LEテープを用いた新プロセス

これらの不具合を解決する手段として薄型チップではペースト剤の代わりに接着シートを用いるケースが増えてきている[11]。一般的な接着シートは常温域では粘着性を発現しないため，研削後のウェハ裏面に貼付するにはウェハを100℃以上で数分間加熱する必要がある。接着性シートが貼付されたウェハはついでダイシングテープに貼付され，ダイシング後この接着シートによりICチップをリードフレームに固定する。この接着シートに対し，当社からはダイシングテープとボンディング剤の機能を併せ持つダイシング・ダイボンディングテープ「Adwill® LEテープ」を上市している[12]。一般的な接着性シートを用いた場合には，上述の通りウェハへの加熱貼付工程，ダイシングテープマウント工程の2工程を必要とするプロセスが，LEテープでは1工程に削減される。従って特に薄型研削されたウェハのテープ貼付に起因した破損機会を低減していると共に，LEテープは常温での貼付が可能な設計であるため，バックグラインドテープが貼付された状態でLEテープがマウントされる場合でも，バックグラインドテープに耐熱性を必要としない。LEテープを用いたプロセスを図6に示す。ダイシングテープとして貼付されたLEテープは，ダイシングにより個々のチップとともに粘接着剤層をチップと同サイズに切断分割され，ピックアップ時にテープ基材から粘接着剤が剥離し，チップ裏面に均一に転写されリードフレームに固定するための接着剤として作用する。このように，LEテープではチップと同サイズの粘接着剤がチップ裏面に設けられるため，LEテープからピックアップされたチップは，そのままリードフレームや基板(あるいはICチップ)に加熱圧着され，加熱による本硬化を経て接合が完了する。

5.4.2 LEテープの特徴

LEテープは製造プロセスに適応したポリマーネットワーク構造を形成することを特徴とする。各工程における粘接着剤層の弾性率を図7に示す。LEテープの粘接着剤は常温下で1MPa程度の弾性率に設計されておりダイシングテープと同様にウェハに対して容易な貼付性を発現する。

第 4 章　レジスト

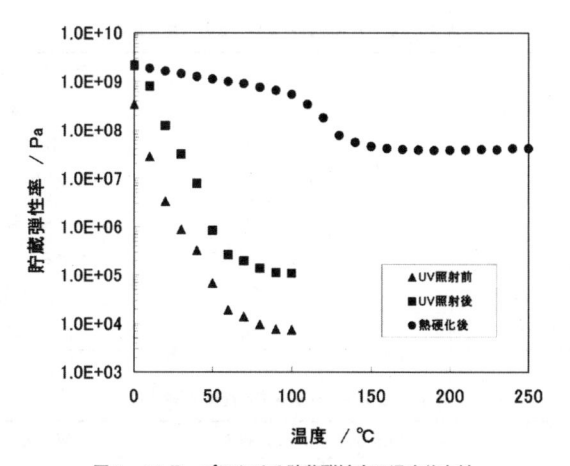

図7　LE テープにおける貯蔵弾性率の温度依存性
硬化条件：160℃ × 60 分間
UV 照射（光量）：190mJ/cm^2

　その後，UV照射により弾性率は10MPaに上昇し，ダイシング工程でのチッピングを抑制し，チップずれを防止する。さらにピックアップ時には粘接着剤層がチップ裏面を保護するためチップに加わる負荷を軽減し，チップ破損を抑制している。続くダイボンディング工程では100℃に加熱されることで弾性率は0.1MPaへと低下し，基板およびチップに対する濡れ性が増大する。LEテープの粘接着剤は100℃以上でも弾性率の低下が僅かであり，粘接着剤がチップ側面からブリードすることなくダイボンディングすることが可能となる。これらの特性により，例えば，LEテープを使用することで，ペースト工法では困難であった薄型チップの積層が可能となる。LEテープの粘接着剤はダイボンディング後の加熱硬化により接着剤へと変化し強固な接着性を発現する。加熱硬化後は180℃以上の高温下においても貯蔵弾性率は10MPaを有しその低下が見られないことから，ワイヤーボンディング，モールド工程，ハンダボール形成といった耐熱性が要求されるプロセスにおいても良好なプロセス適性を実現している。表2にペースト状接着剤を用いたプロセスとLEテープを用いたプロセスの比較を示し，当社汎用グレードであるLE5000，高接着タイプのLE5003のプロセス適性および接着物性を表3，表4に示す。

5.5　おわりに

　本報告ではウェハの薄型化，半導体パッケージの高密度化に対応するダイシングテープの開発状況とそれを使ったプロセスに関して紹介してきた。もちろん，半導体製造工程における更なる

表2 LEテープ方式と従来方式との主な比較

項 目		LEテープ方式	ディスペンサー方式
ボンディング剤の必要性		不要	要
保管条件		室温	冷凍・冷蔵
接着剤の塗布状態		均一・全面接着	稀に不均一・部分接着
接着剤量の制御		不要	要
ダイボンディング条件	方法	ダイレクトボンディング	ディスペンサー方式
	加熱	要	不要
硬化時の接着剤のブリード		なし	あり

表3 LEテープシリーズ特性値1(硬化前)

		LE5000	LE5003	備 考
厚み (μm)	基材	100	100	
	接着剤	20	20	
ダイシング性		チップ飛びなし	チップ飛びなし	使用ウェハ:6 inch, 350μm厚 #2000研磨 チップサイズ:2 mm□
ピックアップ力 (N/10mm□)		2.4	4.1	使用ウェハ:同上 8 mm引き落とし(CPS unit) 基材に15μm切り込み

表4 LEテープシリーズ特性値2(硬化後)

		LE5000	LE5003	備 考
熱時せん断強度 (N/2 mm□)	常態	7.4	10.8	熱時条件:250℃ × 30秒
	湿熱後	6.9	9.5	湿熱条件:85℃, 85%RH × 168時間
剥離強度 (N/10mm□)	常態	7.8	8.1	湿熱条件
	湿熱後	4.4	4.1	:85℃, 85%RH × 168時間
溶出イオン濃度 (ppm)	Na^+	0.7	0.4	抽出条件
	NH_4^+	12.4	9.3	:サンプル1 g/純水20ml
	Cl^-	8.7	7.5	121℃ × 24時間
ガラス転移温度:Tg(℃)		128	172	粘弾性測定でのTanδのピーク値
吸水率(%)		2.2〜2.6	1.5〜1.8	85℃, 85%RH × 168時間

* 硬化条件:160℃×60分間 ボンディング条件:100℃, 100g/チップ
  常態:加熱硬化後, 23℃で測定   湿熱後:湿熱条件後, 23℃で測定

第 4 章　レジスト

　高性能化やコストダウンといった課題は，今なおダイシングテープに新たな課題解決を迫っており，その製造環境や品質管理といった周辺技術についても，ダイシング・ダイボンディングテープのように，半導体製品に組み込まれる直接材料としての位置づけから，半導体製造工程と同等のものが求められるようになってきている。一般には，成熟製品の感のあるダイシングテープではあるが，その実態は，今なお半導体製造工程の絶え間ない技術開発に連動しながら，半導体製造の一端を担う材料として進化し続ける先端製品なのである。

文　　献

1) 木村雅秀，高橋健太郎，日経マイクロデバイス，**176**(2)，42(2000)
2) 朝倉博史，日経マイクロデバイス，**182**(8)，189(2000)
3) 妹尾秀男，高橋和弘，杉野貴志，電子材料，**40**(7)，42-46(2001)
4) DISCO TECHNICAL BULLETIN, Sep. 26(1978)
5) 特許第1712427号，特許第1603517号，特許第1638457号
6) 妹尾秀男，小宮山幹夫，峯浦芳久，電子材料，**34**(8)，59(1995)
7) 江部和義，永元公市，接着の技術，**21**(3)，28-34(2001)
8) 田久真也，ウェハ裏面研磨の新たな挑戦PartⅡ予稿集，p.12(2004.10.半導体産業新聞主催)
9) 高橋健司，日経マイクロデバイス，No.170，48-49(1999.8)
10) 高橋健司，電子材料，**40**(7)，18-22(2001.7)
11) 山之内良助，木村公一，コンバーテック，**30**(11)，52-56(2002)
12) 江部和義，佐藤明徳，接着，**46**(5)，25-30(2002)

＜ラドテック研究会のご案内＞

＜発足の趣意書＞

　最近UVおよびEBによる表面処理加工の研究，工業プロセスの開発は目覚ましく，付加価値の高い工業製品を得る工業技術として極めて注目されている。しかし，この加工技術は，1）反応性モノマー，プレポリマー，溶剤，各種添加剤など，原料を中心にした化学とフォーミュレーションの技術，2）照射するための線源UVランプ，EB加速器および遮蔽など照射施設の設計，建設，管理などを総合した線源工学および，3）実際の加工プロセス（例えば紙加工，印刷，接着，コーティング，ラミネーション，プリント配線基板や，磁気テープの製造など）の主として3者を総合した技術より成り立っていると考えてよい。従ってこの技術の開発確立には違った分野の間での緊密な情報交換，相互理解，協力研究が，開発，パイロット，最終プラントの完成の各段階で極めて重要である。

　典型的な境界領域における技術開発の例といえる。ところが従来は，これらの異なった分野間の交流は必ずしもよくなく，技術開発の面で障害になっていたように思われる。

　そこで今回（1986年10月）日本で最初の国際会議 RADCURE ASIA '86 が開催されるのを契機に，我国におけるこの分野の関連企業，官，学会関係者の参加によって，表記研究会を結成（発足）して大いに研究を推進し，新技術の開発を促進することに寄与したい。

1986年8月

＜会　則＞

1. 本会は，UV・EB表面処理・加工に関連した技術の開発と確立を促進することを目的とし，国際的連携と会員間の情報交換・相互理解を深め，関連した分野における調査・研究活動を行うものである。
2. 本会は，法人会員および個人会員をもって構成し，会員である法人および個人より年会費，および入会金を徴収し，運営に充てるものとする。但し，原則として民間企業からの会員は法人会員とし，大学，国公立研究機関からの会員は個人会員とする。
3. 研究会会長（1名）および研究会幹事若干名からなる幹事会を置く。会長は本会の活動を主導し，幹事会はこれを補佐するものとする。

<ラドテック研究会のご案内>

4．会長は会員の互選によって選出し，幹事は会長が任命するものとする。
5．本会は，必要に応じて名誉会長および若干名の評議員を置くことができる。名誉会長は，会員の互選によって選出し，任期は2年とする。評議員は，会長によって任命され，本会の活動に対して意見を具申することができる。
6．事務局は会員間の連絡および会運営の事務を行う。
7．監事(2名)を置き，監事は本会の経理を監査し，会員にその結果を報告する。監事は任期2年とし，会員互選により選出する。
8．本会会則の改廃は会員の総意に基づいて行うものとする。
＊会則2に関する付則
　1）法人会員は1口2名まで参加することができる。
　2）年会費および入会費は会員の承諾を得て，決定する。

<運営に関する申し合わせ>

1．研究会活動
・10月1日から翌年9月30日までを1活動年度とする。
・年数回(隔月程度)研究会(主として講演会・講習会)または見学会等を開催する。
・文献調査，購読，翻訳等を行う際には，作業グループを募る。
・ニュースレターを発行する。
・活動報告書を作成する。
・2年～4年に1回程度研究会発表会(国際会議・技術情報交換を含む)を主催または共催する。

2．ラドテック・アジア機構(RadTech Asia Organization)との関係
・本会は，ラドテック・アジア機構に参加する日本代表組織である。
・本会は，幹事1名をラドテック・アジア機構の日本代表委員として選出し，同機構の活動に参画させる。
・ラドテック・アジア機構の事務局は，当分の間，本会事務局内に置く。
・ラドテック・アジア機構の事務局の運営に係る費用(国内事務費，参加国との通信等)は当分の間本会が負担する。

3．経費
・個人，法人より会費を徴収し，運営経費に充てる。

	入会金	年会費
法人会員(民間)	3万円	9万円
個人会員(官学)	—	1万円

＊法人は1口につき2名まで出席可能とし，2名を超えて参加する場合には1名に付き1万円とする。

4．会長，幹事および監事
・重任を妨げないが，なるべく多くの会員の意向を研究活動に反映させるために，原則として適当な割合で交代することとする。

5．事務局
・本会の事務局は，当分の間，現在地に置く。

・申込書送付先

〒169-0075

東京都新宿区高田馬場4-40-13　双秀ビル401号

ラドテック研究会事務局

TEL：03-3360-0135　　FAX：03-3360-2270

E-mail：webmaster@radtechjapan.org

・振込先　　銀行名：みずほ銀行　高田馬場支店

　　　　　　口座名：ラドテック研究会

　　　　　　預金種目：普通

　　　　　　口座番号：1763829

＜今までの主な活動＞

1986年 8月	UV・EB表面加工研究会発足
10月	CRCA '86（紫外線・電子硬化技術国際会議）（東京）共催
	Satellite Meeting（第1回講演会）（東京）
1987年	2月・4月・7月・9月・11月　第2～6回講演会
5月	RadCure Europe '87（ミュンヘン）へ調査団派遣
11月	年報No.1発行
1988年	1月・3月・5月・10月・12月　第7～12回講演会
1月	UV・EB Curing 勉強会発足（1990年2月まで13回実施）
4月	RadTech（旧RadCure）North America '88（ニューオリンズ）へ調査団派遣

<ラドテック研究会のご案内>

	10月	CRCA '88（東京）共催
		Satellite Meeting（第11回講演会）（京都）
	12月	ラドテック研究会（RadTech Japan）と改称　年報No.2発行
1989年		2月・5月・9月・11月　第13～16回講演会
	4月	UV & EB展示会共催，シー・エヌ・ティ主催
	9月	「UV・EB硬化技術の応用と市場」編集　シーエムシー出版発行
	10月	RadTech Europe '89（フローレンス）へ調査団派遣
1990年		2月・4月・7月・9月・11月　第17～21回講演会
	2月	ラドテック勉強会（第1次）発足（1991年11月まで11回実施）　年報No.3発行
	3月	RadTech North America '90（シカゴ）へ調査団派遣
	4月	RadTech Japan Show（旧UV & EB展示会）共催，シー・エヌ・ティ主催
	9月	年会費改訂　入門講座開催・Newsletter発行決定
1991年		2月・4月・7月・9月・11月　第22～26回講演会
		1月・4月・7月・11月　Newsletter No.1～4発行
	1月	年報No.4発行
	4月	RadTech Asia '91（紫外線・電子線硬化技術国際会議）（大阪）主催
		Satellite Meeting（第23回講演会）（東京）
	6月	第1回入門講座（大阪）
	11月	RadTech Europe '91（エジンバラ）へ調査団派遣　年報No.5発行
1992年		2月・4月・7月・9月・11月　第27～31回講演会
		1月・4月・7月・10月　Newsletter No.5～8発行
	2月	ラドテック勉強会（第2次）発足
	4月	RadTech Japan Show共催，シー・エヌ・ティ主催
	4月	RadTech North America '92（ボストン）へ調査団派遣
	6月	第2回入門講座（東京）
	12月	「UV・EB硬化材料」編集　シーエムシー出版発行
1993年		2月・4月・7月・9月・11月　第32～36回講演会
		1月・4月・7月・10月　Newsletter No.9～12発行
	1月	年報No.6発行
	4月	RadTech Europe '93（イタリア）へ調査団派遣
	7月	第3回入門講座（大阪）
	11月	RadTech Asia '93（幕張メッセ）主催

	Satellite Meeting（第36回講演会）（京都）
1994年	2月・4月・7月・9月・11月　第37～41回講演会
	1月・4月・7月・10月　Newsletter No.13～16発行
	2月・4月・6月・7月　勉強会
2月	年報（Annual Report）No.7 発行
6月	第4回入門講座（東京）
1995年	2月・4月・6月・9月・11月　第42～46回講演会
	1月・4月・7月・10月　Newsletter No.17～20発行
	1月・3月・5月・7月・9月・11月　勉強会
2月	年報（Annual Report）No.8 発行
6月	第5回入門講座（大阪）
11月	RadTech Asia '95（中国）へ調査団派遣
1996年	2月・4月・7月・9月・11月　第47～51回講演会
	1月・4月・7月・11月　Newsletter No.21～24発行
	2月・4月・7月　勉強会
3月	年報（Annual Report）No.9 発行
6月	第6回入門講座（東京）
1997年	2月・4月・6月・9月・11月　第52～56回講演会
	1月・4月・7月・10月　Newsletter No.25～28発行
	2月・5月・7月・10月・12月　勉強会
3月	年報（Annual Report）No.10発行
3月	「新UV・EB硬化技術と応用展開」編集　シーエムシー出版発行
7月	第7回入門講座（大阪）
9月	創立10周年記念講演会（第55回講演会）（東京）
11月	RadTech Asia '97（パシフィコ横浜）主催
	Satellite Meeting（第56回講演会）（東京）
1998年	2月・4月・7月・9月・12月　第57～61回講演会
	1月・4月・7月・10月　Newsletter No.29～32発行
	5月・7月・9月・12月　勉強会
3月	年報（Annual Report）No.11発行
6月	第8回UV/EB表面加工入門講座（東京）
9月	会則，運営に関する申し合わせを一部改訂追加

<ラドテック研究会のご案内>

1999年		2月・4月・7月・9月・12月　第62～66回講演会
		1月・4月・7月・11月　Newsletter No.33～36発行
	3月	勉強会
	3月	年報（Annual Report）No.12発行
	6月	第9回UV/EB表面加工入門講座（大阪）
2000年		2月・4月・7月・9月　第67～70回講演会
		1月・4月・7月・10月　Newsletter No.37～40発行
		4月・7月　勉強会
	3月	年報（Annual Report）No.13発行
	6月	第10回UV/EB表面加工入門講座（東京）
	11月	RadTech Japan 2000 Symposium（東工大長津田キャンパス）主催
2001年		2月・4月・7月・9月・11月　第71～75回講演会
		1月・4月・7月・11月　Newsletter No.41～44発行
	1月	年報（Annual Report）No.14発行
	4月	RadTech Asia Organization Newsletter No.1発行
	5月	RadTech Asia 2001（中国）へ調査団派遣
	6月	第11回UV/EB表面加工入門講座（大阪）
	8月	ラドテック研究会ホームページスタート
	9月	RadTech Asia Organization ホームページスタート
2002年		2月・4月・7月・9月・11月　第76～80回講演会
		2月・4月・7月・11月　Newsletter No.45～48発行
		7月・9月　勉強会
	1月	年報（Annual Report）No.15発行
	6月	第12回UV/EB表面加工入門講座（大阪）
	6月	第13回UV/EB表面加工入門講座（東京）
	12月	「UV・EB硬化技術の現状と展望」編集　シーエムシー出版発行
2003年		2月・4月・7月・9月・10月　第81～85回講演会
		2月・5月・8月・11月　Newsletter No.49～51（5月特別号発行）
	1月	年報（Annual Report）No.16発行
	7月	第14回UV/EB表面加工入門講座（大阪）
	8月	第15回UV/EB表面加工入門講座（東京）
	12月	RadTech Asia '03（パシフィコ横浜）主催

UV・EB硬化技術の最新動向

2004年		2月・4月・7月・9月・11月　第86〜90回講演会
		2月・5月・8月・11月　NewsLetter　No.52〜55発行
		6月・8月・10月・12月　勉強会
	1月	年報(Annual Report)No.17発行
	7月	第16回UV/EB表面加工入門講座(大阪)
	7月	第17回UV/EB表面加工入門講座(東京)
2005年		2月・4月・7月・9月・11月　第91〜95回講演会
		2月・5月・8月・11月　NewsLetter　No.56〜59発行
		2月・6月・7月・9月・11月　勉強会
	1月	年報(Annual Report)No.18発行
	5月	RadTech Asia 2005(中国・上海)へ調査団及び幹事(招待講演)派遣
	7月	第18回UV/EB表面加工入門講座(大阪)
	7月	第19回UV/EB表面加工入門講座(東京)
	11月	年報(Annual Report)No.19発行
2006年		2月・4月・6月・9月　第96〜99回講演会
		2月・5月・8月・11月　NewsLetter　No.60〜63発行
		1月・6月・8月・9月・11月　勉強会
	2月	ASTEC2006国際先端表面技術展・会議協賛(東京)
	3月	「UV・EB 硬化技術の最新動向」編集　シーエムシー出版発行
	4月	RadTech N・A 2006(アメリカ・シカゴ)招待講演(ジャパンセッション)幹事派遣
	7月	第20回UV/EB表面加工入門講座(大阪)
	7月	第21回UV/EB表面加工入門講座(東京)
	11月	ラドテック研究会20周年記念講演会及び記念パーティー(東京)
	11月	年報(Annual Report)No.20発行
2007年		2月・4月・6月・9月・11月　第101〜105回講演会
		2月・5月・8月・11月　NewsLetter　No.64〜67発行
		9月　NewsLetter International Edition　No.1 発行
		1月・6月・8月・10月・11月　勉強会
	2月	ASTEC2007国際先端表面技術展・会議協賛(東京)
	9月	RadTech Asia 2007(マレーシア・クアンタン)へ幹事派遣
	9月	運営に関する申し合わせ(3．経費)を改定
		個人会員年会費1万円　　法人会員年会費9万円

＜ラドテック研究所のご案内＞

	7月	第22回UV/EB表面加工入門講座（大阪）
	7月	第23回UV/EB表面加工入門講座（東京）
	11月	RadTech Europe 2007（オーストリア・ウィーン）へ幹事派遣
	11月	RadTech Asia 2009　第1回組織委員会開催（東京）
	11月	年報（Annual Report）No.21発行
2008年		2月・4月・6月・9月・11月　第106～110回講演会
		2月・5月・8月・11月　NewsLetter　No.68～71発行
		3月・10月　NewsLetter International Edition　No.2～3発行
		1月・6月・7月・9月・11月　勉強会
	2月	RadTech Asia 2009　第1回実行委員会開催（東京）
	2月	ASTEC2008国際先端表面技術展・会議協賛（東京）
	4月	RadTech Asia 2008（中国・杭州）へ幹事派遣
	5月	RadTech UV&EB Technology Expo & Conference 2008（アメリカ・シカゴ）招待講演（ジャパンセッション）幹事派遣
	7月	第24回UV/EB表面加工入門講座（大阪）
	7月	第25回UV/EB表面加工入門講座（東京）
	11月	年報（Annual Report）No.22発行

《CMC テクニカルライブラリー》発行にあたって

弊社は、1961年創立以来、多くの技術レポートを発行してまいりました。これらの多くは、その時代の最先端情報を企業や研究機関などの法人に提供することを目的としたもので、価格も一般の理工書に比べて遙かに高価なものでした。

一方、ある時代に最先端であった技術も、実用化され、応用展開されるにあたって普及期、成熟期を迎えていきます。ところが、最先端の時代に一流の研究者によって書かれたレポートの内容は、時代を経ても当該技術を学ぶ技術書、理工書としていささかも遜色のないことを、多くの方々から指摘されています。

弊社では過去に発行した技術レポートを個人向けの廉価な普及版《CMC テクニカルライブラリー》として発行することとしました。このシリーズが、21世紀の科学技術の発展にいささかでも貢献できれば幸いです。

2000年12月

株式会社　シーエムシー出版

UV・EB 硬化技術Ⅴ　　　　(B0969)

2006年 3月31日　初　版　第1刷発行
2011年 7月 6日　普及版　第1刷発行

監　修　上田　　充　　　　　　　　　　Printed in Japan
編　集　ラドテック研究会
発行者　辻　　賢司
発行所　株式会社　シーエムシー出版
　　　　東京都千代田区内神田1-13-1
　　　　電話03 (3293) 2061
　　　　http://www.cmcbooks.co.jp/

〔印刷　日本ハイコム株式会社〕　　　　　　　　© M. Ueda, 2011

定価はカバーに表示してあります。
落丁・乱丁本はお取替えいたします。

ISBN978-4-7813-0343-7 C3043 ¥5000E

本書の内容の一部あるいは全部を無断で複写（コピー）することは、法律で認められた場合を除き、著作者および出版社の権利の侵害になります。

CMCテクニカルライブラリー のご案内

電力貯蔵の技術と開発動向
監修／伊瀬敏史／田中祀捷
ISBN978-4-7813-0309-3　　　　B956
A5判・216頁　本体3,200円＋税（〒380円）
初版2006年2月　普及版2011年3月

構成および内容：開発動向／市場展望（自然エネルギーの導入と電力貯蔵　他）／ナトリウム硫黄電池／レドックスフロー電池／シール鉛蓄電池／リチウムイオン電池／電気二重層キャパシタ／フライホイール／超伝導コイル（SMES の原理　他）／パワーエレクトロニクス技術（二次電池電力貯蔵／超伝導電力貯蔵／フライホイール電力貯蔵　他）
執筆者：大和田野　芳郎／諸住　哲／中林　喬　他10名

導電性ナノフィラーの開発技術と応用
監修／小林征男
ISBN978-4-7813-0308-6　　　　B955
A5判・311頁　本体4,600円＋税（〒380円）
初版2005年12月　普及版2011年3月

構成および内容：【序論】開発動向と将来展望／導電性コンポジットの導電機構【導電性フィラーと応用】カーボンブラック／金属系フィラー／金属酸化物系／ピッチ系炭素繊維【導電性ナノ材料】金属ナノ粒子／カーボンナノチューブ／フラーレン　他【応用製品】無機透明導電膜／有機透明導電膜／導電性接着剤／帯電防止剤　他
執筆者：金子郁夫／金子　核／住田雅夫　他23名

電子部材用途におけるエポキシ樹脂
監修／越智光一／沼田俊一
ISBN978-4-7813-0307-9　　　　B954
A5判・290頁　本体4,400円＋税（〒380円）
初版2006年1月　普及版2011年3月

構成および内容：【エポキシ樹脂と副資材】エポキシ樹脂（ノボラック型／ビフェニル型　他）／硬化剤（フェノール系／酸無水物類　他）／添加剤（フィラー／難燃剤　他）【配合物の機能化】力学的機能（高強靱化／低応力化）／熱的機能【環境対応】リサイクル／健康障害と環境管理／用途と要求物性／機能性封止材／実装材料／PWB基板材料
執筆者：押見克彦／村田保幸／梶　正史　他36名

ナノインプリント技術および装置の開発
監修／松井真二／古室昌徳
ISBN978-4-7813-0302-4　　　　B952
A5判・213頁　本体3,200円＋税（〒380円）
初版2005年8月　普及版2011年2月

構成および内容：転写方式（熱ナノインプリント／室温ナノインプリント／光ナノインプリント／ソフトリソグラフィ／直接ナノプリント／ナノ電極リソグラフィ　他）装置と関連部材（装置／モールド／離型剤／感光樹脂）デバイス応用（電子・磁気・光学デバイス／光デバイス／バイオデバイス／マイクロ流体デバイス　他）
執筆者：平井義彦／廣島　洋／横尾　篤　他15名

有機結晶材料の基礎と応用
監修／中西八郎
ISBN978-4-7813-0301-7　　　　B951
A5判・301頁　本体4,600円＋税（〒380円）
初版2005年12月　普及版2011年2月

構成および内容：【構造解析編】X線解析／電子顕微鏡／プローブ顕微鏡／構造予測　他【キラル結晶／分子間相互作用／包接結晶　他【基礎技術編】バルク結晶成長／有機薄膜結晶成長／ナノ結晶成長／結晶の加工　他【応用編】フォトクロミック材料／顔料結晶／非線形光学結晶／磁性結晶／分子素子／有機固体レーザ　他
執筆者：大橋裕二／稲草秀於／八瀬清志　他33名

環境保全のための分析・測定技術
監修／酒井忠雄／小熊幸一／本水昌二
ISBN978-4-7813-0298-0　　　　B950
A5判・315頁　本体4,800円＋税（〒380円）
初版2005年6月　普及版2011年1月

構成および内容：【総論】環境汚染と公定分析法／測定規格の国際標準／欧州規制と分析法【試料の取り扱い】試料の採取／試料の前処理【機器分析】原理・構成・特徴／環境計測のための自動計測法／データ解析のための技術【新しい技術・装置】オンライン前処理デバイス／誘導体化法／オンラインおよびオンサイトモニタリングシステム　他
執筆者：野々村　誠／中村　進／恩田宜彦　他22名

ヨウ素化合物の機能と応用展開
監修／横山正孝
ISBN978-4-7813-0297-3　　　　B949
A5判・266頁　本体4,000円＋税（〒380円）
初版2005年10月　普及版2011年1月

構成および内容：ヨウ素とヨウ素化合物（製造とリサイクル／化学反応　他）／超原子価ヨウ素化合物／分析／材料（ガラス／アルミニウム）／ヨウ素と光（レーザー／偏光板　他）／ヨウ素とエレクトロニクス（有機伝導体／太陽電池　他）／ヨウ素と医薬品／ヨウ素と生物（甲状腺ホルモン／ヨウ素サイクルとバクテリア）／応用
執筆者：村松康行／佐久間　昭／東郷秀雄　他24名

きのこの生理活性と機能性の研究
監修／河岸洋和
ISBN978-4-7813-0296-6　　　　B948
A5判・286頁　本体4,400円＋税（〒380円）
初版2005年10月　普及版2011年1月

構成および内容：【基礎編】種類と利用状況／きのこの持つ機能／安全性（毒きのこ）／きのこの可能性／育毛技術　他【素材編】カワリハラタケ／エノキタケ／エリンギ／カバノアナタケ／シイタケ／ブナシメジ／ハタケシメジ／ハナビラタケ／ブクリョク／ブナハリタケ／マイタケ／マツタケ／メシマコブ／霊芝／ナメコ／冬虫夏草　他
執筆者：関谷　敦／江口文陽／石原光朗　他20名

※ 書籍をご購入の際は、最寄りの書店にご注文いただくか、㈱シーエムシー出版のホームページ（http://www.cmcbooks.co.jp/）にてお申し込み下さい。

CMCテクニカルライブラリーのご案内

水素エネルギー技術の展開
監修／秋葉悦男
ISBN978-4-7813-0287-4　　B947
A5判・239頁　本体3,600円+税（〒380円）
初版2005年4月　普及版2010年12月

構成および内容：水素製造技術（炭化水素からの水素製造技術／水の光分解／バイオマスからの水素製造 他）／水素貯蔵技術（高圧水素／液体水素／水素貯蔵材料（合金系材料／無機系材料／炭素系材料 他）／インフラストラクチャー（水素ステーション／安全技術／国際標準）／燃料電池（自動車用燃料電池開発／家庭用燃料電池 他）
執筆者：安田 勇／寺村謙太郎／堂免一成 他23名

ユビキタス・バイオセンシングによる健康医療科学
監修／三林浩二
ISBN978-4-7813-0286-7　　B946
A5判・291頁　本体4,400円+税（〒380円）
初版2006年1月　普及版2010年12月

構成および内容：【第1編】ウエアラブルメディカルセンサ／マイクロ加工技術／触覚センサによる触診検査の自動化 他【第2編】健康診断／自動採血システム／モーションキャプチャーシステム 他【第3編】画像によるドライバ状態モニタリング／高感度匂いセンサ 他【第4編】セキュリティシステム／ストレスチェッカー
執筆者：工藤寛之／鈴木正康／菊池良浩 他29名

カラーフィルターのプロセス技術とケミカルス
監修／市村國宏
ISBN978-4-7813-0285-0　　B945
A5判・300頁　本体4,600円+税（〒380円）
初版2006年1月　普及版2010年12月

構成および内容：フォトリソグラフィー法（カラーレジスト法 他）／印刷法（平版，凹版，凸版印刷 他）／ブラックマトリックスの形成／カラーレジスト用材料と顔料分散／カラーレジスト法によるプロセス技術／カラーフィルターの特性評価／カラーフィルターにおける課題／カラーフィルターと構成部材料の市場／海外展開 他
執筆者：佐々木 学／大谷薫明／小島正好 他25名

水環境の浄化・改善技術
監修／菅原正孝
ISBN978-4-7813-0280-5　　B944
A5判・196頁　本体3,000円+税（〒380円）
初版2004年12月　普及版2010年11月

構成および内容：【理論】環境水浄化技術の現状と展望／土壌浸透浄化技術／微生物による水質浄化（石油汚染海域環境浄化 他）／植物による水質浄化（バイオマス利用 他）／底質改善による水質浄化（底泥置換覆砂工法 他）【材料・システム】水質浄化材料（廃棄物利用の吸着材 他）／水質浄化システム（河川浄化システム 他）
執筆者：濱崎竜英／笠井由紀／渡邉一哉 他18名

固体酸化物形燃料電池（SOFC）の開発と展望
監修／江口浩一
ISBN978-4-7813-0279-9　　B943
A5判・238頁　本体3,600円+税（〒380円）
初版2005年10月　普及版2010年11月

構成および内容：原理と基礎研究／開発動向／NEDOプロジェクトのSOFC開発経緯／電力事業から見たSOFC（コージェネレーション／ガス会社の取り組み／情報通信サービス事業における取り組み／SOFC発電システム（円筒型燃料電池の開発）／SOFCの構成材料（金属セパレータ材料／SOFCの課題（標準化／劣化要因について 他）
執筆者：横川晴美／堀田照久／氏家 孝 他18名

フルオラスケミストリーの基礎と応用
監修／大寺純蔵
ISBN978-4-7813-0278-2　　B942
A5判・277頁　本体4,200円+税（〒380円）
初版2005年11月　普及版2010年11月

構成および内容：【総論】フルオラスの範囲と定義／ライトフルオラスケミストリー【合成】フルオラス・タグを用いた糖鎖およびペプチドの合成／細胞内糖鎖伸長反応／DNAの化学合成／フルオラス試薬類の開発／海洋天然物の合成 他【触媒・その他】フルオラスシリカ／再利用可能な酸触媒／フルオラスルイス酸触媒反応 他
執筆者：柳 日馨／John A. Gladysz／坂倉 彰 他35名

有機薄膜太陽電池の開発動向
監修／上原 赫／吉川 暹
ISBN978-4-7813-0274-4　　B941
A5判・313頁　本体4,600円+税（〒380円）
初版2005年11月　普及版2010年10月

構成および内容：有機光電変換系の可能性と課題／基礎理論と光合成（人工光合成系の構築 他）／有機薄膜太陽電池のコンセプトとアーキテクチャー／光電変換材料／キャリアー移動材料と電極／有機ELと有機薄膜太陽電池の周辺領域（フレキシブル有機EL素子とその光集積デバイスへの応用 他）／応用（透明太陽電池／宇宙太陽光発電 他）
執筆者：三室 守／内藤裕義／藤枝卓也 他62名

結晶多形の基礎と応用
監修／松岡正邦
ISBN978-4-7813-0273-7　　B940
A5判・307頁　本体4,600円+税（〒380円）
初版2005年8月　普及版2010年10月

構成および内容：結晶多形と結晶構造の基礎－晶系，空間群，ミラー指数，晶癖－／分子シミュレーションと多形の析出／結晶化操作の基礎／実験と測定法／スクリーニング／予測アルゴリズム／多形間の転移機構と転移速度論／医薬品における研究実例／抗潰瘍薬の結晶多形制御／バミカミド塩酸塩水和物結晶／結晶多形のデータベース 他
執筆者：佐藤清隆／北村光孝／J. H. ter Horst 他16名

※ 書籍をご購入の際は、最寄りの書店にご注文いただくか、㈱シーエムシー出版のホームページ（http://www.cmcbooks.co.jp/）にてお申し込み下さい。

CMCテクニカルライブラリー のご案内

可視光応答型光触媒の実用化技術
監修／多賀康訓
ISBN978-4-7813-0272-0　　B939
A5判・290頁　本体4,400円＋税（〒380円）
初版2005年9月　普及版2010年10月

構成および内容：光触媒の動作機構と特性／設計（バンドギャップ狭窄法による可視光応答化 他）／作製プロセス技術（湿式プロセス／薄膜プロセス 他）／ゾル-ゲル溶液の化学／特性と物性（Ti-O-N系／層間化合物光触媒 他）／性能・安全性（生体安全性 他）／実用化技術（合成皮革応用／壁紙応用 他）／光触媒の物性解析／課題（高性能化 他）
執筆者：村上能規／野坂芳雄／旭 良司 他43名

マリンバイオテクノロジー
―海洋生物成分の有効利用―
監修／伏谷伸宏
ISBN978-4-7813-0267-6　　B938
A5判・304頁　本体4,600円＋税（〒380円）
初版2005年3月　普及版2010年9月

構成および内容：海洋成分の研究開発（医薬開発 他）／医薬素材および研究用試薬（藻類／酵素阻害剤 他）／化粧品（海洋成分由来の化粧品原料 他）／機能性食品素材（マリンビタミン／カロテノイド 他）／ハイドロコロイド（海藻多糖類 他）／レクチン（海藻レクチン／動物レクチン）／その他（防汚剤／海洋タンパク質 他）
執筆者：浪越通夫／沖野龍文／塚本佐知子 他22名

RNA工学の基礎と応用
監修／中村義一／大内将司
ISBN978-4-7813-0266-9　　B937
A5判・268頁　本体4,000円＋税（〒380円）
初版2005年12月　普及版2010年9月

構成および内容：RNA入門（RNAの物性と代謝／非翻訳型RNA 他）／RNAiとmiRNA（siRNA医薬品 他）／アプタマー（翻訳開始因子に対するアプタマーによる制がん戦略 他）／リボザイム（RNAアーキテクチャと人工リボザイム創製への応用 他）／RNA工学プラットホーム（核酸医薬品のデリバリーシステム／人工RNA結合ペプチド 他）
執筆者：稲田利文／中村幸治／三好啓太 他40名

ポリウレタン創製への道
―材料から応用まで―
監修／松永勝治
ISBN978-4-7813-0265-2　　B936
A5判・233頁　本体3,400円＋税（〒380円）
初版2005年9月　普及版2010年9月

構成および内容：【原材料】イソシアナート／第三成分（アミン系硬化剤／発泡剤 他）【素材】フォーム（軟質ポリウレタンフォーム 他）／エラストマー／印刷インキ用ポリウレタン樹脂【大学での研究動向】関東学院大学-機能性ポリウレタンの合成と特性－/慶應義塾大学-酵素によるケミカルリサイクル可能なグリーンポリウレタンの創成-他
執筆者：長谷山龍二／友定 強／大原輝彦 他24名

プロジェクターの技術と応用
監修／西田信夫
ISBN978-4-7813-0260-7　　B935
A5判・240頁　本体3,600円＋税（〒380円）
初版2005年6月　普及版2010年8月

構成および内容：プロジェクターの基本原理と種類／CRTプロジェクター（背面投射型と前面投射型 他）／液晶プロジェクター（液晶ライトバルブ 他）／ライトスイッチ式プロジェクター／コンポーネント・要素技術（マイクロレンズアレイ 他）／応用システム（デジタルシネマ 他）／視機能から見たプロジェクターの評価（CBUの機序 他）
執筆者：福田京平／菊池 宏／東 忠和 他18名

有機トランジスタ―評価と応用技術―
監修／工藤一浩
ISBN978-4-7813-0259-1　　B934
A5判・189頁　本体2,800円＋税（〒380円）
初版2005年7月　普及版2010年8月

構成および内容：【総論】【評価】材料（有機トランジスタ材料の基礎評価 他）／電気物性（局所電気・電子物性 他）／FET（有機薄膜FETの物性 他）／薄膜形成【応用】大面積センサー／ディスプレイ応用／印刷技術による情報タグとその周辺機器【技術】遺伝子トランジスタによる分子認識の電気的検出／単一分子エレクトロニクス 他
執筆者：鎌田俊英／堀田 収／南方 尚 他17名

昆虫テクノロジー―産業利用への可能性―
監修／川崎建次郎／野田博明／木内 信
ISBN978-4-7813-0258-4　　B933
A5判・296頁　本体4,400円＋税（〒380円）
初版2005年6月　普及版2010年8月

構成および内容：【総論】昆虫テクノロジーの研究開発動向【基礎】昆虫の飼育法／昆虫ゲノム情報の利用【技術各論】昆虫を利用した有用物質生産（プロテインチップの開発 他）／カイコの絹タンパク質の利用／昆虫の特異機能の解析とその利用／害虫制御技術等農業現場への応用／昆虫の体の構造、運動機能、情報処理機能の利用 他
執筆者：鈴木幸一／竹田 敏／三田和英 他43名

界面活性剤と両親媒性高分子の機能と応用
監修／國枝博信／坂本一民
ISBN978-4-7813-0250-8　　B932
A5判・305頁　本体4,600円＋税（〒380円）
初版2005年6月　普及版2010年7月

構成および内容：自己組織化及び最新の構造測定法／バイオサーファクタントの特性と機能利用／ジェミニ型界面活性剤の特性と応用／界面制御とDDS／超臨界状態の二酸化炭素を活用したリポソームの調整／両親媒性高分子の機能設計と応用／メソポーラス材料開発／食べるナノテクノロジー-食品の界面制御技術によるアプローチ 他
執筆者：荒牧賢治／佐藤亮彰／北本 大 他31名

※ 書籍をご購入の際は、最寄りの書店にご注文いただくか、
㈱シーエムシー出版のホームページ（http://www.cmcbooks.co.jp/）にてお申し込み下さい。